电子电气基础课程系列教材

数字逻辑基础与
Verilog HDL

范秋华　编著

电子工业出版社

Publishing House of Electronics Industry

北京 · BEIJING

内 容 简 介

本书以数字逻辑为中心展开，注重基础概念，加强数字系统和 Verilog HDL 相关知识的介绍。本书主要内容：数字电路基础、逻辑门、逻辑函数及组合逻辑电路、常用组合逻辑电路及层次化设计、Verilog HDL 设计基础、存储记忆器件、常用时序逻辑电路、时序逻辑电路及数字系统设计、脉冲波形的产生和整形、数模转换器和模数转换器等。本书提供配套电子课件，登录华信教育资源网（www.hxedu.com.cn）注册后免费下载。本书以二维码形式提供扩展阅读内容及部分实例的仿真演示视频。

本书可作为高等院校电气类、电子信息类、自动化类、计算机类、仪器仪表类等相关专业本科生的教材或参考书，也可供相关专业技术人员参考。

图书在版编目（CIP）数据

数字逻辑基础与 Verilog HDL / 范秋华编著. —北京：电子工业出版社，2023.7

ISBN 978-7-121-46096-8

Ⅰ．①数…　Ⅱ．①范…　Ⅲ．①数字逻辑－高等学校－教材②VHDL 语言－程序设计－高等学校－教材

Ⅳ．①TP302.2②TP312.8

中国国家版本馆 CIP 数据核字（2023）第 148848 号

责任编辑：冉　哲

印　　刷：北京虎彩文化传播有限公司

装　　订：北京虎彩文化传播有限公司

出版发行：电子工业出版社

　　　　　北京市海淀区万寿路 173 信箱　邮编 100036

开　　本：787×1 092　1/16　印张：16.25　字数：446 千字

版　　次：2023 年 7 月第 1 版

印　　次：2024 年 8 月第 3 次印刷

定　　价：58.00 元

前　言

　　数字化提供了软件世界的一种标准，使得信息以位（bit，也称比特）的形式在计算机中表示，并跨越时空传送到全世界范围，人们才得以生活在互联互通的数字化世界中。

　　数字电子技术是高等院校电气类、电子信息类、自动化类、计算机类、仪器仪表类等相关专业本科生必修的专业基础课。早期，理工类高等院校将课程命名为"脉冲数字电路"，后来电气类、电子信息类、自动化类改名为"数字电子技术基础"，计算机类改名为"数字逻辑"。自 20 世纪 80 年代以来，可编程技术迅速发展，电子工业一个重要的发展趋势是从模拟向数字的转化，在"新工科"教育和工程教育专业认证的双重背景下，数字电子技术的教学内容、教学理念也要适应新兴产业和新经济的发展，体现企业与行业的需要，注重多学科的融合与交叉。数字电子技术处理的是数字信号，是数字化的底层理论基础，其最典型的应用是电子计算机，故本书内容也包括 Verilog HDL。本书具备下列特点：

　　（1）厚基础、重概念。建立机器的思维方法，介绍数字电子技术的由来、分析方法和思路，并融入了课程思政内容，以激发学生的学习兴趣。

　　（2）融合传统与现代。遵循层次化、模块化设计理念，建立从小规模设计到大规模设计之间的联系，强化现代数字化设计的理念与方法。

　　（3）强实践。对部分实例给出了 Multisim 和 Verilog HDL 仿真及分析。

　　（4）重应用。淡化电路的内部结构，强调电路的外部特性及应用。

　　作者负责的"数字电子技术基础"课程为国家级一流本科课程，在此基础上，作者根据自己多年从事理论教学与实践教学的经验编写了本书。本书将传授知识与培养能力相结合，联系实际、循序渐进、通俗易懂，力求帮助学生理解数字系统的概念、原理，掌握现代数字系统的设计方法，从而满足当前新工科、工程教育专业认证的要求。

　　全书分 10 章，各章内容如下。

　　第 1 章介绍数字电路的概念和数学基础。只有正确理解相关概念，掌握逻辑代数，才能更深入地学习数字电路。

　　第 2 章介绍逻辑门的内部原理。主要介绍 CMOS 门如何实现逻辑功能及其所呈现的电气特性，涉及模拟电子技术及电路原理的知识。掌握本章能更好地解决实际应用中遇到的问题，学时少的可以跳过本章。

　　第 3 章介绍逻辑函数及组合逻辑电路的分析与设计。小规模组合逻辑电路的分析与设计就是逻辑函数几种表达形式之间的相互转换，其中，真值表是用数字语言表达逻辑问题的关键。另外，介绍了逻辑式的两种标准形式和 5 个变量以下的逻辑函数的卡诺图化简方法。

　　第 4 章介绍常用组合逻辑电路及层次化设计。设计好小规模逻辑电路并进行封装后，可以利用层次化、模块化设计理念实现大规模逻辑电路，这也是大规模数字逻辑设计的思想。最后介绍了实际工作中由于器件延时造成的竞争-冒险现象及其消除方法。

　　第 5 章介绍 Verilog HDL 设计基础，轻松实现由传统到现代数字设计方法的过渡。主要内容包括 Verilog HDL 模块的基本结构、基本要素和基本语句，以及常用组合逻辑电路的 Verilog HDL 程序举例，以实现层次化设计。

　　第 6 章介绍存储记忆器件。先介绍双稳态器件、锁存器，再介绍构成时序逻辑电路的基本器件——触发器，接着介绍用于存储海量信息的存储器的原理及应用，最后简述现代数字电子技术的硬件基础——可编程逻辑器件（PLD）的原理，包括简单 PLD、复杂 PLD（CPLD 和 FPGA）。

第 7 章介绍常用时序逻辑电路中寄存器和计数器的原理及应用，用中规模集成计数器实现任意进制计数器的方法，最后给出时序逻辑电路的 Verilog HDL 实现。

第 8 章介绍时序逻辑电路的分析与设计方法，引出有限状态机（FSM）的概念及用 Verilog HDL 编写状态机的方式，这是数字系统设计中最重要的内容。

第 9 章首先介绍 555 定时器的原理及功能，然后用 555 定时器分别实现施密特触发电路、单稳态电路和多谐振荡电路。

第 10 章介绍数模转换器和模数转换器。数模和模数转换是计算机自动控制系统中不可或缺的环节，应重点掌握数模转换器和模数转换器的基本转换思想及其主要技术指标。

本书提供配套电子课件，登录华信教育资源网（www.hxedu.com.cn）注册后免费下载。本书以二维码形式提供扩展阅读内容及部分实例的仿真演示视频。

本书由王冬青教授负责审稿，全书由范秋华负责统稿。其中范秋华编写了第 1～8 章，吕月娥编写了第 9～10 章，亚马逊（Amazon）软件工程师胡钧波编写并调试了全书的 Verilog HDL 程序。限于作者水平，本书可能存在错误或不足之处，欢迎读者批评指正。

作者

于 Bellevue，WA

目　录

第 1 章　数字电路基础

今天，人们生活在数字化时代，过着数字化的生活，数字化使得行业竞争模式发生了变化，行业界限变得模糊。数字化是使信息得以网络化、虚拟化发展的基础和保证，也使得计算机技术在信息领域得到全面应用。数字化不仅仅是一种数据的转换，其本质是连接，即数字化提供了软件世界的一种标准，把所有的信息在网络的大环境下无缝地连接起来，使得现在的世界成为全球互联互通的数字化状态。数字化后的信息以位（bit）的形式在计算机中表示，并经过网络跨越时空把信息传送到全世界。从概念上讲，凡是利用数字电子技术处理和传输信息的系统都可以称为数字系统。正如尼葛洛庞蒂在《数字化生存》中所说的，"计算不再只和计算机有关，它决定我们的生存"。

本书将带大家进入 0 和 1 的世界，了解什么是逻辑、逻辑函数，如何用数字语言描述逻辑问题，以及如何实现各种逻辑功能等。从简单数字电路的分析到较复杂逻辑电路的设计，最终弄清楚神奇的数字系统是如何工作的，以及我们数字化生活的基本原理。

本章内容主要包括数字电子技术的由来、数字信号的抗干扰能力、数字电路中的信息表示、数字电路中的数与码、二进制数的算术运算及逻辑运算。

1.1　数字信号和数字信息

电子元器件实物图

1.1.1　数字电子技术的由来

电子技术于 19 世纪末、20 世纪初出现，是 20 世纪发展最迅速、应用最广泛的新兴技术，已成为近代科学技术发展的一个重要标志。

与经典物理学或数学不同，电子技术以电子器件的发展为基础，与电子器件相互促进、相互发展。1883 年，美国发明家爱迪生发现了热电子效应，1904 年，英国工程师弗莱明利用这个效应制成了电子二极管，1906 年，美国的福雷斯特在二极管中加入了第三个电极（栅极）从而发明了电子三极管，使人类进入了电子管时代。第一代电子产品就是以电子管为核心的。1947 年，美国贝尔实验室的布拉顿、巴丁和肖克利发明了晶体管，晶体管由于小巧、轻便、省电、寿命长等特点，很快在很大范围内取代了电子管，从而使人类进入了晶体管时代，也即硅时代。1958 年，利用单晶硅材料，世界上第一个集成电路（Integrated Circuit，IC）在美国得克萨斯州诞生了，虽然第一个集成电路只有 4 个晶体管，但自此，人类进入了集成电路时代。得益于摩尔定律的预测，集成电路从小规模迅速发展到大规模和超大规模，走到今天，比拇指还小的芯片里集成了上百亿个晶体管。集成电路成本低、尺寸小、可靠性高、性能优良，对社会生产力的发展起到变革性的推动作用。更为神奇的是，进入 20 世纪 90 年代后，可编程集成电路的发展使得硬件电路的设计可以像开发软件一样通过编程来实现，为电子系统设计带来了一场革命性的挑战。

电子技术研究电信号的产生、传送、接收和处理。电信号是指随时间变化的电压和电流信号，现实世界中，非电的物理量都由传感器转换为电信号。自然界中，绝大部分的物理量在时间和数值上都是连续的，例如，空气的温度值不会瞬间从 15℃上升到 25℃，之间会有无数个值，可以绘制成一条平滑的曲线。类似的还有麦克风所记录的语音信号，图像各点亮度的变化，大气压力的变化等。把这种在时间上、数值上可以连续取值，即可以无限细分的物理量称为模拟量。人类的视觉、听觉、触觉感知的绝大部分是模拟量。表示模拟量的信号称为模拟信号，实现模拟信号的产生、传输和处理的电子电路技术称为模拟电子技术。最初进行电子设计是基于模拟电子技术的，先模仿、类比自然界的真实物理量，把它们转换为电信号，然后放大、处理、传输，电子产品从无到有就这样诞生了。正如英文 analog 的意思是模拟、类比一样，可以将其理解为对真实信号成比例的再现，所以说模拟电子技术是整个电子技术的基础和底层。

模拟信号的值在时间上、数值上都连续，用精确的值表示物理量既是它的优点也是它的缺点，因为数值无限多，所以难以度量、难以保存。信号在实际应用传输过程中不可避免地会受干扰的影响，如图 1.1.1 所示某声音信号，传输后，接收端接收到的信号应该是对发送端发送的信号的成比例重现，但实际接收到的信号是带有干扰的。由于模拟信号非常精确，在处理、传输过程中受到一点点干扰都会影响其具体数值。例如，声音信号表现为有杂音；图像信号表现为图像模糊，如 20 世纪 80 年代的模拟电视显示出来的满屏"雪花"。数字信号是一种抗干扰能力强的信号。

古代的烽火传信是一种信息传送方式，点火表示有敌人入侵，无火则表示平安无事，用有火和无火两种状态传送信息。再有，用电流传递信息的摩尔斯电报，按键时有电流通过，称为传号，用数字 1 表示；不按键时无电流，称为空号，用数字 0 表示。这种在时间上和数值上均离散的物理量称为数字信号，特点是在任一时刻只呈现两种离散值之一。实现数字信号的产生、传输和处理的电子电路技术称为数字电子技术。模拟电子技术和数字电子技术共同构成信息电子技术。数字电子技术中用阿拉伯数字 0 和 1 表示物理量的两种状态，具体电子电路中的物理实现是电压脉冲序列。例如，用+5V 电压对应表示 1，用 0V 电压对应表示 0，称为电平型数字信号，如图 1.1.2（a）所示；也可以用一定频率的脉冲信号的有和无来表示数字信号，有脉冲就是 1，无脉冲就是 0，称为脉冲型数字信号，如图 1.1.2（b）所示。

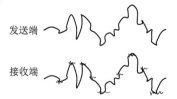

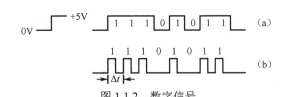

图 1.1.1　声音信号在发送端、接收端示例　　　　图 1.1.2　数字信号

正如我们生活中用十进制数的 0～9 这 10 个数字就可以表示所有的数一样，多个信息就用多位的 0 和 1 组合表示。我们在计算机或手机上看的视频、听的音乐、保存的各种文档，其底层都是一串串的 0 和 1，这就是数字化。数字化的本质是使得万物互联。数字电子技术的 1 和 0 没有大小之分，表示的是信息的有、无，开关的通、断，事情是否发生，以及逻辑推理的真、假。数字电路的输入和输出之间是一种逻辑关系，除了能进行二进制数算术运算，还能完成逻辑运算，具有逻辑推理能力，所以又称为逻辑电路。

1.1.2　数字信号的抗干扰能力

模拟信号用波形表示实际物理量，按时间值对应把电路中实实在在的具体电压或电流数值转换为电信号，画出电压或电流波形，即每个时刻的值都可以用万用表测量得到。用万用表测量并得到模拟电压波形的示意图如图 1.1.3 所示。

数字信号是人为规定的，是逻辑的。也就是说，在实际数字电路和数字系统中，某个引脚上还是有具体的电压数值的，只是人为规定电压数值在某一范围内为逻辑 1，在另一范围内为逻辑 0。这种忽略电压数值的具体电气特性，用电压范围表示高、低电平的方法称为逻辑电平。数字电路研究的是二值逻辑，用逻辑 1 表示高电平，逻辑 0 表示低电平，称为正逻辑；当然也可以反过来，称为负逻辑。选择正逻辑或负逻辑并不影响对电路特性做一致性代数描述，它只影响从物理到代数抽象的细节，正逻辑和负逻辑也可以用电路相互转换。当然，一个系统中最好只使用一种逻辑。如果没有特殊声明，本书全部使用正逻辑。

 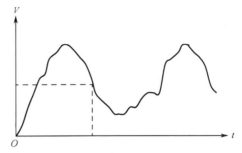

图 1.1.3　测量并得到模拟电压波形

如图 1.1.4 所示，在实际电路中规定，逻辑 1 的电压范围可以是高电压最大值 $V_{H(max)}$ 和最小值 $V_{H(min)}$ 之间的任意值，逻辑 0 的电压范围是低电压最大值 $V_{L(max)}$ 和最小值 $V_{L(min)}$ 之间的任意值。数字信号是离散的，逻辑 1 和逻辑 0 之间不能出现相同值，因此 $V_{H(min)}$ 和 $V_{L(max)}$ 之间是灰色区，不被使用。

为提高抗干扰能力，规定发送端的逻辑 1 和逻辑 0 的电压范围与接收端的逻辑 1 和逻辑 0 的电压范围必须不同。如图 1.1.5 所示，以典型常用的 TTL（Transistor-Transistor Logic，晶体管-晶体管逻辑）电平为例来介绍。

发送端逻辑 1 的电压范围为 2.4～5V，逻辑 0 的电压范围为 0～0.4V。

接收端逻辑 1 的电压范围为 2～5V，逻辑 0 的电压范围为 0～0.8V。

输出端如果输出的是逻辑 1，那么其端口电压最小值 $V_{OH(min)}$ 也必须是 2.4V，如果低于 2.4V，接收端就不认为输出的是逻辑 1；同样，输入端要接收逻辑 1，其接收的电压 $V_{IH(min)}$ 最小也必须是 2V，否则电路就不认为接收到了逻辑 1。TTL 电平允许最大 0.4V 的干扰信号加进来且不会影响电路的逻辑关系。逻辑 0 的传输要求也是如此。TTL 电平使用的电压范围如图 1.1.6 所示。比较同样的噪声情况下数字信号的传输过程：图 1.1.7 中，上面是发送端发出的信号，下面是接收端接收到的信号。只要接收端接收到的信号 1 和 0 分别都在逻辑 1 和 0 规定的电压范围内，逻辑关系就没有变化，这不同于模拟信号传输过程中每个点都必须是精确数值、一点干扰都不允许，从而大大提高了抗干扰能力。允许的最大干扰信号电压称为噪声容限。TTL 电平的高电平噪声容限 V_{NH}、低电平噪声容限 V_{NL} 分别为

$$V_{NH}=V_{OH(min)}-V_{IH(min)}$$

$$V_{NL}=V_{IL(max)}-V_{OL(max)}$$

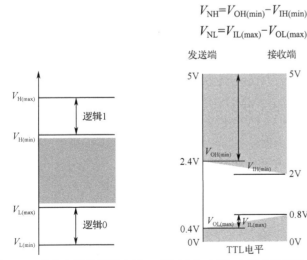 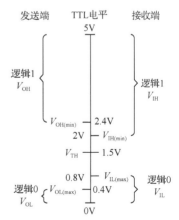

图 1.1.4　数字电路的逻辑电平　　图 1.1.5　TTL 电平的抗干扰能力　　图 1.1.6　TTL 电平使用的电压范围

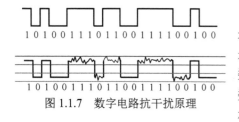
图 1.1.7　数字电路抗干扰原理

在一个电子系统中，模拟部分和数字部分是不可分的，是互相联系的，可以说数字是模拟的一个特例，其本质还是模拟。模拟电路着重于指标如大小（数量）关系的描述，数字电路着重于功能逻辑（因果）关系的描述，因此称为数字逻辑电路。后续章节中会讲授模拟信号与数字信号的相互转换。

逻辑电平是数字系统中非常重要的一个概念。不同种类的逻辑电平，逻辑 0 和逻辑 1 的电压范围可以不同。逻辑电平有 30 多种。图 1.1.8 给出了常用的 4 种逻辑电平：TTL、CMOS（Complementary Metal-Oxide Semiconductor）、LVTTL、LVCMOS 的电压范围。

实现 TTL 电平的电路中使用的是双极型晶体管。典型值为 V_{CC}=5V，V_{OH}≥2.4V，V_{OL}≤0.4V，V_{IH}≥2V，V_{IL}≤0.8V。因为 2.4V 与 5V 之间有很大空间，噪声容限改善不大，还会增大系统功耗，影响速度，所以就改进为 LVTTL（Low Voltage TTL）电平。LVTTL 电平又分为 3.3V、2.5V 以及更低的电压。使用时查看芯片手册就可以。

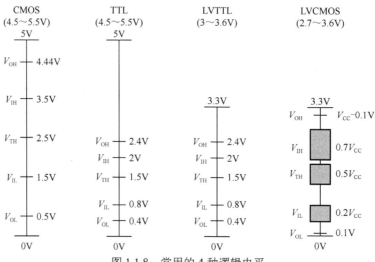
图 1.1.8　常用的 4 种逻辑电平

3.3V LVTTL 的典型值：V_{CC}=3.3V，V_{OH}≥2.4V，V_{OL}≤0.4V，V_{IH}≥2V，V_{IL}≤0.8V。

2.5V LVTTL 的典型值：V_{CC}=2.5V，V_{OH}≥2.0V，V_{OL}≤0.2V，V_{IH}≥1.7V，V_{IL}≤0.7V。

CMOS 电平相对于 TTL 电平有了更大的噪声容限，输入阻抗远大于 TTL 输入阻抗。典型值为 V_{CC}=5V，V_{OH}≥4.44V，V_{OL}≤0.5V，V_{IH}≥3.5V，V_{IL}≤1.5V。

随着集成度的提高，晶体管尺寸越来越小，CMOS 管极间的绝缘层会越来越薄，耐压能力也越来越低，出现了一系列 LVCOMS 电平。3.3V LVCMOS 电平典型值见图 1.1.8。

采用不同电平规范的器件，通信时要注意器件之间的接口能否正常连接，如果相互之间不能兼容，则需要进行电平转换，避免逻辑错误或电路损坏等。

1.1.3　数字电路中的信息表示

数字电路中的信息可以用波形图表示，即一系列的电压脉冲。图 1.1.9（a）表示一个正脉冲，从正常低电平出发到高电平，再回到低电平。图 1.1.9（b）表示一个负脉冲，从正常高电平出发到低电平，再回到高电平。在一个正脉冲里，前沿是上升沿，后沿是下降沿。

图 1.1.9 表示的是理想脉冲波形，假设上升沿和下降沿的变化是瞬时完成的。但是，实际电路中实现从 0 到 1 变化的底层电路是模拟电路，是不可能瞬间完成的。实际的脉冲波形可能如图 1.1.10

所示，脉冲幅度 V_m 是相对于基线的高度，将上升沿和下降沿之间 50% 处定义为脉冲宽度 t_w，即高电平的持续时间。在实际中，因为脉冲顶部和底部的 10% 是非线性的，测量上升时间 t_r 通常是从幅度 10% 处到幅度 90% 处，下降时间 t_f 则是从幅度 90% 处到幅度 10% 处。

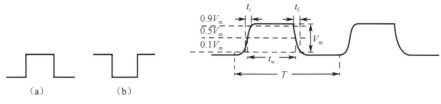

图 1.1.9　脉冲波形及边沿　　　　图 1.1.10　实际脉冲波形及参数

脉冲序列有周期性和非周期性两种。周期性脉冲序列以一个固定的时间间隔不断重复，这个固定的时间间隔称为周期 T。频率 f 是指重复的速度，单位用 Hz（赫兹）表示。非周期性脉冲序列则不会以一个固定的时间间隔重复，它可能由固定宽度的脉冲组成，也有可能由时间间隔不固定的脉冲组成。图 1.1.11（a）是非周期性脉冲序列，图 1.1.11（b）是周期性脉冲序列。周期性脉冲序列，频率是其周期的倒数，二者之间的关系：$f=1/T$，$T=1/f$。周期性脉冲序列的重要参数是占空比 $q=t_w/T$，是脉冲宽度 t_w 与周期 T 的比。

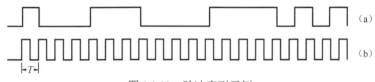

图 1.1.11　脉冲序列示例

一般，一个数字系统采用相同的逻辑关系，所以大多不需要标出高、低电平的电压值及时间值的坐标轴。

1.1.4　数字电路中的信息传输

1. 信息表示

数字电路中的信息用 1 和 0 所组成的二进制数表示，1 位也称为 1 比特（bit，binary digit 的缩写）。电压序列以脉冲波形的形式表示信息，脉冲波形中高电平表示 1，低电平表示 0。如同一个乐队要有指挥一样，数字电路需要有时钟信号（Clock，缩写为 CLK）。时钟信号是周期性的脉冲信号，是电路的基准，电路中的其他器件都要在它的指挥下工作，所有的信号都由时钟边沿驱动。时钟信号的周期决定了数字系统的速度。1 位二进制数在脉冲序列里所占的固定时间等于一个时钟周期，称为位时间（bit time）。每个信号在时钟的上升沿或下降沿发生变化，在每个位时间之内，波形可为高电平也可为低电平。如图 1.1.12 所示，信号 A（单个变量）在时钟的上升沿发生变化，这些高电平和低电平形成了二进制信息 10001110000。至于信号 A 携带的这一串 0、1 具体有什么含义，则要看编码时所赋的含义。

多个脉冲序列中每位的波形也都以时钟为基准画出，每个时钟周期下各位表示的信息组合起来可以表示一定的含义。如图 1.1.13 所示，信号 C、B、A（多个变量）在时钟的控制下，按 000→001→010→011→100→101→110→111→000 周期性变化，可以理解为一个加法计数器每经过一个时钟进行一次加 1 计算，3 位二进制数的变化为 0→1→2→3→4→5→6→7，共计 8 个数。时钟在数字系统中必不可少，但它本身却不传输任何信息。所以时钟可以比作一个数字电路的心脏。由时钟控制的波形图称为数字电路的时序图。

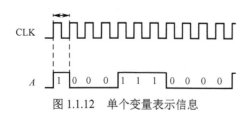

图 1.1.12 单个变量表示信息

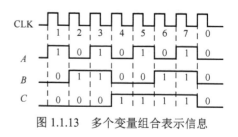

图 1.1.13 多个变量组合表示信息

2. 数据传输

在数字系统中，数据是指一组可以用来传达某种信息的位，以二进制数的形式存储。为实现某个特定的功能，信息需要从数字系统的一个电路传输到另一个电路，或者从一个系统传输到另一个系统。例如，计算机存储器中的数据必须传输到处理器中，才能进行加法运算，运算的结果要传输到显示器中才能显示。二进制数据的传输有两种方式：串行和并行。

如图 1.1.14（a）所示，串行传输是指只有一根数据线，一个时钟周期内只能传输 1 位二进制信息，传输 8 位二进制信息需要 8 个时钟周期。如图 1.1.14（b）所示，并行传输是指多根数据线同时工作，8 位二进制信息并行传输需要 8 根数据线，只花费一个时钟周期的时间就能传输 8 位二进制信息。

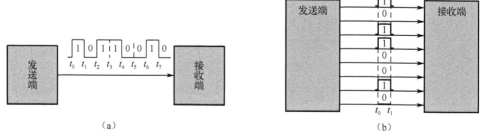

图 1.1.14 数据传输

综上所述，串行传输的优点是只需要一条数据线，缺点是传输多位需要更长的时间；并行传输的优点是传输速度快，缺点是需要更多的硬件线路。

1.2 数字电路中的数与码

数字电路处理的是二值逻辑，即只有 0 和 1 两个数码。二进制数既可以进行算术运算，也可以进行逻辑运算。二进制数只有两个数，其运算规则简单，物理电路容易实现，用有两种稳定物理状态的电子元器件即可，例如，早期磁存储器的磁化与未磁化状态，继电器开关的开与合状态。现代电子技术是基于半导体器件的，主要原因就是可以方便地控制晶体管工作于截止与饱和导通两种状态来实现逻辑的 0 和 1。还有一个原因就是，到目前为止还没有造出能有 10 个稳定状态的器件，让它对应着我们熟悉的十进制数，所以说计算机只认识 0 和 1。当然随着技术的发展，如果出现了有 n 个状态的器件，例如，在实验室阶段的量子计算机，计算机也会认识 n 进制数。现实生活中我们习惯使用的表示形式很少是基于二进制数的，所以必须在数字电路可以处理的二进制数和实际的数字、事件、条件等之间建立某种对应的关系，即使用数制和码制。

1.2.1 数制

数制是指计数规则，即多位数中每位数的构成方法以及从低位到高位的进位规则。

1．十进制

十进制是我们日常工作和生活中习惯使用的计数方法。十进制数的基数是 10，有 10 个数码：0,1,2,3,4,5,6,7,8,9。低位和相邻高位间的进位关系是逢 10 进 1。

任意一个十进制数都是一串数码，每位数码都是 0～9 中的一个，数的值等于所有数码按权展开求和。所以任意一个十进制数 D 可表示为

$$D=\sum k_i \times 10^i$$

式中，k_i 是第 i 位的数码，取值为 0～9。若整数部分的位数为 n，小数部分的位数为 m，则 i 包含 $n-1$～0 范围内的所有正整数和 $-m$～-1 范围内的所有负整数。整数部分的最高位为 $n-1$，最低位为 0；小数部分的最高位为 -1，最低位为 $-m$。

2．N 进制

按位置计数的方法也叫按位计数制。可以推广到任意进制（N 进制），如表 1.2.1 所示是各种数制的规则。

表 1.2.1　各种数制的规则

数　　制	十进制	二进制	十六进制
数码	0,1,2,3,4,5,6,7,8,9	0,1	0,1,2,3,4,5,6,7,8,9,A,B,C,D,E,F
计数规则	逢 10 进 1 借 1 当 10	逢 2 进 1 借 1 当 2	逢 16 进 1 借 1 当 16
基数	10	2	16
位权	以 10 为底的幂	以 2 为底的幂	以 16 为底的幂

若以 N 取代 $D=\sum k_i \times 10^i$ 中的 10，即可得到多位任意进制（N 进制）数展开式的普遍形式：

$$D=\sum k_i \times N^i$$

式中，N 称为计数的基数，k_i 为第 i 位的系数，N^i 称为第 i 位的权。

在二进制数中，每位仅有 0 和 1 两个可能的数码，所以计数基数为 2。低位和相邻高位间的进位关系是逢 2 进 1。将二进制数按权展开求和可以得到十进制数，例如：

$$(11011.101)_2=1\times2^4+1\times2^3+0\times2^2+1\times2^1+1\times2^0+1\times2^{-1}+0\times2^{-2}+1\times2^{-3}=(27.625)_{10}$$

十进制数是我们习惯使用的，数字电路中能直接处理的则是二进制数。但二进制数位数过多，容易出错，为便于书写和记忆，引入了八进制数和十六进制数。随着技术的发展，八进制数逐渐被淘汰，因为 2 位十六进制数可以组成 1 字节（Byte），所以十六进制数使用起来更方便，常用来描述计算机存储器的地址。

十六进制中有 16 个数码，除了 0～9 这 10 个数码，用字母 A～F（或 a～f）分别表示 10～15，所以基数为 16。低位和相邻高位间的进位关系是逢 16 进 1。将十六进制数按权展开求和可以得到十进制数，例如：

$$(F9.1A)_{16}=15\times16^1+9\times16^0+1\times16^{-1}+10\times16^{-2}=(249.1015625)_{10}$$

在书写时可以分别使用下标 2、10、16 表示该数是二进制数、十进制数，还是十六进制数。有时也用相应的英文首字母 B（Binary）、D（Decimal）和 H（Hexadecimal）代替 2、10 和 16。在不产生歧义的情况下，一般十进制数和二进制数可省略下标。

表 1.2.2 是各进制数的对照表。

表 1.2.2　各进制数的对照表

二进制数	十进制数	八进制数	3 位二进制数	十六进制数	4 位二进制数
0	0	0	000	0	0000
1	1	1	001	1	0001
10	2	2	010	2	0010
11	3	3	011	3	0011
100	4	4	100	4	0100
101	5	5	101	5	0101
110	6	6	110	6	0110
111	7	7	111	7	0111
1000	8	10	—	8	1000
1001	9	11	—	9	1001
1010	10	12	—	A	1010
1011	11	13	—	B	1011
1100	12	14	—	C	1100
1101	13	15	—	D	1101
1110	14	16	—	E	1110
1111	15	17	—	F	1111

1.2.2　常用数制之间的转换

不同数制的计数规则不同，但同一个数值可以用不同的进制数来表示，例如，十进制数 12，对应的二进制数是 1100，对应的十六进制数是 C，那么它们之间必然可以相互转换。前面介绍了，二进制数、十六进制数按权展开求和就可以得到相应的十进制数。这里介绍其他常用数制之间的转换。

1．十进制数转换为二进制数

（1）十进制整数转换为二进制整数

十进制整数转换为二进制整数的等式如下：

$$(S)_{10}=(k_n k_{n-1} k_{n-2} \cdots k_1 k_0)_2$$

此时，只要能确定 $k_n, k_{n-1}, k_{n-2}, \cdots, k_1, k_0$ 即可。将二进制整数按权展开求和，可得

$$k_n \times 2^n + k_{n-1} \times 2^{n-1} + k_{n-2} \times 2^{n-2} + \cdots + k_1 \times 2^1 + k_0 \times 2^0$$

式中，$2^0=1$，除了 k_0，其他部分都是 2 的整数倍，整理如下：

$$(S)_{10}=2 \times (k_n \times 2^{n-1} + k_{n-1} \times 2^{n-2} + k_{n-2} \times 2^{n-3} + \cdots + k_1 \times 2^0) + k_0$$

此时，将上式两边同时除以 2，分别得到商和余数，括号里的整数为商，余数就是 k_0。

其余类推，将商再除以 2，就可求得 k_1，……，一直除到商为 0 为止，得到二进制整数的每位数码，把它们按自高到低的顺序写在一起即可，这种方法称为除 2 取余法。

例 1.2.1　把十进制数 173 转换为二进制数。

解：由于 $(173)_{10}=(k_n k_{n-1} k_{n-2} \cdots k_1 k_0)_2$，采用以下方式进行除法：

2	173	余数为 1 即 $k_0=1$	
2	86	余数为 0 即 $k_1=0$	
2	43	余数为 1 即 $k_2=1$	
2	21	余数为 1 即 $k_3=1$	
2	10	余数为 0 即 $k_4=0$	
2	5	余数为 1 即 $k_5=1$	
2	2	余数为 0 即 $k_6=0$	
2	1	余数为 1 即 $k_7=1$	
	0		

可得$(173)_{10}=(10101101)_2$。注意，最先得到的是二进制数最低位 k_0，结果要从下往上写。

（2）十进制小数转换为二进制小数

十进制小数转换为二进制小数可以表示为$(S)_{10}=(0.k_{-1}k_{-2}k_{-3}\cdots k_{-m})_2$，将二进制小数部分按权展开求和，可得 $k_{-1}\times2^{-1}+k_{-2}\times2^{-2}+k_{-3}\times2^{-3}+\cdots+k_{-m}\times2^{-m}$，对其中的各项乘 2，可以得到两部分：$k_{-1}$ 和小数部分，即

$$(S)_{10}\times2=k_{-1}+(k_{-2}\times2^{-1}+k_{-3}\times2^{-2}+\cdots+k_{-m}\times2^{-m+1})$$

式中，括号里的是小数部分，整数部分就是 k_{-1}。

其余类推，将上面得到的括号里的小数再乘以 2，就可求得 k_{-2}。反复将每次得到的小数乘以 2，一直乘到积为 0 为止，求得二进制小数的各位数码，这种方法称为乘 2 取整法。

例 1.2.2 把十进制数 0.8125 转换为二进制数。

解：由于$(0.8125)_{10}=(0.k_{-1}k_{-2}k_{-3}\ldots k_{-m})_2$，转换过程如下，

0.8125×2=1.625	整数部分为 1，即 $k_{-1}=1$
0.625×2=1.25	整数部分为 1，即 $k_{-2}=1$
0.25×2=0.5	整数部分为 0，即 $k_{-3}=0$
0.5×2=1.0	整数部分为 1，即 $k_{-4}=1$
0×2=0	整数部分为 0，即 $k_{-5}=0$

转换精度例题

可得$(0.8125)_{10}=(0.11010)_2$。注意，最先得到的是二进制小数的最高位 k_{-1}，结果要从上往下写。

（3）转换精度问题

有时，待转换的十进制小数反复乘以 2 也不会乘到积为 0。例如，$(0.39)_{10}$。这时，可以乘到所需要的小数位数或达到精度要求为止。十进制数转换为二进制数，整数和小数部分的转换方法不同，要分别进行转换，然后分别写在小数点左右两侧。

2．二进制数与十六进制数的相互转换

因为 4 位二进制数有 16 个值 0000～1111 正好与十六进制数的 0～9 及 A～F 这 16 个数码相对应，所以二进制数与十六进制数的相互转换非常简单。

二进制数转换为十六进制数使用分组替代法，以小数点为中心进行分组，整数从右往左，小数从左往右，每 4 位为一组，每组以相对应的十六进制数代替。整数最左边不足 4 位的，左边补 0；小数最右边不足 4 位的，右边补 0。

例 1.2.3 把二进制数 11100101101001000.01 转换为十六进制数。

解：以小数点为中心每 4 位一组，整数最左边不够 4 位，补三个 0。小数最右边不够 4 位，补两个 0。分组并对应转换：

$$(0001\ 1100\ 1011\ 0100\ 1000\ .\ 0100)_2$$
$$\downarrow\quad\downarrow\quad\downarrow\quad\downarrow\quad\downarrow\quad\quad\downarrow$$
$$(1\quad C\quad B\quad 4\quad 8\ .\ 4)_{16}$$

可得(0001110010110100100.0100)₂ 写作 $(00011100101101001000.0100)_2=(1CB48.4)_{16}$。

同样，十六进制数转换为二进制数的过程就是分别把每位十六进制数均用 4 位二进制数代替。

例 1.2.4 把十六进制数 8FA.C6 转换为二进制数。

解： 　(8　　F　　A　.　C　　6)₁₆

　　　　↓　　↓　　↓　　↓　　↓

　　　(1000 1111 1010 . 1100 0110)₂

即 $(8FA.C6)_{16}=(100011111010.11000110)_2$。

3．其他进制数之间的转换

将十进制数转换二进制数的方法进行推广，例如，十进制小数转换为十六进制小数称为乘 16 取整法，十进制整数转换为十六进制整数称为除 16 取余法。

（1）十进制数转换为十六进制数

方法 1：按十进制数转换为二进制数的方法，将整数、小数分别按整数的除 16 取余法、小数的乘 16 取整法进行转换；最后将结果分别写在小数点左右两侧。

方法 2：先把十进制数转换为二进制数，再用分组替换法把二进制数转换为十六进制数。

（2）十进制数转换为八进制数

方法 1：按十进制数转换为二进制数的方法，整数按除 8 取余法，小数按乘 8 取整法，最后将结果分别写在小数点左右两侧。

方法 2：先把十进制数转换为二进制数，再用分组替换法把二进制数转换为八进制数，这里是 3 位二进制数为一组。

例 1.2.5 把十进制数 173.8125 转换为十六进制数。

解： 首先转换十进制整数。

方法 1：除 16 取余法

　　16 ⌊__173__　余数为 13，即 $k_0=(D)_{16}$

　　16 ⌊__10__　余数为 10，即 $k_1=(A)_{16}$

　　　　　0

即 $(173)_{10}=(AD)_{16}$。

方法 2：先把十进制数 173 转换为二进制数，再用分组替换法。

　　$(173)_{10}=(\underline{1010}\ \underline{1101})_2$

　　　　　　=(A　　　D)₁₆

再转换十进制小数，按乘 16 取整法：0.8125×16=13.0，其中整数为 13，即 $k_{-1}=(D)_{16}$。

最后把十六进制整数和小数分别写在小数点左右两侧得 $(173.8125)_{10}=(AD.D)_{16}$。

例 1.2.6 把二进制数 11100101101001000.01 转换为八进制数。

解： 按分组替代法，以小数点为中心，分别向左、向右 3 位一组，整数最左边不够 3 位补一个 0，小数最右边不够 3 位补一个 0。

　　　(011 100 101 101 001 000.010)₂

　　　　↓　↓　↓　↓　↓　↓　　↓

　　　(3　4　5　5　1　0　.2)₈

即 $(11100101101001000.01)_2=(345510.2)_8$。

4．不同进制数之间的转换总结

常用的是我们习惯的十进制数与计算机所认识的二进制数之间的转换，为了书写方便，常用十六进制数代替。任意进制数到十进制数的转换都需要按权展开求和，十进制数到其他 N 进制数的转换需将整数、小数分开进行转换，整数为除 N 取余法，小数为乘 N 取整法，最后分别写在小数点左右两侧。二、十、十六进制数的转换可以用图 1.2.1 表示。

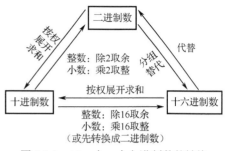

图 1.2.1　二、十、十六进制数的转换

1.2.3　无符号二进制数的算术运算

数字电路中只有 0 和 1，既可以表示数的大小，进行算术运算，也可以表示事物的逻辑状态，进行逻辑运算。算术运算分无符号数和有符号数运算。

算术运算包括加法、减法、乘法、除法，二进制数算术运算规则与十进制数的类似，区别是进位、借位规则不同，二进制数的计数规则是"逢 2 进 1""借 1 当 2"。

图 1.2.2 所示为无符号二进制数加法、减法、乘法、除法运算过程举例。

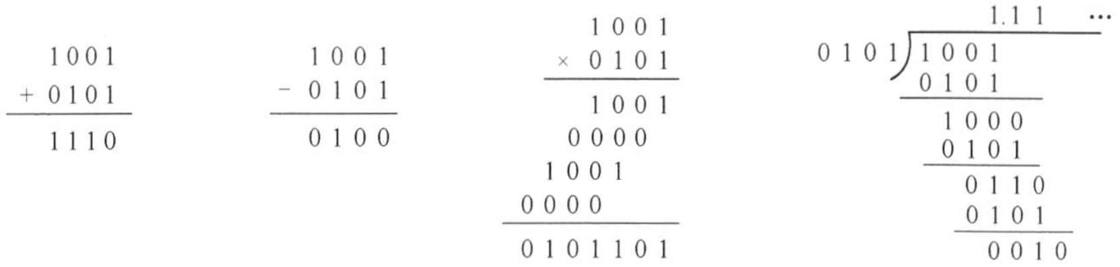

图 1.2.2　二进制数算术运算

一个二进制数必须有足够的位数，当位数不够用来表示一个数时，称为溢出。二进制数加法可能会产生溢出，如 4 位二进制数最大只能表示 1111，当两个 4 位二进制数之和超出 1111 后，就无法表示了。同样，乘法、除法要考虑位数的扩展，两个 4 位二进制数相乘要扩展到 8 位。加法是基础，减法、乘法、除法都可以化为有符号的加法。

1.2.4　有符号二进制数的表示

数字系统必须能够同时处理正数和负数，有符号二进制数有原码、反码和补码三种表示方式。

1. 原码

将二进制数最高位用来表示符号，0 表示正数，1 表示负数，其余各位是数值，这种用符号和数值两部分表示有符号二进制数的方式称为原码，也称为符号数值方式，例如，十进制数 17 转换成二进制数是 10001，+17 和-17 用 8 位有符号二进制数表示为

+17　　0 0010001

-17　　1 0010001

+17 和-17 之间的区别是符号位不同，数值位是一样的，都是由十进制数转换过来的二进制数。n 位原码表示的数的范围是 $-(2^{n-1}-1)\sim+(2^{n-1}-1)$。

原码中，数值 0 有两种表示形式：

+0　　00000000

-0　　10000000

用原码表示有符号二进制数符合我们大脑的记忆方式，易于接收，但由于其最高位表示的是符号，直接按二进制数运算法则进行加法运算会出现错误，例如，十进制数+6-6 和+5-5 的结果都应该是 0，但用 4 位原码表示为二进制数后，结果并不是 0：

+6	0110	+5	0101
-6	1110	-5	1101
0	10100	0	10010

因此，具体电路实现时，要先判断两个数的符号：符号相同，进行加法运算，结果赋以相同的符号；符号不同，需要先比较大小（绝对值），用大的减去小的，结果赋以较大数的符号，如果两个数相等，则结果赋以 0。这需要有判断、加法、减法、比较等电路，将会非常复杂。

2．模数

事物循环周期的长度称为模数。例如，钟表的表盘是以 12 为一个循环计时的，故其模数为 12。十进制计数时每 10 个数码 0～9 为一个循环，故模数为 10。4 位十进制数的模数就是能表示的 4 位十进制数的个数，$(10^4)_{10}=(10000)_{10}$。4 位二进制数的模数是能表示的 4 位二进制数的个数，即 $(2^4)_{10}=(16)_{10}=(10000)_2$。

3．反码

反码就是二进制数中将所有的 1 和 0 互换，即 0 改为 1，1 改为 0；或者用所有位全是 1 的数减去这个二进制数得到的结果。在实际电路中，用最基本的反相器很容易实现。单独的反码用途并不多，主要用于求补码的运算。

对有符号二进制数，正数的反码与原码相同；负数的反码符号位为 1，数值位为二进制数的反码。例如：

原码$(101100)_2$ 的反码为 $(110011)_2$

原码$(001100)_2$ 的反码为 $(001100)_2$

4．补码

（1）补码的定义

原码表示有符号二进制数时通过改变其符号位将其变为负数，符号是没有数值的概念的，将原码表示的正数和负数放在一起直接进行运算，会把符号和数值混在一起，就会出错。

按照数制的定义将一个数变为负数，符号位也有权（值），这样进行运算就不会出错了，这称为基于模数的补码表示。

一个负数 D 的补码就等于从模数中减去 D 的绝对值。例如，4 位十进制数-8327 的补码是 1673。这样减法运算也可以通过加上补码的方法实现。

以钟表为例来介绍补码运算的原理，表盘如图 1.2.3（a）所示。5 点时，发现表针却停在了 10 点，若想拨回有两种方法：一是逆时针拨 5 个格，即 10-5=5，回到 5 点；二是顺时针拨 7 个格，即 10+7=17。注意，这里的 17 为十进制数，转为十二进制数为$(15)_{12}$，左边的 1 相当于钟表的模数 12，溢出，即 17-12=5，故结果仍然是回到 5 点，即减法运算可以由加法运算来实现，条件是舍弃进位。十二进制数减 5 运算用加 7 实现，7 就称为-5 的补码，是通过模数 12 减 5 获得的。

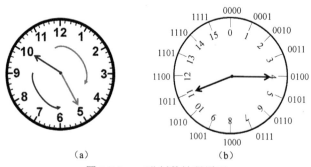

（a） （b）

图 1.2.3 二进制数补码原理

（2）二进制数补码表示

基于模数原理，n 位二进制数 N 的补码等于从模数中减去该数的绝对值：

$$[N]_{\textit{补}}=2^n-|N|$$

按照定义，如果 n 位二进制数 N 的范围是 $[0,2^n-1]$，则减法得到另一个数的范围是 $[0,2^n-1]$；如果 N 是 0，则减法的结果是 2^n，二进制数形式为 $100\cdots00$，共 $n+1$ 位，舍去多余的最高位 1，结果是 0。也就是说，补码中，0 是唯一的，不再有+0 和-0。

考虑把符号位也表示为数的含义及补码定义，即 n 位二进制数的补码按权展开求和就是对应的数，可以这样规定，n 位二进制数的补码表示为，最左边一位仍然是符号位，权为 -2^{n-1}，即 $n-1$ 位数的模数；后面的就是 $n-1$ 位数值位，权都为正数。表示如下：

$$\underset{\text{符号位权}}{-2^{n-1}} \quad \underbrace{2^{n-2} \quad 2^{n-3} \quad \cdots \quad 2^3 \quad 2^2 \quad 2^1 \quad 2^0}_{\text{各数值位权}}$$

这样按权展开求和就是对应的数。例如，-3、-17、$+3$ 和$+17$ 的原码、补码及其按权展开求和如下：

十进制数	-3	$+3$	-17	$+17$
原码	1011	0011	110001	010001
补码	1101	0011	101111	010001
按权展开	$-2^3\times1+2^2\times1+2^0\times1$	$-2^3\times0+2^1\times1+2^0\times1$	$-2^5\times1+2^3\times1+2^2\times1+2^1\times1+2^0\times1$	$-2^5\times0+2^4\times1+2^0\times1$
求和	-3	$+3$	-17	$+17$

可见，正数的补码是其本身，只有负数才考虑其补码。补码中，0 是唯一的，用补码表示的+3 和-3 进行加法运算，结果就是 0 了。

（3）二进制数补码的求法

基于模数原理可知，求补码需要进行减法运算。对于二进制数来说，实际的实现电路却非常简单。

我们把表盘上的十进制数换为二进制数，如图 1.2.3（b）所示，表针停在 11 点，现把它拨到 4 点，用减法就是 $1011-0111=0100$，即-0111 的补码是 $(2^4)_{10}-(7)_{10}=(9)_{10}=(1001)_2$，所以用加法就是 $1011+1001=10100$，丢掉进位，与减法结果相同。4 位二进制数的模为 $(2^4)_{10}$，即 $(10000)_2$，可以表示为 4 位全 1 再加 1 的形式，即 $10000=1111+1$。这样基于模数原理求-0111 的补码，即模数减绝对值就可以表示为 $10000-|0111|=1111-|0111|+1$。

如图 1.2.4 所示为二进制数补码的简单求法。根据二进制数的特点，一个 n 位全 1 的二进制数减去一个任意的 n 位二进制数，结果就是对该任意 n 位二进制数的各位取反，也即求反码。所以求补码的运算就变为取反加 1：补码=反码+1。

对一个 n 位二进制数负数求补码就变为：符号位不变，数值位按位取反加 1，即"反码加 1"的简单运算。电路由反相器和加 1 运算实现非常容易。

例 1.2.7 求有符号二进制数 10110011 的补码。

解：
```
   10110011      原码
   11001100      符号位不变，数值位求反码
 +        1      加 1
   ────────
   11001101      补码
```

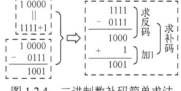

图 1.2.4 二进制数补码简单求法

根据二进制数的特点，还有另一种更简单的方法，可以直接写出其补码。方法是：符号位不变，数值位从右边最低位起向左数，如果是 0，则保留 0，直到遇到第一个 1，保留第一个 1，然后将其与符号位之间的数全部取反码。例如，二进制数原码 10111000 的补码为 11001000。

（4）二进制补码符号位的扩展

表示二进制数要有足够的位数，有时需要用过多的位数表示有符号二进制数，例如，计算机中

一般以一个字节（Byte）或一个字（Word）为单位存取二进制数，如果一个负数的补码不够 8 位，要注意数值位高位的设置。原码表示时，最左边为符号位，数值位中多余部分填 0 即可。补码表示时，数值位多余的高位应该填入符号位的值，称为符号位的扩展。

例如，$(-17)_{10}$ 的补码为 101111，$(-17)_{10}$ 的补码用 8 位表示为 11101111，按权展开求和为 $-2^7 \times 1 + 2^6 \times 1 + 2^5 \times 1 + 2^3 \times 1 + 2^2 \times 1 + 2^1 \times 1 + 2^0 \times 1 = -17$。

$(+17)_{10}$ 的补码为 010001，$(+17)_{10}$ 的补码用 8 位表示为 00010001，按权展开求和为 $-2^7 \times 0 + 2^4 \times 1 + 2^0 \times 1 = +17$。

（5）二进制小数补码的求法

二进制数与十进制数相互转换时，要将整数和小数部分分开进行，转换后再写在一起。二进制数中的小数点不占位数，是我们加上的说明。所以对二进制小数的补码求法与整数的一样，即取反加 1。例如：

$(-7.5)_{10}$ 原码　1111.1000

取反　1000.0111

+　　　　　1

$(-7.5)_{10}$ 补码　　　1000.1　　　按权展开求和　$-2^3 \times 1 + 2^{-1} \times 1 = -7.5$

正数的原码、反码、补码是相同的，符号位为 0，数值位是二进制数原码。而负数的原码、反码、补码是不同的，符号位为 1，数值位分别是二进制数原码、反码、补码。负数在计算机内部是以补码的形式存在的。

例 1.2.8　用补码表示实现下面有符号十进制数的运算：

$$75+28,\quad 75-28,\quad -75+28,\quad -75-28$$

解：先分别求原码和补码（用 8 位二进制数表示）：

原码　$(75)_{10}=(01001011)_2$，$(28)_{10}=(00011100)_2$

$(-75)_{10}=(11001011)_2$，$(-28)_{10}=(10011100)_2$

补码　$(-75)_{10}=(10110101)_2$，$(-28)_{10}=(11100100)_2$

图 1.2.5 给出了运算过程。判断有符号数运算是否溢出的方法，检查向符号位的进位及符号位向前的进位是否一致，两者一致则无溢出，不一致则有溢出。图 1.2.5 中带圈的进位并不是产生了溢出，丢掉进位不会影响结果的正确性。

二进制补码
表示总结

0 1001011	0 1001011	1 0110101	1 0110101
+ 0 0011100	+ 1 1100100	+ 0 0011100	+ 1 1100100
0 1100111	①0 0101111	1 1010001	①1 0011001

（a）用二进制补码实现计算

75	75	- 75	- 75
+ 28	- 28	+ 28	- 28
103	47	- 47	-103

（b）用十进制数实现计算

图 1.2.5　运算过程

4 位有符号二进制数的原码、反码和补码对照如表 1.2.3 所示。从 -8 到 +7 递增计数，如果忽略超过约定位数的进位，后一个二进制数补码总是前一个二进制数补码按普通二进制数加法加 1 而得到的。补码中，0 是唯一的，4 位二进制数的表示范围为 -8～+7。原码和反码则不然，由于有 +0 和 -0 两种情况，其表示范围变为 -7～+7。

1.2.5　码制及编码

数字化的本质是把现实生活中的不同形式的媒体如数字、文字、图形、声音、视频等转换成 0 和 1 的组合表示，即 0 和 1 位串。所以数字系统里的 0 和 1 位串既要表示数值信息，又要表示非数值信息。数字系统里只有 0 和 1 两个数码，0 和 1 位串有大小的含义时，称为数；没有大小的含义，仅仅用于区别不同事物时，称为码。

编码就是按一定的规则将不同的事物用 0 和 1 位串进行组合表示，将 0 和 1 位串还原为所表示的事物的过程称为解码或译码，编码的规则称为码制。

1．十进制数的二进制编码

数字系统的内部使用二进制数，但我们习惯使用十进制数，例如，一些电路的人机接口都用十进制数显示，实际上有些数字设备干脆就直接处理十进制数。人们需要在不改变数字电路基本特性的条件下表示十进制数，所以在数字系统中用 0 和 1 位串来表示十进制，称为十进制数的二进制编码（Binary Coded Decimal，简称 BCD 编码），即 0 和 1 位串的不同组合就可以代表不同的十进制数。例如，如果用 4 位二进制数表示 1 位十进制数，可以指定用 $(0000)_2$ 表示 $(0)_{10}$，用 $(0001)_2$ 表示 $(1)_{10}$，用 $(0010)_2$ 表示 $(2)_{10}$ 等。

要表示 10 个十进制数，至少需要 4 位 0 和 1，有 2^4=16 种组合，所以十进制数的二进制编码就有很多种不同方法。当然，根据实际工程需要也可自己进行编码。数码 1 所在的位值和它所代表的事情之间可能有关系，也可能没有关系。有关系的称为有权码，无关系的称为无权码，常用的 BCD 编码如表 1.2.4 所示。

表 1.2.3　4 位二进制数的原码、反码和补码

原码	反码	补码	十进制数
0111	0111	0111	+7
0110	0110	0110	+6
0101	0101	0101	+5
0100	0100	0100	+4
0011	0011	0011	+3
0010	0010	0010	+2
0001	0001	0001	+1
0000	0000	0000	0
1000	1111		
1001	1110	1111	−1
1010	1101	1110	−2
1011	1100	1101	−3
1100	1011	1100	−4
1101	1010	1011	−5
1110	1001	1010	−6
1111	1000	1001	−7
—		1000	−8

表 1.2.4　常用的 BCD 编码

十进制数	8421 码	2421 码	5421 码	余 3 码	余 3 循环码
0	0000	0000	0000	0011	0010
1	0001	0001	0001	0100	0110
2	0010	0010	0010	0101	0111
3	0011	0011	0011	0110	0101
4	0100	0100	0100	0111	0100
5	0101	1011	1000	1000	1100
6	0110	1100	1001	1001	1101
7	0111	1101	1010	1010	1111
8	1000	1110	1011	1011	1110
9	1001	1111	1100	1100	1010

（1）8421 码

8421 码是有权码，是最常用的 BCD 编码。其规定用 4 位无符号二进制数 0000～1001 来表示十进制数 0～9，即编码中各位的权就是对应的十进制数 8、4、2 和 1。8421 码和十进制数之间的转换很容易，每个十进制数用 4 位二进制数直接替代即可。用 8421 码表示的十进制数，其加法运算规则与 4 位无符号二进制数加法类似，因为 4 位无符号二进制数 1010～1111 未使用，所以，如果结果超过 1001，则必须进行修正。方法是对结果进行加 6 运算。8421 码按权展开求和即可得所表示的十进制数。例如，8421 码 0101 按权展开求和可得：$1\times2^2+1\times2^0$=5。

（2）2421 码

2421 码是有权码。各位的权依次为 2、4、2 和 1。

其特点是 0 和 9，1 和 8，……，4 和 5 互为反码，即当任何两个编码值相加都等于 9 时，结果一定都是 1111。例如，将 2 的编码 0010 的各位取反可得 1101，正好是 9-2=7。这种特性称为自补性。

（3）5421 码

5421 码是有权码，各位的权依次为 5、4、2 和 1，常用在分频器上。

（4）余 3 码

余 3 码是无权码。由于将余 3 码的二进制数按权展开求和后的十进制数比它所表示的十进制数

余 3，故称为余 3 码。例如，编码 0101 表示的是 2，其按权展开求和后的十进制数为 5。所以虽然余 3 码的每位没有固定的权，不能用按权展开求和的方法来确定其编码，但其编码可以由 8421 码加 3（0011）得出。利用余 3 码做加法时，与 8421 码比较多了 6，如果所得之和大于 9，可以自动产生进位信号而不需要修正。另外，余 3 码中的 0 和 9，1 和 8，……，4 和 5 互为反码，对于模数 10 求补码很方便。

（5）余 3 循环码

余 3 循环码也是一种无权码。它的特点是具有相邻性，即任意两个相邻的编码之间仅有 1 位不同，例如，4 和 5 的编码 0100 和 1100 仅第 1 位不同。按余 3 码循环码组成计数器时，每次转换过程中只有一个触发器翻转，电路稳定可靠，译码时不会发生竞争-冒险现象。

对有权 BCD 码，可以分组按位展开求和得到所代表的十进制数，例如：

$$(0111)_{8421}=0\times8+1\times4+1\times2+1\times1=(7)_{10}$$
$$(10010000)_{8421}=(90)_{10}$$

注意，对一个 n 位的十进制数，需要用与十进制数位数相同的 n 组 BCD 码来表示，即最左边和最右边的 0 都不能省去。例如，463.5 的首位 4 对应的编码最左边的 0 不能省去，863.2 的 2 对应的编码最右边的 0 也不能省去：

$$(463.5)_{10}=[0100\ 0110\ 0011.0101]_{8421}$$
$$(863.2)_{10}=[1110\ 1100\ 0011.0010]_{2421}$$

2．二进制码

二进制码包括自然二进制码和循环二进制码（也称格雷码，Gray Code），如表 1.2.5 所示。自然二进制码是有权码，每位编码都有固定的权，其结构形式与二进制数完全相同，n 位二进制数表示的最大码为 2^n-1。

表 1.2.5　二进制码

自然二进制码	格雷码	自然二进制码	格雷码	自然二进制码	格雷码	自然二进制码	格雷码
0000	0000	0100	0110	1000	1100	1100	1010
0001	0001	0101	0111	1001	1101	1101	1011
0010	0011	0110	0101	1010	1111	1110	1001
0011	0010	0111	0100	1011	1110	1111	1000

格雷码是无权码，不能直接进行算术运算。它具有相邻性，即两个相邻编码之间仅有 1 位取值不同，并且 0 和最大数（2^n-1）之间也只有 1 位取值不同，因此它也叫循环码。例如，从十进制数 3 到 4，格雷码的变化是从 0010 到 0110，只有第 2 位从 0 变成 1，其余 3 位保持不变。而自然二进制码的变化则是从 0011 到 0100，有 3 位发生变化。在实际转换过程中，自然二进制码可能会由于转换速度不一致出现瞬间错误编码，例如，如果第 2 位变得慢，还没变为 1，而第 3、4 位变得快，已变成 0，则会出现错误编码 0000。

格雷码的特点避免了错误编码的出现，常用于将模拟量转换成用连续二进制数序列表示数字量的系统中。BCD 码中的余 3 循环码则根据余 3 的原理由相应的格雷码得到。

自然二进制
码与格雷码
的转换

3．字符码

计算机的功能不仅仅是计算，更主要的是信息处理。人们通过键盘向系统发送数据和指令，每个按键按下就有一组二进制编码产生。目前，国际通用的字符编码是 ASCII（American Standard Code for Information Interchange）码，即美国信息交换标准码。ASCII 码是一组 7 位的二进制编码，共有 $2^7=128$ 种组合，可以表示 128 种字符，如表 1.2.6 所示，包括英文大小写字母、0～9 数字、标点符号、控制符、运算符等。

1.3 逻辑代数

逻辑代数是数字电路的数学基础，是数学的一个分支，源于1854年英国数学家George Boole（乔治·布尔）的《思维规律的研究》一书，也称布尔代数，逻辑代数第一次展示了如何用数学的方法解决逻辑推理问题，如何把真或假的命题公式化，将它们组合形成新命题，并确定新命题的真与假。逻辑代数和普通数学的运算相似，也用字母表示变量，称为逻辑变量。不同的是，逻辑代数中变量的取值只有两个数：0和1，这里的0和1不表示数值大小，表示的是事物的两种相反的逻辑状态。1938年，Claude Shannon（克劳德·香农）指出，可以用逻辑代数分析和描述当时最常用的数字逻辑元件——继电器的特性，即由变量 X 表示继电器触点的状态，$X=0$ 表示触点接通，$X=1$ 表示触点断开，或者反过来。二值逻辑对应于实际的各种物理条件，例如，电压的高或低、灯的开或关、电容的放电或充电、熔丝的断开或接通等，使得逻辑代数成为数字电路的基础。

表 1.2.6　ASCII 码

		b6b5b4（列）							
		000	001	010	011	100	101	110	111
b3b2b1b0（行）	0000	NUL	DLE	SP	0	@	P	`	p
	0001	SOH	DC1	!	1	A	Q	a	q
	0010	STX	DC2	"	2	B	R	b	r
	0011	ETX	DC3	#	3	C	S	c	s
	0100	EQT	DC4	$	4	D	T	d	t
	0101	ENQ	NAK	%	5	E	U	e	u
	0110	ACK	SYN	&	6	F	V	f	v
	0111	BEL	ETB	'	7	G	W	g	w
	1000	BS	CAN	(	8	H	X	h	x
	1001	HT	EM	)	9	I	Y	i	y
	1010	LF	SUB	*	:	G	Z	j	z
	1011	VT	ESC	+	;	K	[	k	{
	1100	FF	FS	,	<	L	\	l	|
	1101	CR	GS	-	=	M	]	m	}
	1110	SO	RS	.	>	N	^	n	~
	1111	SI	US	/	?	O	-	o	DEL

1.3.1　基本逻辑运算

逻辑代数简单得不能再简单了，参与运算的只有离散的1（true，真）和0（false，假）两个。就像一个电路不论多么复杂，各元器件的连接关系也能转换为最基本的串、并联一样。最基本的逻辑代数运算只有与（AND）、或（OR）和非（NOT）三种，分别对应电路中的串联、并联及旁路情况。

1. 与运算

与运算中各个输入变量是串联关系，只有当条件全部满足，即输入变量同时为1，输出变量才为1，其他情况下都是0。只要有一个条件不满足，结果就不会出现，即条件缺一不可。图1.3.1（a）中灯泡 Y 与开关 A 和 B 是与逻辑，只有两个开关全部接通，灯泡才会亮。

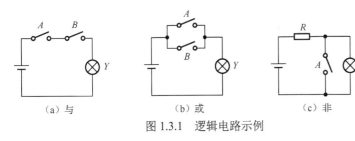

图 1.3.1　逻辑电路示例
（a）与　　（b）或　　（c）非

表 1.3.1　与运算输入、输出表

条件		结果
A	B	Y
断	断	灭
断	通	灭
通	断	灭
通	通	亮

每个开关有通、断两种状态，两个开关的通、断组合共有 4 种情况。灯泡 Y 的状态与开关 A 和 B 的所有组合列在一个表中，如表 1.3.1 所示。用 1 表示开关接通，0 表示开关断开；1 表示灯泡点亮，0 表示灯泡熄灭。这称为逻辑赋值，即

表 1.3.2　与运算真值表

A	B	Y
0	0	0
0	1	0
1	0	0
1	1	1

对表 1.3.1 进行逻辑赋值得到表 1.3.2。这种把输入变量所有取值与其对应的输出变量的所有取值全部列出来的表称为真值表（Truth Table）。

真值表完整地描述了与逻辑关系中输出变量与输入变量的所有情况。与运算还可以用一个抽象的逻辑式来表示：

$$Y=A \cdot B$$

式中，输入变量 A 和 B 按真值表中的条件取值，进行与运算后得到输出变量 Y 的值。与运算又称为逻辑乘或逻辑与。逻辑式中用"·"符号表示与运算，也可省略"·"；程序中用 AND 表示。两个输入变量的 4 种与运算情况：$0 \cdot 0=0$，$0 \cdot 1=0$，$1 \cdot 0=0$，$1 \cdot 1=1$。这也称为见 0 出 0，全 1 出 1。

2. 或运算

或运算中各个输入变量是并联关系，多个条件中只要其中有一个满足，即输入变量为 1，输出变量就为 1。图 1.3.1（b）中灯泡 Y 与开关 A 和 B 是或逻辑，只要有一个开关接通，灯泡就会点亮。

同样，把灯泡 Y 与开关 A 和 B 的 4 种输入组合列在表 1.3.3 中，并进行逻辑赋值，可得或运算的真值表，如表 1.3.4 所示。

或运算的逻辑式为

表 1.3.3　或运算输入、输出表

条件		结果
A	B	Y
断	断	灭
断	通	亮
通	断	亮
通	通	亮

$$Y=A+B$$

表 1.3.4　或运算真值表

A	B	Y
0	0	0
0	1	1
1	0	1
1	1	1

式中，输入变量 A 和 B 按真值表中取值，进行或运算后得到输出变量 Y 的值。或运算也叫逻辑加或逻辑或。或运算在程序中用 OR 表示。两个输入变量的 4 种或运算情况如下：

$$0+0=0, \quad 0+1=1$$
$$1+0=1, \quad 1+1=1$$

注意，与普通代数不同，逻辑或运算中，1+1 还是 1，因为结果为 1 表示事情发生的，也称为见 1 出 1，全 0 出 0。

3. 非运算

非运算是指输出变量的取值等于输入变量的反。图 1.3.1（c）中灯泡 Y 与开关 A 是非逻辑，只要开关接通，灯泡就不会亮；开关断开时反而会亮。非运算的真值表如表 1.3.5 所示。

非运算又叫逻辑非、逻辑取反，逻辑式为 $Y=A'$。

因为每个逻辑变量只有两种互反取值情况，即 0 的非是 1，1 的非是 0。也可写为 $Y=\overline{A}$，但不方便计算机输入。非运算在程序中用 NOT

表 1.3.5　非运算真值表

A	Y
0	1
1	0

表示。因为是二值逻辑，0 和 1 互为非的关系，逻辑非运算只有两种情况：$0'=1$，$1'=0$。

1.3.2　复合逻辑运算

在实际运算中，常将三种基本逻辑运算组合成复合运算，例如，与非（NAND）、或非（NOR）、异或（EXCLUSIVE OR）、同或（NEXCLUSIVE NOR）运算。

1. 与非运算和或非运算

与非运算就是先进行与运算再进行非运算，或非运算就是先进行或运算再进行非运算。真值表分别如表 1.3.6 和表 1.3.7 所示。

与非运算: $Y=(A \cdot B)'$

或非运算: $Y=(A+B)'$

表 1.3.6 与非运算真值表

A	B	$A \cdot B$	$Y=(A \cdot B)'$
0	0	0	1
0	1	0	1
1	0	0	1
1	1	1	0

表 1.3.7 或非运算真值表

A	B	$A+B$	$Y=(A+B)'$
0	0	0	1
0	1	1	0
1	0	1	0
1	1	1	0

2．异或运算和同或运算

二输入变量的异或运算是指当两个输入变量取值不同时，输出变量为 1；相同时，输出变量为 0。也就是，相异出 1，相同出 0。异或运算的逻辑式如下：

$$Y=A \oplus B=AB'+A'B$$

式中，符号 $\oplus$ 表示异或运算，程序中用 XOR 表示。异或运算是不考虑进位的按二进制数加法规则进行的两个一位二进制数的加法，常用来实现二进制数加法，即 0+0=0，0+1=1，1+0=1，1+1=0。

二输入变量的同或运算是指当两个输入变量取值相同时，输出变量为 1；不同时，输出变量为 0。也就是，相同出 1，不同出 0。同或运算和异或运算互为非的关系。符号 $\odot$ 表示同或运算，程序中用 XNOR 表示。异或和同或运算真值表如表 1.3.8 所示，同或运算的逻辑式如下：

$$Y=A \odot B=AB+A'B'$$

3．多输入变量的逻辑运算

上述都是只有两个输入变量的情况，对于与、或、与非、或非运算，都可以推广到任意多输入变量的情况。例如，三变量与、或、与非、或非运算的逻辑式和真值表举例如表 1.3.9 所示。

表 1.3.8 异或和同或运算
真值表

A	B	$A \oplus B$	$A \odot B$
0	0	0	1
0	1	1	0
1	0	1	0
1	1	0	1

表 1.3.9 三变量的逻辑式和真值表举例

A	B	C	$A \cdot B \cdot C$	$A+B+C$	$(A \cdot B \cdot C)'$	$(A+B+C)'$
0	0	0	0	0	1	1
0	0	1	0	1	1	0
0	1	0	0	1	1	0
0	1	1	0	1	1	0
1	0	0	0	1	1	0
1	0	1	0	1	1	0
1	1	0	0	1	1	0
1	1	1	1	1	0	0

对于多输入变量的异或运算和同或运算，要以两个输入变量的异或、同或运算的定义为依据迭代导出。也可以遵循如下规则：对于多个输入变量的异或运算，输入变量的取值组合中有奇数个 1 时，异或输出为 1；有偶数个 1 时，异或输出为 0。对于多输入变量的同或运算，则正好反过来，即输入变量的取值组合中有奇数个 1 时，输出为 0；有偶数个 1 时，输出为 1。

与、或、非三种基本逻辑运算都可以转换成与非和或非运算实现，例如：

$$Y=A \cdot B=((A \cdot B)' \cdot 1)', \qquad Y=A+B=(A' \cdot B')'=((A \cdot 1)' \cdot (B \cdot 1)')', \qquad Y=A'=(A \cdot 1)'$$

1.3.3 公理

逻辑代数中，用大写字母符号（如 $A, B, \cdots$）表示逻辑变量。逻辑变量的取值与实际情况的低或高、关或开、明或暗等两种对立的状态对应，用 1 和 0 表示。如果用 A 取 0 值来表示一种状态，则 A 取 1 值表示相反的另一种状态。公理是不需要证明的，以它为依据可以证明其他定理。

公理 1：如果 $A \neq 1$，则 $A=0$；如果 $A \neq 0$，则 $A=1$。

公理 2：如果 $A=0$，那么 $A'=1$；如果 $A=1$，那么 $A'=0$。

A 称为原变量，A' 读作 A 撇或 A 非，称为 A 的反变量。

公理 3：$0 \cdot 0=0$；$1+1=1$

公理 4：$1 \cdot 1=1$；$0+0=0$

公理 5：$0 \cdot 1=1 \cdot 0=0$；$1+0=0+1=1$

公理都是成对的，这也是逻辑代数对偶性的特点。

1.3.4 基本定律

逻辑代数同普通代数一样，也有交换律、结合律、分配律等定律，但表示的意义有的与普通代数一样，有的则不一样。

- 0-1 律：$A \cdot 0=0$；$A+1=1$
- 自等律：$A \cdot 1=A$；$A+0=A$
- 重叠律：$A \cdot A=A$；$A+A=A$
- 互补律：$A \cdot A'=0$；$A+A'=1$
- 还原律：$(A')'=A$
- 交换律：$A \cdot B=B \cdot A$；$A+B=B+A$
- 结合律：$A \cdot (B \cdot C)=(A \cdot B) \cdot C$；$A+(B+C)=(A+B)+C$

以上各定律均可用公理来证明，方法是将逻辑变量分别用 0 和 1 代入，所得的逻辑式符合公理 2～5。

- 分配律：$A \cdot (B+C)=A \cdot B+A \cdot C$；$A+(B \cdot C)=(A+B) \cdot (A+C)$

分配律可以用上面的定律证明，也可用真值表证明。

例 1.3.1　用公式法证明：$A+(B \cdot C)=(A+B) \cdot (A+C)$。

解： $A+(B \cdot C)=A \cdot (1+B+C)+B \cdot C=A+A \cdot B+A \cdot C+B \cdot C$

$=A \cdot A+A \cdot B+A \cdot C+B \cdot C=A \cdot (A+B)+C \cdot (A+B)=(A+B) \cdot (A+C)$

表 1.3.10　例 1.3.2 的公式证明

A	B	C	$B+C$	$A \cdot (B+C)$	$A \cdot B$	$A \cdot C$	$A \cdot B+A \cdot C$
0	0	0	0	0	0	0	0
0	0	1	1	0	0	0	0
0	1	0	1	0	0	0	0
0	1	1	1	0	0	0	0
1	0	0	0	0	0	0	0
1	0	1	1	1	0	1	1
1	1	0	1	1	1	0	1
1	1	1	1	1	1	1	1

例 1.3.2　用真值表证明：$A \cdot (B+C)=A \cdot B+A \cdot C$。

解： 如表 1.3.10 所示，最左侧列出三个变量 A、B、C 的 8 种取值组合，对对应变量的每种组合进行逻辑运算得到 $A \cdot (B+C)$ 和 $A \cdot B+A \cdot C$ 的值，可以看到这两列的值全部相同，即所有变量取值组合下对应的结果都相同，公式得证。

- 吸收律：$A+A \cdot B=A$；$A \cdot (A+B)=A$。

例 1.3.3　证明吸收律。

解： $A+A \cdot B=A(1+B)=A \cdot 1=A$

$A \cdot (A+B)=A \cdot A+A \cdot B=A+A \cdot B=A(1+B)=A$

- 等同律：$A+A' \cdot B=A+B$

例 1.3.4 证明等同律。

解： $A+A'\cdot B=A\cdot(1+B)+A'\cdot B=A+A\cdot B+A'\cdot B=A+B$

● 反演律：$(A\cdot B)'=A'+B'$；$(A+B)'=A'\cdot B'$

反演律也称德·摩根定理，简称摩根定理。摩根是与布尔同一时代的英国数学家，他提出的两条逻辑定理提供了与非及非或、或非及非与之间等价的数学证明，是逻辑函数化简和变换中最常用的定理。

摩根定理 1：两个或多个变量进行与运算之后的反等于各单个变量分别取反后的或运算。以两个变量为例，逻辑式如下：

$$(A\cdot B)'=A'+B'$$

摩根定理 2：两个或多个变量进行或运算之后的反等于各单个变量分别取反后的与运算。以两个变量为例，逻辑式如下：

$$(A+B)'=A'\cdot B'$$

● 包含律：$A\cdot B+A'\cdot C+B\cdot C\cdot D=A\cdot B+A'\cdot C$

例 1.3.5 证明包含律。

解： $A\cdot B+A'\cdot C+B\cdot C\cdot D=A\cdot B+A'\cdot C+B\cdot C\cdot D\cdot(A+A')=A\cdot B+A'\cdot C+A\cdot B\cdot C\cdot D+A'\cdot B\cdot C\cdot D$

$=(A\cdot B+A\cdot B\cdot C\cdot D)+(A'\cdot C+A'\cdot B\cdot C\cdot D)=A\cdot B\cdot(1+C\cdot D)+A'\cdot C\cdot(1+B\cdot D)=A\cdot B+A'\cdot C$

在含有互反因子的两个与项 $A\cdot B$ 和 $A'\cdot C$ 中，如果除 A 和 A' 这两个互反因子外，其他因子 B 和 C 均为另一个与项 $B\cdot C\cdot D$ 的因子，则与项 $B\cdot C\cdot D$ 是多余的，可以把它消掉，不会影响原逻辑关系。

1.3.5 基本定理

1. 反演定理

对于任意一个逻辑函数 Y，将其中的"·"和"+"符号互换，常量 0 和 1 互换，原变量和反变量互换，就得到 Y 的反函数（补函数）Y'。

注意，互换时必须保持逻辑函数原来的运算顺序不变，两个或两个以上变量的"非号"保留不变。摩根定理是反演定理的一个特例，所以也称为反演律。利用反演定理，可以求一个逻辑函数的反函数。

例 1.3.6 求逻辑函数 $Y=A\cdot B$ 的反函数。

解： 方法 1，根据反演定理直接写出　　$Y'=A'+B'$

方法 2，按摩根定理得　　　　　　　$(A\cdot B)'=A'+B'$

$Y=A\cdot B$ 的反函数为 $Y'=A'+B'$。

例 1.3.7 求逻辑函数 $Y=[(A'\cdot B)'+C+D]'+C$ 的反函数。

解： 根据反演定理直接写出　　　　$Y'=[(A+B')'\cdot C'\cdot D']'\cdot C'$

整理为与或式的形式

$$Y'=\{[(A+B')']'+C''+D''\}\cdot C'=(A+B'+C+D)\cdot C'=AC'+B'C'+CC'+C'D=AC'+B'C'+C'D$$

2. 代入定理

任何一个含有逻辑变量 A 的等式，如果将所有出现 A 的位置都用另一个逻辑函数 G 来替换，则该等式仍然成立。代入定理非常简单，是数字逻辑层次化的理论依据。

利用代入定理可以证明一些公式，也可以将前面的二变量常用公式推广成多变量的公式。

例 1.3.8 用代入定理证明三变量摩根定理 1。

解： 将逻辑函数 G 代入摩根定理 1 逻辑式中，替换等号左右两侧的 B，得　$(A\cdot G)'=A'+G'$

再用 $B\cdot C$ 替换 G，得　$(A\cdot B\cdot C)'=A'+(B\cdot C)'$

右侧的 $(B\cdot C)'$ 用摩根定理 1 展开，得　$(A\cdot B\cdot C)'=A'+B'+C'$

三变量摩根定理 1 得证，同样方法可以证明摩根定理 2。

推论 根据基本定律 $A+A'=1$ 和代入定理，常用的任意逻辑函数与其反函数的关系互为非，即

$$f(A_1,A_2,\cdots,A_n)+f'(A_1,A_2,\cdots,A_n)=1$$

3. 对偶定理

逻辑代数具有对偶性，逻辑代数的公理都是成对给出的，对于逻辑代数的任何定理或逻辑式，将逻辑函数 Y 中所有的运算符号"+"和"·"互换，常量 0 和 1 互换，结果仍然是正确的。互换后的式子称为逻辑函数 Y 的对偶式 Y^D。

对偶定理：如果逻辑函数 Y 和 G 相等，则其对偶式 Y^D 和 G^D 也必然相等，反之亦然。

例 1.3.9 用对偶定理证明分配律 $A+B\cdot C=(A+B)\cdot (A+C)$。

解： 等式左边用逻辑函数 Y 表示，则其对偶式为

$$Y^D=A\cdot (B+C)=A\cdot B+A\cdot C$$

等式右边用逻辑函数 G 表示，则其对偶式为

$$G^D=A\cdot B+A\cdot C$$

根据对偶定理，两个逻辑函数的对偶式相等，则两个逻辑函数也相等，$Y=G$ 得证。

上面三个定理在使用时都要适当使用括号以保持原来的运算顺序，以免出现错误。

本章小结

本章主要讲述数字电子技术的基本概念及数学基础。正确理解数字信号抗干扰能力、数字电路中的信息表示、数字电路中的信息传输等概念，才能更好地去应用。本章还讲述了数字电路中的数与码，包括常用数制之间的转换、有符号二进制数的表示等。

各学科的发展都离不开数学，逻辑代数是数字电路的数学基础。数字系统处理的是二值逻辑，用二进制数表示二值逻辑的两种状态，二进制数既可以实现算术运算，也可以实现逻辑运算，其传输、存储、运算都非常方便。

与、或、非是三种基本逻辑运算，可以组合成与非、或非、与或非、异或、同或复合运算，并由相应的门电路实现。

习题 1

1-1 用 10 位二进制数可以表示的最大十进制数是多少？

1-2 若在编码器中有 50 个编码对象，则要求输出的二进制编码至少为多少位？

1-3 写出二进制数 110111.0101 对应的十进制数、八进制数和十六进制数。

1-4 将十进制数 135 转换为等值的二进制数、八进制数和十六进制数。

1-5 将以下十进制数变换为二进制数，要求误差小于 2^{-5}。

（1）673.23；（2）10000。

1-6 写出下列二进制数的原码、反码和补码。

（1）+1011；（2）–1011。

1-7 用 8 位二进制数补码表示下列十进制数。

（1）+28；（2）–89。

1-8 用二进制数补码计算下列各式。

（1）8+11；（2）20–25；（3）23–11。

1-9 已知 $A=(101101110)_2$，$B=(1011100)_2$，按二进制数运算规则，分别按无符号数和有符号数两种情况求 $A+B$ 及 $A-B$ 的值。

1-10 数 100100011001 作为二进制数或 8421 码时，其对应的十进制数分别是多少？

1-11 用 8421 码表示十进制数 325.42。

1-12 分别用下列编码表示十进制数 9876。

（1）8421 码；（2）2421 码；（3）余 3 码；（4）余 3 循环码。

1-13 证明下列等式（方法不限）。

（1）$AB'+B+A'B=A+B$

（2）$ABC+AB'C+ABC'=AB+AC$

（3）$A'B'C'+A(B+C)+BC=(AB'C'+A'B'C+A'BC')'$

1-14 当变量 A、B、C 取值分别为 1、0、1 和 1、1、0 时，计算下列逻辑函数的值。

（1）$AB+B'C$；（2）$(A'+B+C)(A+B'+C)$。

1-15 证明三变量摩根定理。

（1）$(ABC)'=A'+B'+C'$；（2）$(A+B+C)'=A'B'C'$。

第 2 章 逻 辑 门

依据组成电路的元器件的特性，实际电路中的电压、电流呈现出连续变化的状态。数字逻辑将实际电压、电流的无限集映射为两个子集，对应两个可能的数：0 和 1，通过逻辑代数描述电路中的二值运算，进行数字逻辑的分析和设计。由于在很大范围内的电压、电流均被表示为同一个二进制数，所以大大避免了元器件的变化及噪声的影响。实现基本逻辑运算的电路称为逻辑门电路（简称逻辑门），用相应的符号表示。

知其然，才能知其所以然，本章从电子电路设计的角度精确描述内部电路是如何工作、如何实现逻辑运算的。

本章内容主要包括基本逻辑门和 CMOS 逻辑门。

2.1 基本逻辑门

2.1.1 逻辑门系列

逻辑门是数字电路中最基本的器件，任何功能的逻辑函数都可由基本逻辑门组合在一起完成，例如，早期计算机中的微处理器就是由成千上万个逻辑门组成的。之所以称为"门"，是因为它具有允许或阻止数字信息流通的功能。我们在设计、分析数字电路时，逻辑门以逻辑符号的形式出现，实际电路中的逻辑功能和逻辑运算都是通过用半导体器件组成的电路实现的。本节简单介绍实际电路中如何获得逻辑 0 和逻辑 1，逻辑电路的内部电路是什么样的，以及如何实现逻辑功能。

逻辑电路的内部电路实现是随着电子器件的发展而发展的，最早的逻辑电路于 20 世纪 30 年代由贝尔实验室研制出，是基于继电器的。20 世纪 40 年代，第一台数字电子计算机是基于真空管的。20 世纪 50 年代末期发明的半导体二极管和双极型晶体管使得人们进入晶体管时代。20 世纪 60 年代，集成电路的发明带来了革命性的变化。集成电路就是人们常说的芯片，它不是简单地将构成一定功能的半导体、电阻、电容等元器件及它们之间的连接导线进行焊接，而是经过氧化、光刻、扩散、外延、蒸铝等半导体制造工艺，按照各自的拓扑结构全部集成在一小块硅片上，然后焊接封装在一个管壳内。集成电路从小规模迅速发展到大规模和超大规模，使得计算机成本更低、体积更小、速度更快、功能更强、可靠性更高。

基于集成电路实现了多种不同逻辑功能的芯片，半导体公司认为不需要为每个产品都设计一个芯片，而是应建立一个统一的标准和框架，设计一系列有着类似输入、输出及内部电路特征但逻辑功能不同的芯片，然后把这同一系列的芯片互连、组合以实现任意逻辑功能。于是出现了第 1 个集成电路离散逻辑器件系列——74 系列。20 世纪 80 年代早期，计算机就是由 74 系列芯片互连构成的。在没有可编程逻辑器件以前，对于工程师、学生来说，采用 74 系列芯片可以构成他们想要的数字系统是一个最经济有效的办法。甚至到目前为止，仍然有很多大学的数字电子实验室在使用 74 系列芯片。

20 世纪 60 年代最先出现的是 TTL 系列。其实在发明双极型晶体管前，逻辑运算基本上也采用金属-氧化物-半导体场效应晶体管（Metal-Oxide-Semiconductor Field Effect Transistor，MOSFET），简称 MOS 管。但早期的 MOS 管制造困难、速度慢，直到 20 世纪 80 年代中期，由于技术的进步，加上其具有功耗低、集成度高等特点，通用性大大提高，CMOS 系列基本取代了 TTL 系列。早期生产的不同系列的芯片可能由于采用不同的电源电压，或输入、输出逻辑电平范围定义不同，不能直接互连，后来由于整个行业都从 TTL 系列转到 CMOS 系列，许多 CMOS 系列在一定程度上都能与 TTL 系列相匹配。

作为实际产品大批量生产并广泛应用的逻辑门根据其构成门电路的底层晶体管类型分为双极型系列、单极型系列和混合型系列。双极型系列的底层是双极型晶体管，常用的是 TTL 和 ECL 系列；单极型系列的底层是单极型晶体管，常用的是 CMOS、PMOS 和 NMOS 系列；混合型系列的底层既有单极型晶体管又有双极型晶体管，例如，BiCMOS 系列。CMOS 与 TTL 逻辑门的比较如表 2.1.1 所示。

逻辑门型号

表 2.1.1　CMOS 与 TTL 逻辑门的比较

逻辑门	CMOS 逻辑门	TTL 逻辑门
开关器件	单极型晶体管，只用一种载流子（电子或空穴） 例如，N 沟道 MOS 管	双极型晶体管，利用电子和空穴两种载流子 例如，NPN 型晶体管
产品系列	CC4000 系列（国际 CD4000/MC4000） 高速 54HC/74HC 系列（国际 MC54HC/74HC） 兼容型的 74HCT 和 74BCT 系列（BiCMOS）	74/54xxx（标准系列），74/54Sxxx（肖特基系列），74/54LSxxx（低功耗肖特基系列），74/54ASxxx（先进肖特基系列），74/54ALSxxx（先进低功耗肖特基系列），74/54Fxxx（高速系列）
优、缺点	输入阻抗高、功耗低、抗干扰能力强，适合大规模集成	速度高（开关速度快），驱动能力强，功耗较大，集成度相对较低

基本逻辑门常用的主导系列有 CMOS 与 TTL 两种，同一系列下又有不同子系列，用不同的编码表示。不同系列的同一功能的门，其逻辑功能、电路符号、引脚排列都是相同的，区别是性能参数（如功耗、速度、抗干扰性）的不同。在芯片的封装外壳上，都标有逻辑门的型号名称。常用的 CMOS 与 TTL 系列逻辑门的典型输入、输出电平范围如图 2.1.1 所示。

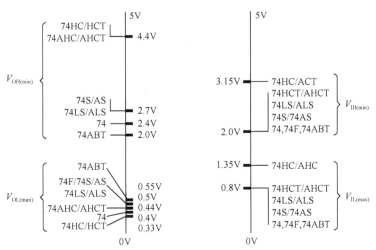

图 2.1.1　常用的 CMOS 与 TTL 系列逻辑门的典型输入、输出电平范围

2.1.2　基本逻辑门符号及波形

1. 基本逻辑门符号

逻辑运算描述的是一种函数关系，我们可以用自然语言表述，也可以用逻辑式，还可以用真值表或逻辑图。真值表忽略了电气特性，只列出离散的 0、1 值，是从自然语言到数字语言转换的关键，是静态描述，也是唯一的。逻辑式及逻辑图则有多种形式。实现与、或、非三种基本逻辑运算的电路分别称为与门、或门、非门。为使用方便，也可以忽略门的内部构成及电气特性，用逻辑符号表示，即把这些电路简单地看成具有一个或多个输入、一个输出的"黑匣子"，输出是当前输入的函数。输入、输出可以是模拟量，但必须是 0 或 1 电平规定范围内的值。非门、二输入与门、二输入或门的逻辑符号如图 2.1.2 所示，一般输入位于逻辑符号的左侧，而输出位于右侧。非门右侧

的小圆圈也叫反相圈，表示逻辑非或取反，非门也叫反相器。同逻辑式和真值表一样，与门、或门的符号可以扩展到具有任意输入数目的逻辑门，三输入与门、三输入或门的逻辑符号如图 2.1.3 所示。

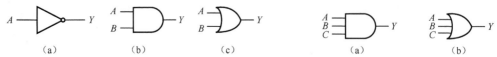

图 2.1.2 非门、二输入与门、二输入或门的逻辑符号　图 2.1.3 三输入与门、三输入或门的逻辑符号

与非门、或非门、异或门、同或门、与或非门的逻辑符号如图 2.1.4 所示。

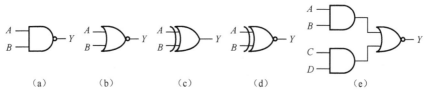

图 2.1.4 与非门、或非门、异或门、同或门、与或非门的逻辑符号

根据摩根定理$(A \cdot B)'=A'+B'$可以知道，与非门和非或逻辑是等效的，都实现了与非逻辑。非或逻辑用两个非门和一个或门实现。在由基本逻辑门构成的逻辑图中，反相圈可以出现在门的输入端，也可以出现在输出端，含义一样，都是取反。但反相圈出现在输入端的没有相应的实际芯片对应。与非逻辑等于先非后或，与逻辑等于先非后或再非，或非逻辑等于先非后与，或逻辑等于先非后与再非。应用摩根定理，可得几种逻辑门的等效图，如图 2.1.5 所示。

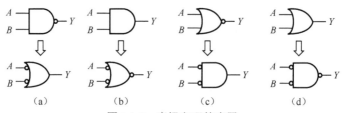

图 2.1.5 摩根定理的应用

2. 基本逻辑门的波形分析

数字信号通过逻辑门实现运算的波形可以用示波器或逻辑分析仪观察。非运算 $Y=A'$ 的输入、输出波形如图 2.1.6 所示。

t_1、t_3、t_5 时刻，输入变量 A 为高电平 1，输出变量 Y 为低电平 0。

t_2、t_4 时刻，输入变量 A 为低电平 0，输出变量 Y 为高电平 1。

注：本书在没有特殊说明时，波形图不考虑器件的延迟。

与运算 $Y=AB$ 的输入、输出波形如图 2.1.7 所示。

t_1、t_3 时刻，输入变量 A、B 电平组合为 11，则输出变量 Y 为高电平 1。

t_2、t_4、t_5 时刻，输入变量 A、B 电平组合分别为 01、10、00，则输出变量 Y 为低电平 0。

或运算 $Y=A+B$ 的输入、输出波形如图 2.1.8 所示。

t_3 时刻，输入变量 A、B 电平组合为 00，则输出变量 Y 为低电平 0。

t_1、t_2、t_4 时刻，输入变量 A、B 电平组合分别为 11、01、10，则输出变量 Y 为高电平 1。

异或运算 $Y_1=A \oplus B$，以及同或运算 $Y_2=A \odot B$ 的输入、输出波形如图 2.1.9 所示。

t_1、t_3、t_5、t_6 时刻，输入变量 A、B 电平组合分别为 10、01、10、01，相异，则异或输出变量 Y_1 为高电平 1，同或输出变量 Y_2 为低电平 0。

t_2、t_4 时刻，输入变量 A、B 电平组合分别为 11、00，相同，则异或输出变量 Y_1 为低电平 0，同或输出变量 Y_2 为高电平 1。

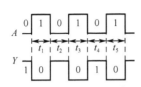

图 2.1.6　非运算的输入、输出波形

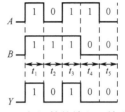

图 2.1.7　与运算的输入、输出波形

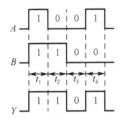

图 2.1.8　或运算的输入、输出波形

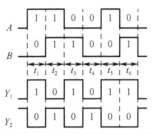

图 2.1.9　异或、同或运算的输入、输出波形

3．与门的门控作用

与门非常简单，在实际中常作为一种门控信号使用。如图 2.1.10 所示，B 输入频率为 f 的脉冲信号，A 输入一定时间 T 的高电平。脉冲信号 B 只在 A 为高电平 1 时才能通过与门到达输出 Y 端，A 为 0 时不能通过与门。如果与门的输出 Y 端接主电路，即可以通过控制 A 的高、低电平的时间来控制 B 是否作用到主电路中。这就是与门的门控作用。

4．异或门的应用

异或门可以作为加法器，如图 2.1.11 所示，在丢弃进位的情况下，实现了 2 位二进制数的求和。

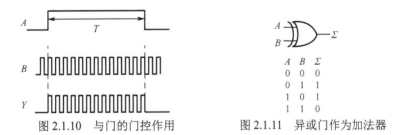

图 2.1.10　与门的门控作用　　　　图 2.1.11　异或门作为加法器

5．与非门和或非门的通用性

基本的与、或、非运算都可以转换成与非、或非运算实现，即与非门和或非门是一种通用门。将与非门的所有输入端连接在一起作为一个输入端，就实现了反相器的功能，如图 2.1.12 所示；与非门再经一个用与非门构成的反相器，即两个与非门，就实现了与门功能，如图 2.1.13 所示；三个与非门实现了或门功能，即 $Y=(A'\cdot B')'=A+B$，如图 2.1.14 所示；或门再经一个反相器，即 4 个与非门，就构成了或非门，如图 2.1.15 所示。

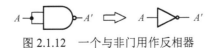

图 2.1.12　一个与非门用作反相器

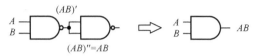
图 2.1.13　两个与非门用作与门

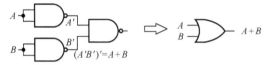
图 2.1.14　三个与非门用作或门

或非门的通用性

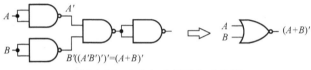
图 2.1.15　4 个与非门用作或非门

同理，或非门也可以实现非门、或门、与门、与非门的功能。

2.2　高、低电平的获得

二值逻辑中的 0 和 1，在实际电路中一般是通过数字电路中开关的闭合和断开获得的。图 2.2.1（a）所示的单开关电路，开关 S 断开，输出 v_O 为高电平 1；相反，开关 S 闭合，输出 v_O 为低电平 0，电路中的电流大。单开关电路功耗较大，随着集成电路规模的增大，改为采用低功耗的互补开关电路，即用另一个开关代替单开关电路中的电阻，如图 2.1.1（b）所示。两个开关 S1 和 S2 受同一个输入 v_I 的控制，开关 S1 和 S2 的状态总是相反的，即当 S1 闭合时，S2 断开，此时输出为高电平 1；当 S1 断开时，S2 闭合，输出为低电平 0。在互补开关电路中，不管输出是高电平还是低电平，两个开关总有一个是断开的，电路中的电流为零，所以互补开关电路的功耗非常低，在数字电路中得到广泛应用。

（a）单开关电路　　　　　　　　　　　　　　（b）互补开关电路

图 2.2.1　开关电路

最早的开关器件由继电器实现，随着半导体器件的出现及发展，继电器逐渐由光电管、二极管、双极型晶体管、单极型晶体管替代。双极型晶体管、单极型晶体管都是三端器件，控制端控制管子的状态：饱和导通相当于开关闭合，输出低电平；截止相当于开关断开，输出高电平。

2.3　二极管逻辑门

1. 二极管与门

二极管可以构成简单的门，二极管与门逻辑图如图 2.3.1（a）所示。假设 V_{CC}=5V，规定输入 A 和 B 的高、低电平分别为 V_{IH}=3V，V_{IL}=0V，二极管的导通压降 V_{ON}=0.7V。下面分析电路的 4 种组合输入情况。

A、B 都是低电平时，两个二极管都导通，从 V_{CC} 经二极管到地构成回路，此时电路输出端对地电压就是二极管的导通压降，即 V_Y=0.7V，输出低电平。

A、B 中有一个是低电平时，接低电平的二极管优先导通后钳位，使得接高电平的二极管反向偏置而截止，从 V_{CC} 经接低电平的二极管再到地构成回路，此时电路输出端对地电压还是二极管的导通压降，V_Y=0.7V，输出低电平。

A、B 同时为高电平 3V 时，两个二极管也同时导通，输出端对地电压是二极管的导通压降与输入高电平的和，即 V_Y=3.7V，输出为高电平。输入、输出情况表及真值表如图 2.3.1（b）所示，可见，实现了与运算。把电路封装起来，逻辑符号如图 2.3.1（c）所示。

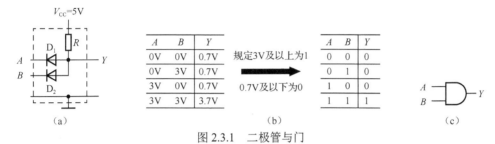

图 2.3.1　二极管与门

2．二极管或门

二极管或门逻辑图如图 2.3.2（a）所示，同样假设 V_{CC}=5V，规定输入 A 和 B 的高、低电平分别为 V_{IH}=3V，V_{IL}=0V，二极管的导通压降 V_{ON}=0.7V。分析电路的 4 种输入组合情况。

A、B 都是高电平 3V 时，两个二极管都导通，从输入端经二极管、电阻到地构成回路，此时输出端对地电压就是输入高电平减去二极管的导通压降，即 V_Y=2.3V，输出高电平。

A、B 中有一个是高电平 3V 时，接高电平的二极管导通，此时输出端对地电压 V_Y=2.3V，输出高电平。

A、B 都是低电平时，两个二极管同时截止，回路中没有电流，电阻上没有压降，输出端对地电压 V_Y=0V，输出低电平。输入、输出情况表及真值表如图 2.3.2（b）所示，实现了或运算。把电路封装起来，逻辑符号如图 2.3.2（c）所示。

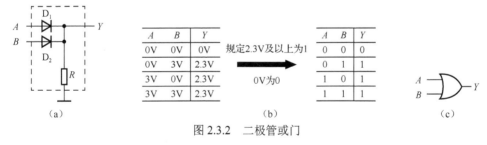

图 2.3.2　二极管或门

二极管构成的门只用于 IC 内部，这是由于输出的高、低电平数值与输入的高、低电平数值相差一个二极管的导通压降，造成后级的门输入电平偏移，甚至可能使得高电平下降到门限值以下。另外，当输出端接负载电阻时，输出电平会随负载电阻的变化而变化，带负载能力差。

2.4　CMOS 门

CMOS 逻辑是最容易理解并最适用于商业的逻辑，实际上，理解 CMOS 逻辑功能不需要太多的模拟电子技术知识。

2.4.1 MOS 管

MOS 管按导电沟道形成的机理分为增强型和耗尽型两种，按导电沟道使用的半导体材料类型分为 N 沟道（NMOS）和 P 沟道（PMOS）两种。MOS 管的逻辑符号如图 2.4.1 所示，其中，图（a）为增强型 N 沟道，图（b）为增强型 P 沟道，图（c）为耗尽型 N 沟道，图（d）为耗尽型 P 沟道，三个端子分别称为栅极（g, gate）、源极（s, source）和漏极（d, drain），B 为衬底。

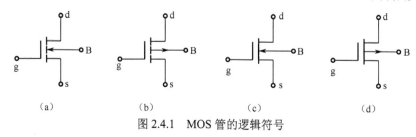

$$(a) \qquad (b) \qquad (c) \qquad (d)$$

图 2.4.1　MOS 管的逻辑符号

MOS 管的栅极与源极和漏极之间是绝缘的，电阻非常高，所以无论栅极电压是多么大，栅极与源极之间、栅极与漏极之间几乎不会产生电流，所以 MOS 管的一大特点就是输入阻抗非常高、输入电流小、功耗低。漏极与源极之间要靠电场效应产生的沟道导通。如图 2.4.2 所示为增强型 NMOS 管，其栅极上加输入电压 v_I。如果 v_I 小于沟道的开启电压 $V_{GS(th)N}$，则漏极到源极之间不能形成导通沟道，漏极与源极之间是断开的状态，相当于一个无穷大的电阻。如果 v_I 大于沟道的开启电压 $V_{GS(th)N}$，漏极到源极之间形成导电沟道，漏极与源极之间可以看作一个可控电阻 R_{ON}。一旦沟道完全形成，该电阻变得特别小，有些器件可小至 10Ω 或更低，漏极与源极之间可看作导通状态。所以将 MOS 管看作三端子压控电阻器件，等效电路如图 2.4.3 所示。在数字电路中，MOS 管总工作在沟道形成和沟道夹断两种状态下。

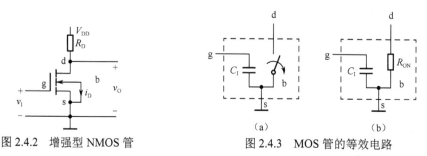

图 2.4.2　增强型 NMOS 管　　　　　图 2.4.3　MOS 管的等效电路

PMOS 管的工作原理与 NMOS 管类似，只是它的开启电压 $V_{GS(th)P}$ 极性为负。典型的 CMOS 管在 5V 电源电压下工作，它可以将 0～1.5V 电压解释为逻辑 0，而将 3.5～5V 电压解释为逻辑 1。

2.4.2　CMOS 反相器

如图 2.4.4（a）所示为 CMOS 反相器原理图，CMOS 反相器是由 PMOS 管 T_1 和 NMOS 管 T_2 以互补形式连接而成的，即栅极并联接输入信号 v_I，漏极并联接输出信号 v_O，T_2 的源极接地，T_1 的源极接电源 V_{DD}。为了与 TTL 电路兼容，电源电压取 5V。

CMOS 反相器等效电路如图 2.4.4（b）所示，其功能说明如下。

（1）$0.0V < v_I < V_{GS(th)N}$：v_I 小于 N 沟道的开启电压 $V_{GS(th)N}$ 时，T_2 的漏、源极之间的等效电阻 R_2 很大，相当于断开；此时 v_I-V_{DD} 大于 P 沟道的开启电压 $V_{GS(th)P}$ 时，T_1 的漏、源极之间等效电阻 R_1 很小，漏、源极之间相当于导通。所以输出电压 v_O 近似为 5V。

（2）$V_{GS(th)N} < v_I < 5.0V$：v_I 大于 N 沟道晶体管的开启电压 $V_{GS(th)N}$ 时，T_2 的漏、源极之间的等效电阻 R_2 很小，相当于导通；v_I-V_{DD} 小于 P 沟道的开启电压 $V_{GS(th)P}$ 时，T_1 的漏、源极之间的等效电

阻 R_1 很大，漏、源极之间相当于断开。所以输出电压 v_O 近似为 0V。

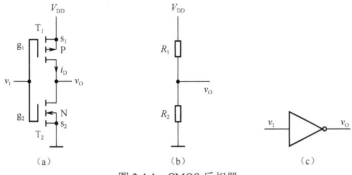

图 2.4.4　CMOS 反相器

由上述功能特性可见，该电路实现了逻辑非功能，即输入 0V，输出+5V；反之，若输入+5V 则产生输出 0V。无论 v_1 是高电平还是低电平，T_1 和 T_2 总为一个导通另一个截止的工作状态，称为互补。这种电路结构称为 CMOS 反相器，等效电路如图 2.4.4（b）所示，可以把图 2.4.4（a）封装后用图 2.4.4（c）的逻辑符号表示。由于 T_1 和 T_2 中总有一个是截止的，其截止电阻非常高，故从电源流经 T_1、T_2 到地的静态电流很小，电路的静态功耗非常小。

2.4.3　CMOS 与非门

CMOS 反相器是构成 CMOS 各种门的最基本单元。二输入的 CMOS 与非门逻辑图和逻辑符号如图 2.4.5 所示，T_1 与 T_2、T_3 与 T_4 分别构成两个反相器。A、B 两个输入中只要有一个为低电平，则输出 Y 通过导通的 PMOS 管 T_1 或 T_3 与 V_{DD} 连接；NMOS 管 T_2 和 T_4 断开，输出 Y 与地断开，为高电平。

若 A、B 两个输入都为高电平，则输出 Y 被 T_1、T_3 阻断与 V_{DD} 的连接；T_2 和 T_4 都导通，输出 Y 与地接通，为低电平。

其输入/输出关系及管子的通断状态如表 2.4.1 所示，可知该电路实现了与非逻辑。

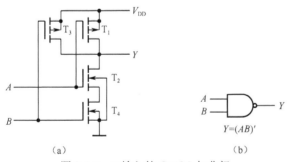

（a）
$Y=(AB)'$
（b）

图 2.4.5　二输入的 CMOS 与非门

表 2.4.1　输入/输出关系及管子的通断状态

$A\ B$	T_1	T_2	T_3	T_4	Y
0 0	通	断	通	断	1
0 1	通	断	断	通	1
1 0	断	通	通	断	1
1 1	断	通	断	通	0

2.4.4　CMOS 或非门

二输入的 CMOS 或非门逻辑图和逻辑符号如图 2.4.6 所示，T_1 与 T_2、T_3 与 T_4 分别构成两个反相器。若 A、B 两个输入都为低电压，则输出 Y 通过导通的 PMOS 管 T_1 和 T_3 与 V_{DD} 连接，而对地的通路被断开的 NMOS 管 T_2 或 T_4 阻断，输出 Y 为高电平。

若 A、B 中有一个输入为高电平，则 T_1 或 T_3 断开，对 V_{DD} 的通路被阻断，而对地导通，输出 Y 为低电平。其输入/输出关系及管子通断状态如表 2.4.2 所示。可知该电路实现了或非逻辑。

由于与非门和或非门的通用性，其他所有逻辑功能都可由与非门和或非门组合起来实现。因为对于相同的硅面积，N 沟道的导电沟道形成条件比 P 沟道的低，这样当晶体管串联时，k 个 NMOS 管的"导通"阻抗比同样数目的 PMOS 管的低，所以 k 输入的与非门通常要比同样是 k 输入的或非门速度更快也更受欢迎。

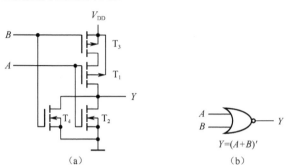

图 2.4.6　二输入的 CMOS 或非门

表 2.4.2　输入/输出关系及管子通断状态

A B	T_1	T_2	T_3	T_4	Y
0 0	通	断	通	断	1
0 1	通	断	断	通	0
1 0	断	通	通	断	0
1 1	断	通	断	通	0

2.4.5　CMOS 缓冲器

CMOS 反相器所需的晶体管数目最少，其次是与非和或非门。与门由与非加反相器构成，或门由或非门加反相器构成。当输入端数目或输出端负载不同时，门的输入、输出特性也会不同，为改善抗干扰性能差和不对称等缺点，通常用 CMOS 反相器作为各输入、输出端的缓冲电路。图 2.4.7 为输入、输出端带缓冲电路的与非门。

CMOS 反相器输出再经一级反相构成 CMOS 缓冲器，虽然其输入、输出信号的逻辑状态没有变化，但提高了电路的驱动能力，可以理解为具有中继放大器的作用，提高了门的带负载能力，其逻辑图和逻辑符号如图 2.4.8 所示。

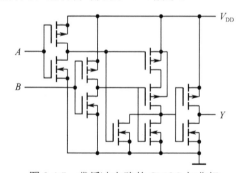

图 2.4.7　带缓冲电路的 CMOS 与非门

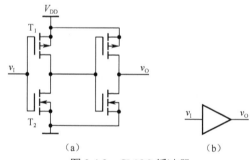

图 2.4.8　CMOS 缓冲器

2.4.6　CMOS 门的电气特性

前面介绍了各逻辑芯片的逻辑功能，非常简单。芯片的底层还是模拟电路，为了更好地应用芯片，就要了解其直流和交流电气特性。每个芯片的参数、特性、测试条件、封装等使用说明都有对应的 data sheet，即数据表，表 2.4.3 给出了 74HC00 的部分直流电气特性。

该芯片的工作环境温度为-40～+85℃。

V_{IH} 和 V_{IL} 与测试时电源电压有关，在不同情况下，有不同的典型值、最小值及最大值。

V_{OH} 和 V_{OL} 不仅与测试时电源电压有关，还与输出电流有关，在不同情况下，有不同的典型值、最小值及最大值。

I_{LI}、I_{OZ} 和 I_{CC} 三个电流都是在最大电源电压情况下的最大值，反映了芯片的特性。

表 2.4.3 74HC00 的部分直流电气特性

符号	含义	测试条件		最小值/V	典型值/V	最大值/V
		其他	V_{CC}/V			
V_{IH}/V	输入电压最大值		2.0	1.5	1.2	—
			4.5	3.15	2.3	—
			6.0	4.2	3.2	—
V_{IL}/V	输入电压最小值		2.0	—	0.8	0.5
			4.5	—	2.1	1.35
			6.0	—	2.8	1.8
V_{OH}/V	输出电压最大值	$V_I=V_{IH}/V_{IL}$ $I_O=-20\mu A$	2.0	1.9	2.0	—
		$I_O=-20\mu A$	4.5	4.4	4.5	—
		$I_O=-20\mu A$	6.0	5.9	6.0	—
		$I_O=-4.0mA$	4.5	3.84	4.32	—
		$I_O=-5.2mA$	6.0	5.34	5.81	—
V_{OL}/V	输出电压最小值	$V_I=V_{IH}/V_{IL}$ $I_O=20\mu A$	2.0	—	0	0.1
		$I_O=20\mu A$	4.5	—	0	0.1
		$I_O=20\mu A$	6.0	—	0	0.1
		$I_O=4.0mA$	4.5	—	0.15	0.33
		$I_O=5.2mA$	6.0	—	0.16	0.33
I_{LI}/μA	输入漏电流	$V_I=V_{CC}$/GND	6.0	—	—	±1.0
I_{OZ}/μA	三态输出电流	$V_I=V_{IH}/V_{IL}$, $V_O=V_{CC}$/GND	6.0	—	—	±5.0
I_{CC}/μA	静态电源供电电流	$V_I=V_{CC}$/GND, $I_O=0$	6.0	—	—	±20

1. CMOS 反相器的电压传输特性

在介绍 CMOS 反相器原理时只分析了输入高电平、低电平两个离散值情况，反相器完整的输出电压 v_O 和输入电压 v_I 之间的关系曲线，即电压传输特性曲线，如图 2.4.9 所示，可以分为 AB、BC、CD 三段。若电源 V_{DD}=5V，则横轴上输入电压变化范围是 0~5V，纵轴上相应的输出电压变化范围也是 0~5V。

AB 段：输入电压从 0 增大到 $V_{GS(th)N}$，输出电压保持高电平，即输入小于 v_{ILmax} 时，输出为高电平 v_{OH}，近似为电源电压 V_{DD}。

CD 段：输入电压从 V_{DD} 减小到 $V_{DD}-V_{GS(th)P}$ 时，输出电压保持低电平，即输入 $v_{IHmin}<v_{IL}$，$v_{IHmin}>v_{DD}$，输出为低电平 v_{OL}，近似为 0V。

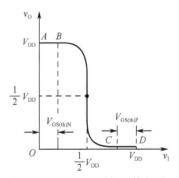

图 2.4.9 CMOS 反相器的电压
传输特性曲线

BC 段：输入电压在 $V_{GS(th)N}$~$V_{DD}-V_{GS(th)P}$ 之间，组成反相器的 T_1、T_2 同时导通，因为导电沟道的形成有一个过程，当输入电压增大时，输出电压随之减小，若两个管子参数完全相同，当输入电压增大到 $1/2V_{DD}$ 时，两个管子同时导通相当于从电源经两个同样大小的阻抗串联到地，输出电压相当于分压电路，值近似为 $1/2V_{DD}$。

从传输特性知道，为实现数字逻辑，输入电压应尽量工作在 AB 和 CD 段，避免工作在 BC 段。所以定义了输入、输出电压的极限值。

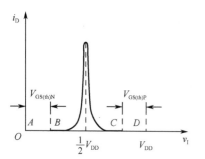

图 2.4.10　CMOS 反相器的电流传输特性曲线

V_{OHmin}：输出为高电平时的最小输出电压。

V_{IHmin}：能保证被识别为高电平时的最小输入电压。

V_{OLmax}：输出为低电平时的最大输出电压。

V_{ILmax}：能保证被识别为低电平时的最大输入电压。

V_{TH}：门的阈值电压。

2. CMOS 反相器的电流传输特性

电流传输特性曲线是反相器的输出漏极电流随输入电压变化曲线，如图 2.4.10 所示。与电压传输特性曲线相对应，也分成三段。在 AB 和 CD 段，都是一个管子导通，另一个管子截止，输出漏极电流近似为零。在 BC 段，由于 T_1、T_2 同时导通，此时从电源经 T_1、T_2 到地形成通路，产生漏极电流 i_D，在 $v_I=1/2V_{DD}$ 附近达到最大。在实际逻辑电路中，输入电压尽量不要长时间工作在这一区域，以防功耗过大而损坏管子。

3. 噪声容限

由 CMOS 反相器的电压传输特性可知，在输入电压 v_I 偏离正常低电平或高电平时，输出电压 v_O 并不会随之马上改变，允许输入电压有一定的变化范围。这就是第 1 章中讲到的数字信号比精确的模拟信号抗干扰能力强的根本原因，逻辑 1、逻辑 0 也都是指一个电压范围，而不是具体的精确的电压数值。当然，数字信号的抗干扰能力也不是无穷大的，具体用参数噪声容限来表示。我们这里只描述直流噪声容限，也叫静态噪声容限。

输入噪声容限是指在保证输出高、低电平不超过规定极限时，允许输入信号高、低电平的波动范围。输入直流噪声容限分为输入高电平噪声容限 V_{NH} 和输入低电平噪声容限 V_{NL}。

输入高电平噪声容限

$$V_{NH}=|V_{IHmin}-V_{OHmin}|$$

输入低电平噪声容限

$$V_{NL}=|V_{OLmax}-V_{ILmax}|$$

参数 V_{IHmin}、V_{OHmin}、V_{OLmax}、V_{ILmax} 都可以在芯片的数据表中直接查找得到，只是 CMOS 门的输入直流噪声容限和电源电压 V_{DD} 有关，当 V_{DD} 增大时，电压传输特性曲线右移，噪声容限略有提高。

4. 扇入系数

门所具有的输入端的数目称为该门的扇入系数。原理上，CMOS 与非门和或非门都可以有很多个输入端，方法是在二输入门的基础上用反相器进行简单的串、并联扩展。但实际上由于晶体管导通阻抗的串联限制了 CMOS 门的扇入数，一般 CMOS 或非门最多有 4 个输入，CMOS 与非门最多有 6 个输入。

5. 扇出系数

CMOS 门的扇出系数指一个 CMOS 门驱动同类型门的个数。一个实际系统是由不同种类的门组合起来实现某种逻辑功能的。前一级的门称为驱动门，后一级的门称为负载门。CMOS 门驱动的负载不同，其带负载能力也不同。负载一般分 CMOS 负载和 TTL 负载两类。CMOS 负载是指同系列的 CMOS 门，从 CMOS 门的电压、电流传输特性可知，输入端的电流很小，输出高电平接近电源电压 V_{DD}，输出低电平接近 0V。而 TTL 负载是需要有电流驱动的，例如，TTL 系列门或电阻性负载，分析电路时就必须考虑晶体管导通时的等效电阻。实际上我们查到的参数是输出电流的 I_{OLmax} 和 I_{OHmax} 而不是晶体管导通时的等效电阻。

I_{OLmax} 是输出低电平时保证输出电压不大于 V_{OLmax} 时，灌入输出端的最大电流。

I_{OHmax} 是输出高电平时保证输出电压不小于 V_{OHmin} 时，从输出端流出的最大电流。

CMOS 驱动门输出高电平时，接电源的 PMOS 管导通，电流从电源流经门的输出端、再经负载到地，此时叫拉电流。驱动门输出低电平时，接地的 NMOS 管导通，电流从电源流经负载、再经门的输出端到地，此时叫灌电流，如图 2.4.11 所示。

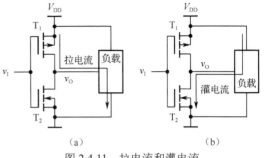

图 2.4.11　拉电流和灌电流

2.5　其他类型的 CMOS 门

为满足特定需求，在实际应用中对基本 CMOS 门进行了修改，得到其他类型的 CMOS 门。

1．传输门

传输门就是一个逻辑控制的双向开关，逻辑图如图 2.5.1（a）所示，两个结构对称的 MOS 管并联，其中 T_1 为 NMOS 管，T_2 为 PMOS 管，C 和 C' 为一对互补的控制信号，T_1 和 T_2 的漏、源极可以互换，输出端和输入端也可以互换。

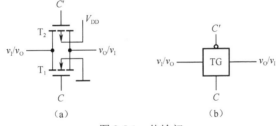

图 2.5.1　传输门

$C=0$，$C'=1$ 时，只要 v_I 在 $0\sim V_{\text{DD}}$ 之间变化，T_1 和 T_2 同时截止，输入和输出之间为高阻态，传输门截止，输出 $v_\text{O}=0$。

$C=1$，$C'=0$ 时，若 $0<v_\text{I}<V_{\text{DD}}-V_{\text{GS(th)N}}$，$T_1$ 导通，T_2 截止，输出 $v_\text{O}=v_\text{I}$；若 $|V_{\text{GS(th)P}}|<v_\text{I}<V_{\text{DD}}$，$T_1$ 截止，T_2 导通，输出 $v_\text{O}=v_\text{I}$，即 v_I 在 $0\sim V_{\text{DD}}$ 之间变化时，传输门打开，输出随输入变化而变化。封装传输门电路，逻辑符号如图 2.5.1（b）所示。

传输门一旦被打开，传输延时将非常小。传输门可以作为模拟开关，用来传输连续变化的模拟信号，这一点是一般逻辑门无法实现的。其还可以和 CMOS 反相器一起组成各种复杂的逻辑电路，如数据选择器、寄存器、计数器等。

2．漏极开路门

为了满足输出电平的变换要求，输出大负载电流，以及实现"线与"功能，将 CMOS 门的输出级的 PMOS 管省去。若输出不为低电平，NMOS 管的漏极就是开路的形式，称为漏极开路输出的门电路，简称 OD（Open-Drain，漏极开路）门，如图 2.5.2 所示。

使用 OD 门时，输出端需要通过外接电阻（称为上拉电阻）接到电源上，以保证输出高电平时把输出端上拉到高电平，如图 2.5.3 所示。为保证门的输出电压满足规定的 V_{OHmin}、V_{OLmax}，上拉电阻的阻值 R 是需要计算的，考虑到速度、功耗等参数，R 值在可选范围内应尽可能小一些，这里不详细分析计算过程。

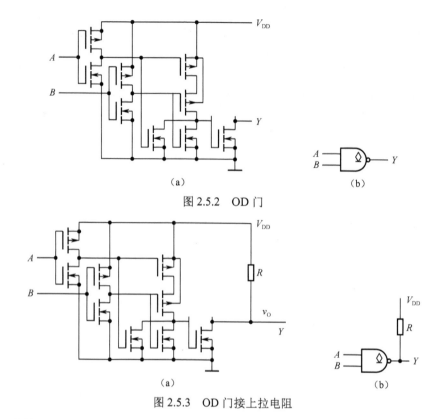

图 2.5.2 OD 门

图 2.5.3 OD 门接上拉电阻

3．三态门

门的输出一般有两种状态：0 态和 1 态。然而在实际应用电路中，输出端从电路物理特性上看是连接在电路中的，但从电气特性上看，输出端与电源、与地之间只有非常小的漏电流，好像悬在半空中一样，与电源、地都没有连接，这种状态称为高阻态。

三态门原理图如图 2.5.4（a）所示，虚线框内的电路是三态反相器，部分电路不用晶体管电路而采用逻辑符号表示是为了简化原理图。EN 是三态门的使能端，当 EN 为高电平时，与非门 G_4、或非门 G_5 被封锁，晶体管 T_1、T_2 都是断开状态，此时输出端就处于悬空状态，即高阻态。当 EN 为低电平时，与非门 G_4、或非门 G_5 打开，接收输入信号 A：A 为 0 时，T_1 导通、T_2 截止，此时输出端为 1 态；A 为 1 时，T_1 截止、T_2 导通，此时输出端为 0 态。

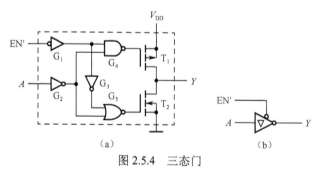

图 2.5.4 三态门

三态门的逻辑符号如图 2.5.4（b）所示，内部的小三角表示是三态门，EN′和小圆圈一起表示使能端为低电平有效。当然，使能端也可以高电平有效，如图 2.5.5 所示的三态与非门，在 EN 输入的内部电路处加一个反相器就可以，原理不再详细分析。

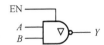

图 2.5.5　高电平使能的三态与非门的符号

本章小结

本章先介绍了逻辑门的系列、型号、符号及波形；接着介绍了逻辑电平的获得方法及二极管构成的逻辑门，以及 CMOS 系列的反相器、与非门、或非门、缓冲器的工作原理；最后介绍了 CMOS 门的电气特性及其他类型的 CMOS 门。

逻辑门介绍的是其内部电路原理，以及所呈现的电气特性，涉及模拟电子技术及电路原理的知识。本章内容较多，少学时的可以跳过，但掌握本章内容有助于解决实际应用中遇到的问题。

习题 2

2-1　某逻辑门系列将低电平信号定义在 0～0.8V 的范围内，高电平信号定义在 2～3.3V 的范围内，按正逻辑，给出下列电平信号的逻辑值。

（1）0.0V；（2）3.0V；（3）0.7V；（4）2.9V；（5）2.2V；（6）5.0V；（7）−0.3V；（8）−3.0V。

2-2　按负逻辑重做习题 2-1。

2-3　CMOS 门中使用的是哪种晶体管？

2-4　根据表 2.4.3 中的数据，确定 74HC00 参数的最坏值。

2-5　简单说明 HC 和 HCT 逻辑系列的区别。

2-6　当一个与非门实际的输入端数目多于所需要的数目时，多余的输入端应如何处理？

2-7　试着设计实现逻辑函数 $Y=(A(B+C))'$ 的 CMOS 电路。

2-8　举例说明三态门在实际应用中的例子。

第 3 章 逻辑函数及组合逻辑电路

传统上，逻辑被作为哲学的一个分支来研究。逻辑的范围非常广，其主题涉及从对谬论和悖论的研究到专门的推理分析和因果关系的论证。19 世纪中期，逻辑才用在数学和计算机科学研究中。数字系统是基于逻辑设计的。逻辑设计的结果是将人提出的算法和过程转化为能具体实现的机器。逻辑设计中的机器不同于汽车发动机那类纯物理的机器，其本质上是算法，即根据算法定义好的解决某一问题的一系列特定步骤，周期性地执行来完成功能，典型例子如交通灯控制器。这里的逻辑是指事物间的因果关系。一个独立的逻辑变量本身是没有什么意义的，但当多个逻辑变量用来表示不同的逻辑状态时，它们之间可以按照事先确定的某种因果关系进行推理运算。每个步骤都基于逻辑代数，用逻辑式表示。在逻辑电路中，当输入的取值确定后，输出的取值也随之确定，此时电路的输出和输入之间的函数关系称为逻辑函数。具体实现逻辑推理功能的电路，称为逻辑电路。

依据逻辑式用逻辑门代替逻辑运算符就实现了电路的逻辑功能，即给定输入的各种组合，对应就会产生相应的输出。电路输出只依赖于当前输入的逻辑电路称为组合逻辑电路。

本章内容主要包括逻辑函数的表示、化简与转换，以及组合逻辑电路的分析与设计。

3.1 逻辑函数的表示

普通代数中，对两个变量 x 和 y，如果每给定 x 一个值，y 都有唯一确定的值与其对应，就说 y 是 x 的函数，其中，x 称为输入变量，y 称为输出变量。逻辑代数中，用以描述逻辑关系的函数称为逻辑函数。前面讨论的与、或、非、与非、或非、异或等完成逻辑运算的函数都是逻辑函数。逻辑函数进行的不是算术运算而是逻辑运算，与普通函数有以下三个不同之处：

- 逻辑函数的输入、输出变量一般都用大写字母表示；
- 逻辑函数的输入、输出变量只有 0 和 1 两种取值；
- 逻辑变量之间的基本运算是与、或、非运算。

逻辑函数通常有 5 种表示方法，即真值表、逻辑式、逻辑图、波形图和卡诺图，分别适用于不同情况，但相互之间可以转换。其中，真值表是唯一的，是逻辑函数的数字语言描述。在进行逻辑设计、逻辑分析时，只要有真值表，其他步骤就可以用机器来实现。波形图和卡诺图是真值表的变形，分别适用于功能分析及化简。逻辑式是对真值表的数学抽象，简洁易记；逻辑图则是逻辑式的图形表示，用于逻辑函数的电路实现。逻辑式不是唯一的，有与或式、或与式、与非与非式、或非或非式、与或非式等多种形式，这些形式可以互相转换，当然，其对应的逻辑图也就有多种形式。

3.1.1 逻辑函数的一般表示

1. 真值表

逻辑函数最基本的表示方法是真值表，就是把输入变量所有的取值组合及与之对应的输出变量列在一张简单表格中。输入变量的各种取值组合按二进制计数递增顺序依次写在各行左侧，对应的输出变量写在同一行右侧。这种列表方法的优点是，可以直接观察输入与输出变量之间的逻辑关系。三变量真值表有 8 行，如表 3.1.1 所示，第 1 行表示输入变量 $A=0$，$B=0$，$C=0$，这时输出变量 $Y=0$；第 2 行表示 $A=0$，$B=0$，$C=1$，这时输出变量 $Y=1$。n 个输入变量就需要有 2^n 行，输入变量个数多于 5 个以上的，真值表就不实用了。

2. 逻辑式

逻辑函数输出与输入变量之间的逻辑关系也可以用抽象成与、或、非基本运算的逻辑式表示。逻辑式与真值表存在对应关系。

电路如图 3.1.1 所示，开关 A 合上的同时，开关 B、C 中再有一个合上，灯就亮，有一个条件满足就发生的逻辑关系用或运算实现，所有条件同时满足才发生的逻辑关系用与运算实现，所以该图的逻辑式可以写为

$$Y=A(B+C)$$

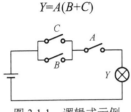

图 3.1.1　逻辑式示例

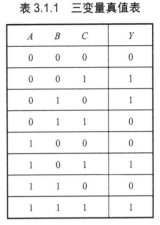

表 3.1.1　三变量真值表

A	B	C	Y
0	0	0	0
0	0	1	1
0	1	0	1
0	1	1	0
1	0	0	0
1	0	1	1
1	1	0	0
1	1	1	1

逻辑函数比较复杂时，直接写出逻辑式有困难，可以由真值表得出。例如，三个输入变量 A、B、C 共有 8 种取值组合，对应 8 行，见表 3.1.1。同一行的各输入变量组合可以用一个与式表示，也称为乘积项。表 3.1.1 中第 1~8 行的乘积项分别为 $A'B'C'$、$A'B'C$、$A'BC'$、$A'BC$、$AB'C'$、$AB'C$、ABC' 和 ABC。

真值表把各种输入变量取值组合全部列出，一行对应一种组合，输出变量为 1 的也可能有多种组合，所以逻辑式是一个或多个乘积项之间的或运算。表 3.1.1 对应的逻辑式就是令输出变量为 1 的输入变量组合的 4 个乘积项的逻辑和。根据表 3.1.1 给出的真值表，可以写出逻辑式：

$$Y=A'B'C+A'BC'+AB'C+ABC$$

这种表示形式也称为与或式。与或式是最基本的形式，它可以化简或转换为其他形式。

3．逻辑图

根据逻辑函数的逻辑式，把与、或、非运算用相应的逻辑符号表示，得出的图就叫逻辑电路图，简称逻辑图。表 3.1.1 表示的逻辑函数对应的逻辑图如图 3.1.2 所示，根据逻辑图就可以选择具体的芯片将电路搭建出来并进行功能测试。

4．波形图

波形图是真值表的变形，0 用低电平表示，1 用高电平表示。组合逻辑电路没有时钟信号时，每个组合都分配占用一个固定的时间即可。波形图也称时序图，其反映了输入、输出变量随时间动态变化的规律。可以用示波器或逻辑分析仪查看。表 3.1.1 表示的逻辑函数对应的波形图如图 3.1.3 所示。

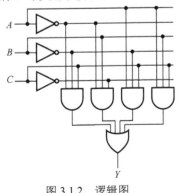

图 3.1.2　逻辑图

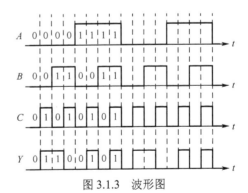

图 3.1.3　波形图

5．卡诺图

卡诺图也是真值表的变形，卡诺图即两维的真值表，它的特点是把逻辑相邻的项安排为几何相邻。卡诺图是贝尔实验室的电信工程师莫里斯·卡诺（Maurice Karnaugh）在 1953 年发明的，他

把真值表换成方格矩阵形式，每个小方格对应真值表中的一行，输入变量的取值组合与矩阵的坐标相对应。注意，矩阵的坐标按循环码排列，以保证几何相邻的方格逻辑相邻，为逻辑函数化简提供了直观的图形工具。

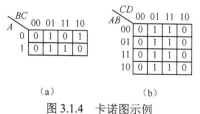

（a）　　　　　　　（b）

图 3.1.4　卡诺图示例

表 3.1.1 表示的逻辑函数对应的卡诺图如图 3.1.4（a）所示。A 的坐标按 0、1 排列，BC 的坐标按 00、01、11、10 循环码的顺序排列。按 A、B、C 排列顺序依次取值，对照真值表获得 Y 的值，将卡诺图的小方格填上 1 或 0。同真值表一样，n 个输入变量的逻辑函数，矩阵中有 2^n 个小方格。卡诺图方便用于五变量以下的逻辑函数进行图形化简。例如，四变量函数如下：

$$Y(A,B,C,D)=A'B'C'D+A'B'CD+A'BC'D+A'BCD+AB'C'D+AB'CD+ABC'D+ABCD$$

其卡诺图如图 3.1.4（b）所示。

6. 逻辑式与真值表的互换

逻辑式表达了输出变量与输入变量之间的关系。前面介绍了由真值表得出逻辑式的方法，下面介绍由逻辑式得出真值表的方法。首先确定逻辑函数有几个输入变量，然后把输入变量的所有取值组合按二进制计数递增顺序列在真值表的左侧，把各种取值组合代入逻辑式进行计算得到输出变量的值，填在表的右侧，就得到逻辑式对应的真值表。

例 3.1.1　由表 3.1.2 给出的真值表写出逻辑式。

解：真值表对应为 1 的行有 6 行，所以有 6 个乘积项，它们相或得到的逻辑式如下。

$$Y(A,B,C)=A'B'C'+A'BC'+A'BC+AB'C'+AB'C+ABC'$$

例 3.1.2　列出下面逻辑函数的真值表：

解：　　$Y(A,B,C,D)=A'B'C'D+A'B'CD+A'BC'D+A'BCD+AB'C'D+AB'CD+ABC'D+ABCD$

这是一个四变量函数，先把逻辑函数输入变量 A、B、C、D 的 16 种组合按二进制计数递增顺序写在各行中，然后从第 1 行开始逐行把输入变量的取值代入逻辑式进行计算，得到输出变量的值，对应写在同一行右侧列中。得到逻辑函数的真值表如表 3.1.3 所示。

表 3.1.2　例 3.1.1 的真值表

A	B	C	Y
0	0	0	1
0	0	1	0
0	1	0	1
0	1	1	1
1	0	0	1
1	0	1	1
1	1	0	1
1	1	1	0

表 3.1.3　例 3.1.2 的真值表

A	B	C	D	Y
0	0	0	0	0
0	0	0	1	1
0	0	1	0	0
0	0	1	1	1
0	1	0	0	0
0	1	0	1	1
0	1	1	0	0
0	1	1	1	1
1	0	0	0	0
1	0	0	1	1
1	0	1	0	0
1	0	1	1	1
1	1	0	0	0
1	1	0	1	1
1	1	1	0	0
1	1	1	1	1

3.1.2　逻辑式的标准形式 1

一个变量 A 在逻辑式中出现的形式有原变量 A 或反变量 A' 两种。

单个或两个及两个以上变量的逻辑积称为乘积项，如 A、AB'、ABC'。

多个乘积项的逻辑和称为积之和，如 $AB'+C+ABC'$。

逻辑式一般写成我们习惯的形式，即积之和的形式，例如，$Y(A,B,C)=AB'+AC'$。

逻辑式的形式不是唯一的，有多种形式且各种形式之间可以相互转换。上述三变量逻辑函数可以写成这样一种积之和的形式，式中每个乘积项都包含三个变量，每个变量以原变量或反变量形式在每个乘积项中必须出现且只能出现一次，例如：

$$Y(A,B,C)=AB'C'+AB'C+ABC'$$

这种表示形式称为逻辑式的标准形式 1——最小项之和的形式，式中的乘积项称为标准乘积项或最小项。可以推出，任意一个逻辑函数都可以表示为逻辑式的标准形式 1，其使得计算、化简、实现更加系统、简单。

1．最小项的定义

n 个变量构成的标准乘积项包含 n 个因子，因子是原变量或反变量的形式，即每个变量在每个乘积项中必须出现且只能出现一次。这样的乘积项称为最小项。

n 个变量共有 2^n 个最小项，例如，三个变量 A、B、C 共有 8 个最小项：$A'B'C'$、$A'B'C$、$A'BC'$、$A'BC$、$AB'C'$、$AB'C$、ABC'、ABC。

2．最小项的性质

① 对应变量的任意一种取值组合，必有一个最小项，而且也只能有一个最小项的值为 1。三变量最小项如表 3.1.4 所示。

最小项 $A'B'C'$ 只在变量 A、B、C 取值组合为 000 的时候其值为 1，为其他取值组合时，其值都为 0。

② 任意两个最小项的乘积为 0。

③ 全体最小项相加，和为 1。因为任意一个时刻，三个变量必以 8 种取值组合中的一种存在，也就对应有一个最小项的值是 1，或运算中只要有一个 1，结果就是 1。

④ 具有逻辑相邻性的两个最小项相加可以合并成一项并消去一个因子。只有一个因子不同的两个最小项称为逻辑相邻项，把逻辑相邻项的相同因子提出，剩下的一定是一个变量的原变量及其反变量，其相加的结果是 1。例如，$AB'C+AB'C'=AB'$。

3．最小项编号

由表 3.1.4 可知，一个最小项对应真值表中的一行，为了方便书写和记忆，最小项用最小项编号 m_i 来表示，下标 i 的取值规则：按照变量排列顺序将最小项中的原变量用 1 表示，反变量用 0 表示，由此得到一个二进制数，与该二进制数对应的十进制数，即为下标 i 的值。三变量的最小项编号如表 3.1.5 所示，第 2 列为使最小项为 1 的取值组合，第 3 列为该取值组合对应的十进制数，即下标。例如，使最小项 ABC 的值为 1 的取值组合为二进制数 111，对应的最小项编号为 m_7。

4．最小项之和的标准形式

任何一个逻辑函数都可以表示成最小项之和的形式，称为标准与或式，即逻辑式为乘积项之和的形式。一个逻辑式不一定要包含所有的最小项，但每项必须为最小项。下式为某三变量逻辑函数的最小项之和的形式，为方便书写，可以写成最小项编号的形式：

$$Y(A,B,C)=A'B'C+AB'C+ABC=m_1+m_5+m_7=\sum m(1,5,7)$$

非最小项之和形式的逻辑函数可以利用在逻辑式中乘 1，转换成最小项之和的标准形式，这里的 1 用逻辑式中所缺变量的原变量和反变量的和代替，如 $1=A+A'$。然后展开整理成为与或式。

表 3.1.4　三变量最小项

ABC	$A'B'C'$	$A'B'C$	$A'BC'$	$A'BC$	$AB'C'$	$AB'C$	ABC'	ABC
0 0 0	1	0	0	0	0	0	0	0
0 0 1	0	1	0	0	0	0	0	0
0 1 0	0	0	1	0	0	0	0	0
0 1 1	0	0	0	1	0	0	0	0
1 0 0	0	0	0	0	1	0	0	0
1 0 1	0	0	0	0	0	1	0	0
1 1 0	0	0	0	0	0	0	1	0
1 1 1	0	0	0	0	0	0	0	1

表 3.1.5　三变量的最小项编号

最小项	取值组合	下标	最小项编号
$A'B'C'$	000	0	m_0
$A'B'C$	001	1	m_1
$A'BC'$	010	2	m_2
$A'BC$	011	3	m_3
$AB'C'$	100	4	m_4
$AB'C$	101	5	m_5
ABC'	110	6	m_6
ABC	111	7	m_7

例 3.1.3 将逻辑函数 $Y(A,B,C)=AC+B'C$ 转换成最小项之和的形式。

解：
$$Y(A,B,C)=AC+B'C$$
乘 1
$$=A(B+B')C+(A+A')B'C$$
整理
$$=A'B'C+AB'C+ABC$$
最小项编号形式
$$=m_1+m_5+m_7$$
$$=\sum m(1,5,7)$$

例 3.1.4 将逻辑函数 $F(A,B,C,D)=ABC+ABD$ 转换成最小项之和的形式。

解：
$$F(A,B,C,D)=ABC+ABD$$
乘 1
$$=ABC(D+D')+ABD(C+C')$$
整理
$$=ABCD+ABCD'+ABCD+ABC'D$$
$$=ABCD+ABCD'+ABC'D$$
最小项编号形式
$$=m_{13}+m_{14}+m_{15}$$
$$=\sum m(13,14,15)$$

3.1.3　逻辑式的标准形式 2

单个或两个及两个以上变量的逻辑和称为加和项，如 A、$A+B'$。

多个加和项的逻辑乘积称为和之积，如 $A(A+B')(C+B')$。

根据对偶性原理，逻辑式可以写为积之和的形式，也可以写为和之积的形式。例如，$Y(A,B,C)=(A+B)\cdot(A+B')\cdot(A'+B'+C')$ 可以写为标准和之积的形式，式中每个加和项都包含三个变量（因子），每个变量以原变量或反变量的形式在每个加和项中必须出现且只能出现一次，得到
$$Y(A,B,C)=(A+B+C)\cdot(A+B+C')\cdot(A+B'+C)\cdot(A+B'+C')\cdot(A'+B'+C')$$

逻辑式的这种表示形式称为逻辑式的标准形式 2——最大项之积的形式，式中的加和项称为标准加和项或最大项。

1. 最大项的定义

n 个变量构成的标准加和项包含 n 个因子，因子是原变量或反变量的形式，即每个变量在每个加和项中必须出现且只能出现一次。这样的加和项称为最大项。

n 个变量共有 2^n 个最大项。三个变量 A、B、C 共有 8 个最大项：$(A+B+C)$、$(A+B+C')$、$(A+B'+C)$、$(A+B'+C')$、$(A'+B+C)$、$(A'+B+C')$、$(A'+B'+C)$、$(A'+B'+C')$。

2．最大项的性质

根据对偶性原理，最大项的性质与最小项的性质是一一对应的。

① 在变量的任何取值组合下，必有一个最大项，而且也只有一个最大项的值为 0。

如表 3.1.6 所示。最大项 $A+B'+C'$ 只在变量 A、B、C 取值组合为 011 的时候其值为 0，其他取值组合时，其值都为 1。

② 任意两个最大项的和为 1。

③ 全体最大项的乘积为 0。因为任意一个时刻，三个变量必以 8 种取值组合中的一种存在，也就对应有一个最大项的值是 0，乘积项有一个 0，结果就是 0。

④ 只有一个变量不同的两个最大项的乘积等于各相同变量之和，例如：

$$(A+B'+C)(A+B'+C')=(A+B')$$

3．最大项编号

为了方便书写和记忆，最大项可以用最大项编号 M_i 来表示，下标 i 的取值规则：按照变量顺序将最大项中的原变量用 0 表示，反变量用 1 表示，由此得到一个二进制数，与该二进制数对应的十进制数，即为下标 i 的值。最大项 $A+B'+C'$ 的值为 0 的取值组合为二进制数 011，对应的编号为 M_3。三变量最大项编号如表 3.1.7 所示，第 2 列为使最大项为 0 的取值组合，第 3 列为该取值组合对应的十进制数，即下标。

表 3.1.6　三变量最大项

A B C	A+B+C	A+B+C'	A+B'+C	A+B'+C'	A'+B+C	A'+B+C'	A'+B'+C	A'+B'+C'
0 0 0	0	1	1	1	1	1	1	1
0 0 1	1	0	1	1	1	1	1	1
0 1 0	1	1	0	1	1	1	1	1
0 1 1	1	1	1	0	1	1	1	1
1 0 0	1	1	1	1	0	1	1	1
1 0 1	1	1	1	1	1	0	1	1
1 1 0	1	1	1	1	1	1	0	1
1 1 1	1	1	1	1	1	1	1	0

表 3.1.7　三变量的最大项编号

最小项	取值组合	下标	最大项编号
A+B+C	000	0	M_0
A+B+C'	001	1	M_1
A+B'+C	010	2	M_2
A+B'+C'	011	3	M_3
A'+B+C	100	4	M_4
A'+B+C'	101	5	M_5
A'+B'+C	110	6	M_6
A'+B'+C'	111	7	M_7

4．最大项之积的标准形式

任何一个逻辑函数都可以表示成最大项之积的标准形式，称为标准或与式。逻辑式为加和项之积的形式，不一定包含所有的最大项，但每项必为最大项。如果逻辑函数不是以最大项之积的标准形式给出的，则可以利用在逻辑式中加 0 和分配律 $A+BC=(A+B)(A+C)$ 把它展开成最大项之积的形式。这里的 0 用逻辑式中所缺变量的原变量与反变量的乘积代替，如 $0=AA'$。

例 3.1.5　将逻辑函数 $Y(A,B,C)=AC+B'C$ 转换成最大项之积的形式。

解：
$$Y(A,B,C)=AC+B'C$$

利用分配律　$=(AC+B')(AC+C)$

非标准形式　$=(A+B')(C+B')C$

加 0　$=(A+B'+CC')(C+B'+AA')(C+AA')$

利用分配律　$=(A+B'+C)(A+B'+C')(C+B'+A)(C+B'+A')(C+A)(C+A')$

整理、加 0　$=M_2M_3M_6(C+A+BB')(C+A'+BB')$

利用分配律　$=M_2M_3M_6(C+A+B)(C+A+B')(C+A'+B)(C+A'+B')$

最大项编号形式 $=M_2M_3M_6M_0M_4$

$=\prod M(0,2,3,4,6)$

5. 最小项与最大项的关系

对三变量 A、B、C 的最小项求反，利用摩根定理进行变换，可以得出相同下标的最小项与最大项的关系：

$$m_5=AB'C$$

$$(m_5)'=(AB'C)'=(A'+B+C')=M_5$$

对 n 个变量的逻辑函数，任意一对下标相同的最小项 m_i 和最大项 M_i 是互补的，即

$$(m_i)'=M_i \quad 或 \quad (M_i)'=m_i$$

3.1.4 逻辑式标准形式之间的转换

任意一个逻辑函数都可以用这两种标准形式表示，这两种形式之间也可以转换。在转换前先来了解一下逻辑函数的完全描述和非完全描述。

1. 无关项

理论上，n 个变量的逻辑函数，其输出变量与输入变量的 2^n 种取值组合是完全确定的，即有 m 种输入变量的取值组合令输出变量的值为 1，则有 2^n-m 种输入变量的取值组合令输出变量的值为 0，在这种情况下，逻辑函数的描述就是完全描述。但实际应用中，一些输入变量的取值组合根本就不可能出现，即在某些输入变量的取值组合下，逻辑函数输出变量的值是不确定的，这些取值组合对应的最小项称为无关项。在这种情况下，逻辑函数的描述就是非完全描述。

（1）约束项

十字路口的交通灯规定：红灯停，绿灯行，黄灯亮了等一等（黄灯亮时，未过停车线的汽车也须停车）。以变量 A、B、C 分别表示红、黄、绿灯的状态，灯亮为 1，灯灭为 0，用变量 L 表示停车与否，停车为 1，不停车为 0。规定任何时刻有且仅有一个灯亮，写出汽车停车逻辑式。由于变量 A、B、C 的取值组合只能是 100、010、001 中的一种，而不会是 8 种取值组合中剩下 5 种取值组合 000、011、101、110、111 中的任何一种，因为这 5 种取值组合在实际电路中是不可能出现的，即输入变量取值受到约束，所以这 5 种输入变量取值组合对应的输出变量值是 0 或者 1 都不会影响电路的逻辑功能，对应的 5 个最小项 $A'B'C'$、$A'BC$、$AB'C$、ABC'、ABC 称为约束项。用逻辑式 $A'B'C'+A'BC+AB'C+ABC'+ABC=0$ 表示约束条件。

又如，十进制数的 8421 码只使用了 16 种可能组合中的 10 种来表示十进制数 0~9，剩下的 6 种组合 1010、1011、1100、1101、1110、1111 未使用。因此，任何用 8421 码作为输入的逻辑函数，输入变量取值都会受到约束。

（2）任意项

电动机控制中用变量 A、B、C 分别表示电动机的正转、反转和停止状态：$A=1$ 表示正转，$A=0$ 表示不是正转；$B=1$ 表示反转，$B=0$ 表示不是反转；$C=1$ 表示停止，$C=0$ 表示不是停止。任意一个时刻，电动机的状态只能是正转、反转和停止这三种状态中的一种，变量 A、B、C 的取值组合只能是 100、010、001 中的一种，而不会是 8 种取值组合中剩下 5 种取值组合 000、011、101、110、111 中的任何一种。如果在电路设计中提前设计当 A、B、C 三个变量取值出现两个或两个以上同时为 1 或者全部为 0 时，电路就自动切断电源，起到保护作用，也就是说，A、B、C 取值组合为 000、011、101、110、111 中的任何一种时，电路会自动切断电源，不会影响逻辑函数的功能。所以，上述最小项写不写进逻辑式都不影响电路的逻辑功能，结果是一致的，这些最小项对逻辑函数来说是无关紧要的，这样的最小项就称为逻辑函数的任意项。

任意项与约束项的相同点是，不会影响逻辑函数的功能，所以统称为无关项（don't care）。不同的是，约束项是指某些输入变量取值组合在客观实际中是不可能出现的，此时逻辑函数的输出值是 0；任意项是指输入变量取值组合是可以出现的，此时逻辑函数的输出值是 1，在电路设计中提前考虑这些情况就可以避免错误，此时的输出不会影响电路的功能。

2．带无关项的逻辑函数表示

（1）逻辑式中的表示

无关项不会影响逻辑函数的功能，但用逻辑式表示带无关项的逻辑函数时，要加上约束条件。例如，逻辑函数可以表示为

$$Y = \sum m + \sum d$$

式中，$\sum d$ 为无关项的和。也可以表示为

$$\begin{cases} Y = \sum m \\ \text{约束条件：} \sum d = 0 \end{cases}$$

（2）真值表或卡诺图中的表示

无关项的值可以是 1，也可以是 0，对输出没有影响。在真值表或卡诺图对应的格内，无关项用 × 表示，如图 3.1.5 所示。注意，× 和 0 的意思是不一样的。

例 3.1.6 将下列带有无关项的逻辑函数用卡诺图表示。

$$\begin{cases} Y(A,B,C,D) = A'B'C'D + A'BCD + AB'C'D' \\ A'B'CD + A'BC'D + ABC'D' + AB'C'D + ABCD' + AB'CD' + ABCD = 0 \end{cases}$$

解：这是一个四变量逻辑函数，先画出空的卡诺图，再根据逻辑式将相应的小方格填上 1，然后根据约束条件将相应的小方格填上 ×，剩下的小方格填上 0，如图 3.1.6 所示。

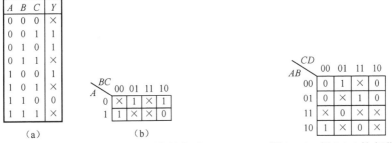

图 3.1.5　无关项在真值表或卡诺图中的表示　　　图 3.1.6　例 3.1.6 的卡诺图

3．完全描述下逻辑函数两种标准形式之间的相互转换

最小项之和与最大项之积是逻辑函数的两种标准形式，完全描述的任意一个逻辑函数都可以写成这两种形式。

假设有逻辑函数

$$Y = \sum_i m_i$$

因为全体最小项的和为 1，有

$$\sum_i m_i + \sum_{k \neq i} m_k = 1$$

利用 $f + f' = 1$，有

$$\sum_i m_i = \left(\sum_{k \neq i} m_k \right)'$$

写成值为 0 的最小项之和的非，有

$$Y = \left(\sum_{k \neq i} m_k \right)'$$

利用摩根定理，有

$$Y = \left(\sum_{k \neq i} m_k \right)' = \prod_{k \neq i} m_k'$$

又因下标相同的最大项与最小项互补，有

下标为 i 的最小项之和等于下标为非 i 的最大项之积

Y 写为

$$M_k = m_k'$$

$$\sum_i m_i = \prod_{k \neq i} M_k$$

$$Y = \prod_{k \neq i} M_k$$

但是，非完全描述的逻辑函数的两种标准形式不可以互换。对 n 个变量的逻辑函数 Y，若 Y 的标准与或式由 k 个最小项相或构成，则 Y 的标准或与式一定由 2^n-k 个最大项相与构成，且最大项与最小项的下标互补。

例 3.1.7 快速写出逻辑函数 $Y(A,B,C)=AC+B'C$ 的两种标准形式。

解： $\quad\quad\quad\quad Y(A,B,C)=AC+B'C$

乘 1 $\quad\quad\quad\quad\quad\quad =A(B+B')C+(A+A')B'C$

最小项之和的形式 $\quad\quad =A'B'C+AB'C+ABC$

最小项编号的形式 $\quad\quad =m_1+m_5+m_7$

$\quad\quad\quad\quad\quad\quad\quad\quad\quad =\sum m(1,5,7)$

最大项编号的形式 $\quad\quad =\prod M(0,2,3,4,6)$

3.2 逻辑函数的化简与转换

一个逻辑函数有多种不同形式的逻辑式，虽然描述的逻辑功能相同，但电路实现的复杂性和成本是不同的。逻辑式越简单，实现时需要的门的种类和个数就越少，电路越简单就越可靠且成本越低。例如，逻辑函数 $Y=AB+A(B+C)+B(B+C)$ 至少需要三个或门、三个与门实现，而化简为 $Y=B+AC$ 后，仅需要一个与门和一个或门即可。因此在设计电路时必须将逻辑函数进行简化。随着集成电路的发展，集成芯片的种类越来越多，集成度越来越高，逻辑函数是否"最简"已无太大意义。但作为设计思路，特别对于中小规模集成电路，逻辑函数的化简是不能忽视的。逻辑式有多种形式，由与或式可方便地得到其他形式的逻辑式，我们判断最简的标准以与或式为依据，即与或式中乘积项最少、每个乘积项中的因子最少。将最简与或式转换为其他形式的逻辑式时，所得结果不一定是最简的，可以用逻辑代数的定理、公式对逻辑函数进行化简，也可以用卡诺图法进行化简。

3.2.1 逻辑函数的化简

1. 公式法化简

公式法化简就是反复应用基本公式和常用公式，消去多余的乘积项和多余的因子。在化简过程中灵活、交替地运用上述方法。公式法化简没有固定的步骤可循，需要经验和技巧，难以判断是否达到最简。下面是消项和消因子常用的公式及举例。

$\quad\quad\quad\quad\quad AB+AB'=A$ $\quad\quad\quad\quad\quad\quad\quad$ 合项

$\quad\quad\quad\quad\quad A+AB=A$ $\quad\quad\quad\quad\quad\quad\quad\quad$ 将 AB 项消去

$\quad\quad\quad\quad\quad AB+A'C+BC=AB+A'C$ $\quad\quad$ 消去 BC 项

$\quad\quad\quad\quad\quad A+A'B=A+B$ $\quad\quad\quad\quad\quad\quad\quad$ 消去因子

$\quad\quad\quad\quad\quad A+A=A \quad\quad A+A'=1$ $\quad\quad\quad$ 配项，以便消去更多的因子

例 3.2.1 化简逻辑函数。

解： $\quad\quad\quad Y=AC+AB'+(B+C)'$

$\quad\quad\quad\quad\quad\quad =AC+AB'+B'C'$ $\quad\quad\quad\quad$ 消项法

$\quad\quad\quad\quad\quad\quad =AC+B'C'$

例 3.2.2　化简逻辑函数。

解：　$Y=AB'+B+A'B$

$=AB'+B$

$=A+B$　　消去因子

例 3.2.3　化简逻辑函数。

解：　$Y=A'BC'+A'BC+ABC$

$=(A'BC'+A'BC)+(A'BC+ABC)$　　配项

$=A'B+BC$

例 3.2.4　化简逻辑函数。

解：　$Y=AB'+A'B+BC'+B'C$

$=AB'+A'B(C+C')+BC'+(A+A')B'C$　　配项

$=AB'+A'BC+A'BC'+BC'+AB'C+A'B'C$　　消项

$=AB'+BC'+A'C$

2. 卡诺图化简

（1）卡诺图的逻辑相邻性

卡诺图即变形的真值表，依据逻辑相邻的两个最小项相加可以合并化简为一项进行逻辑函数的图形法化简。所以它的特点是几何相邻的项也具有逻辑相邻性，2、3、4、5 个变量的逻辑函数的卡诺图如图 3.2.1 所示。为了让几何相邻的项也逻辑相邻，最小项编号的下标都按循环码的变化排列，每个小方格对应一个最小项。为了更好地理解卡诺图的几何相邻性，可以把卡诺图想成球形在二维平面上的展开形式，就如立体的地球仪在二维平面上展开为世界地图一样。卡诺图中的每个小方格不仅与周围（上、下、左、右）4 个小方格是几何相邻的，而且中心轴对称位置的两格也具有几何相邻性，例如，顶部和底部、最左列和最右列是几何相邻的。几何相邻可以分为以下三种。

内相邻：紧挨着的。

外相邻（相对）：任意一行或一列的两头。

A \ B	0	1
0	m_0	m_1
1	m_2	m_3

（a）

A \ BC	00	01	11	10
0	m_0	m_1	m_3	m_2
1	m_4	m_5	m_7	m_6

（b）

AB \ CD	00	01	11	10
00	m_0	m_1	m_3	m_2
01	m_4	m_5	m_7	m_6
11	m_{12}	m_{13}	m_{15}	m_{14}
10	m_8	m_9	m_{11}	m_{10}

（c）

AB \ CDE	000	001	011	010	110	111	101	100
00	m_0	m_1	m_3	m_2	m_6	m_7	m_5	m_4
01	m_8	m_9	m_{11}	m_{10}	m_{14}	m_{15}	m_{13}	m_{12}
11	m_{24}	m_{25}	m_{27}	m_{26}	m_{30}	m_{31}	m_{29}	m_{28}
10	m_{16}	m_{17}	m_{19}	m_{18}	m_{22}	m_{23}	m_{21}	m_{20}

（d）

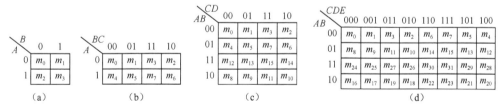

图 3.2.1　2、3、4、5 个变量的卡诺图

中心对称（相重）：对折起来后位置相重合。

每增加一个变量，卡诺图的小方格数就会增加一倍，所以卡诺图主要适用于 5 个变量以下的逻辑函数的化简。

（2）卡诺图化简的依据

逻辑相邻的两项可以合并为一项，并消掉一个因子，由此可以把几何相邻的两个小方格圈起来合并成一个大圈，相应的逻辑式就是这两个小方格共同的因子部分，不同的因子部分合并为 1。

图 3.2.2（a）第 1 行的左边两项逻辑相邻，可以圈起来进行合并，写出逻辑式如下：

$$A'B'C'D'+A'B'C'D=A'B'C'(D+D')=A'B'C'$$

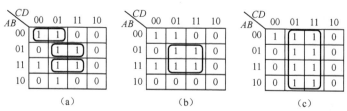

图 3.2.2 卡诺图化简示例

同理，图 3.2.2（a）第 2 行的中间两项、第 3 行的中间两项都可以圈起来进行合并，分别写出逻辑式如下：

$$A'BC'D+A'BCD=A'B(C+C')D=A'BD$$
$$ABC'D+ABCD=AB(C+C')D=ABD$$

这两个圈的合并结果只有一个因子不同，可以再合并为一项，消掉一个因子。实际上，可以直接把这 4 个相邻的小方格圈起来进行合并，构成一个更大的圈，如图 3.2.2（b）所示，这 4 项的和如下：

$$A'BC'D+A'BCD+ABC'D+ABCD=A'BD+ABD=BD$$

实际对于相邻的 4 个小方格，如果它们能用一个大圈代替，可以直接合并为一项，消掉两个因子：

$$A'BC'D+A'BCD+ABC'D+ABCD=BD(A'C'+A'C+AC'+AC)=BD$$

括号里是两个变量 A、C 的 4 个最小项之和，根据最小项的性质，全部最小项之和为 1，将 4 项中不同的因子消掉，只保留相同的因子。两种结果是一样的。

其他卡诺图形式

按照这个方法，可以进行推广，在卡诺图中只要 $N=2^n$ 个小方格可以构成一个大圈，就可以合并为一项，并消去 n 个取值不同的变量。

如图 3.2.2（c）所示，四变量逻辑函数的卡诺图中 8 个相邻的小方格可以构成一个大圈，这 8 项可以合并成一项，并消去 3 个取值不同的变量：

$$Y(A,B,C,D)=m_1+m_3+m_5+m_7+m_9+m_{11}+m_{13}+m_{15}$$
$$=A'B'C'D+A'B'CD+A'BC'D+A'BCD+AB'C'D+AB'CD+ABC'D+ABCD$$
$$=D(A'B'C'+A'B'C+A'BC'+A'BC+AB'C'+AB'C+ABC'+ABC)=D$$

图 3.2.3（a）、（b）中也由 8 个相邻小方格构成一个大圈，分别得到：

$$A'B'C'D'+A'B'CD'+A'BC'D'+A'BCD'+ABC'D'+ABCD'+AB'C'D'+AB'CD'$$
$$=D'(A'B'C'+A'B'C+A'BC'+A'BC+ABC'+ABC+AB'C'+AB'C)=D'$$
$$A'B'C'D'+A'B'C'D+A'B'CD'+A'B'CD+AB'C'D'+AB'C'D+AB'CD'+AB'CD$$
$$=B'(A'C'D'+A'C'D+A'CD'+A'CD+AC'D'+AC'D+ACD'+ACD)=B'$$

这样卡诺图上任意 2^n 个标 1 的相邻最小项，只要可以构成一个大圈，就可以合并成一个乘积项，乘积项中的因子是大圈中所有项中取值相同的变量，个数为 2^n-n 个，取值不同的 n 个变量被消去。

（3）卡诺图的化简步骤

① 逻辑函数用卡诺图表示（可省略）：逻辑函数转换为最小项之和的形式，逻辑式中包含的项，在卡诺图中对应的小方格填 1，否则填 0。

② 画圈：找出值为 1 的可以合并的相邻项，遵循下面的原则圈出矩形。

● 将相邻项圈出，圈内小方格数必须为 $2,4,8,\cdots$，即 2^n，$n=1,2,3,\cdots$。

● 画大圈，每个圈包含的小方格数应尽量多，保证合并后的乘积项中的因子数最少，即能画一个大圈就不要画多个小圈。圈的个数应最少，保证乘积项数最少。

● 根据逻辑代数 $A=A+A$，小方格可以被重复圈，但不能漏圈。每个新圈中至少有一个独立的没有被圈过的小方格，否则是冗余项。

③ 写最简逻辑式：合并最小项，对应一个圈就有一个乘积项，该乘积项是圈中这些项的取值相同的变量。把所有的乘积项相或就得到最简结果。

注意1，卡诺图两边、4个角上的项都具有相邻性。

注意2，卡诺图化简结果不是唯一的，不同的圈法得到的简化结果不同，但实现的逻辑功能相同。

例3.2.5　用卡诺图法化简以下逻辑函数：

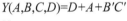

解：卡诺图如图3.2.4所示，画出3个圈，每个圈对应写出1个乘积项。乘积项中的变量是这些小方格所共同拥有的因子，不相同的因子都被消去了，变量取值为1的用原变量表示，取值为0的用反变量表示。4个最小项组成的圈会消去2个因子，8个最小项组成的圈会消去3个因子，得到3个乘积项 $B'C'$、A 和 D。将3个乘积项相或，得到逻辑函数的最简式：

$$Y(A,B,C,D)=D+A+B'C'$$

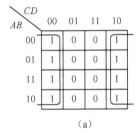
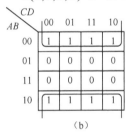
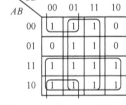

图3.2.3　8个小方格相邻的情况　　　　图3.2.4　例3.2.5的卡诺图

例3.2.6　用卡诺图法化简逻辑函数 $Y(A,B,C,D)=m_0+m_2+m_4+m_8+m_{10}+m_{12}$。

解：卡诺图如图3.2.5所示，画了两个圈。注意，4个角也是逻辑和几何相邻的。逻辑函数的最简式如下：

$$Y(A,B,C,D)=B'D'+C'D'$$

例3.2.7　用卡诺图法化简逻辑函数 $Y(A,B,C)=A'B'C+A'BC+A'BC'+AB'C'+AB'C+ABC'$。

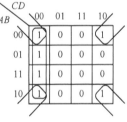

图3.2.5　例3.2.6的卡诺图

解：卡诺图如图3.2.6所示，可以看出，有两种圈法，即卡诺图的化简结果并不唯一，但符合规则就是最简的。结果如下：

$$Y(A,B,C)=B'C+A'B+AC'\ 或\ Y(A,B,C)=A'C+AB'+BC'$$

卡诺图化简也可以圈0。前面讲的卡诺图化简都是圈值为1的项，根据反演定理，也可以圈值为0的项，画圈的原则与圈1一样，只是最后得到的是逻辑函数的反函数。如图3.2.7所示就是圈0，此时写出的结果是 Y 的反函数，再取反就得到原函数。结果如下：

$$Y(A,B,C,D)=(A'D)'=A+D'$$

图3.2.7中圈0的结果与圈1的结果相同。

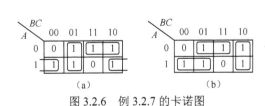

图3.2.6　例3.2.7的卡诺图　　　　图3.2.7　卡诺图化简示例

3．带有无关项逻辑函数的化简方法

无关项的值作为 1 或作为 0 处理，都不会影响逻辑函数的逻辑功能。但在化简的时候为使得逻辑函数进一步简化，或者画出更大的圈，可以根据需要令有些无关项作为 1 处理，不能构成更大圈的无关项就作为 0 处理。原则就是得到相邻项的圈最大（包含 1 的个数最多）。图 3.2.8 是下面逻辑函数的卡诺图表示：

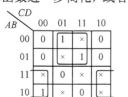

图 3.2.8　卡诺图化简示例 1

$$\begin{cases} Y(A,B,C,D)=m_1+m_7+m_8 \\ 约束条件：m_3+m_5+m_9+m_{10}+m_{12}+m_{14}+m_{15}=0 \end{cases}$$

化简时，把 m_3、m_5 这两个无关项看为 1，可以和 m_1、m_7 这两个项一起圈成一个包含 4 个项的大圈；把 m_{10}、m_{12}、m_{14} 看成 1，可以和 m_8 一起圈成一个包含 4 个项的大圈；m_9、m_{15} 这两个无关项作为 0 处理。

上述逻辑函数的化简结果如下：

$$Y=A'D+AD'$$

利用无关项可以使逻辑函数最简。因为这些组合在实际电路中是不可能出现的，所以把它们看作 1 还是 0 都不会影响实际输出，但在化简逻辑函数时可以利用约束项这一特点简化电路，尤其在利用卡诺图化简时，非常直观。

例 3.2.8　利用卡诺图化简逻辑函数。

$$\begin{cases} Y(A,B,C,D) = A'BC' + A'BCD' + AB'CD' + AB'CD \\ 约束条件：A \odot B = 0 \end{cases}$$

解：如图 3.2.9 所示，可以画出三个圈，写出每个圈的乘积项，化简结果如下：

$$Y = AC + A'C' + CD'$$

在带有无关项的逻辑函数化简时要注意，合理利用无关项可以使得逻辑函数更简，但是因为无关项毕竟是不确定的项，在卡诺图中画圈时，要坚持一个原则：非必要，不圈无关项，即能不把无关项圈进来就不要圈，圈里更不能全是无关项。尤其在时序逻辑电路设计中关系到自启动问题时，更要注意。

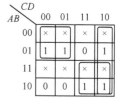

图 3.2.9　卡诺图化简示例 2

逻辑函数的卡诺图如图 3.2.10（a）所示，图（b）的圈法是正确的，图（c）的圈法则不是最简的。

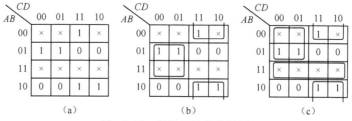

图 3.2.10　逻辑函数变换示例

3.2.2　逻辑式的变换

逻辑式有多种形式，如与或式、与或非式、标准与或式、标准或与式、与非与非式、或非或非式等，根据需要将逻辑式变换为与所用器件逻辑类型相适应的形式。

逻辑式 $Y=AB'C'+A'BC$ 是最小项之和的形式，用两个三输入与门和一个二输入或门实现，如图 3.2.11（a）所示。如果只有二输入与非门，可以变换为与非与非形式 $Y=((((AB')')'C')'(((A'B)')'C')')'$，如图 3.2.11（b）所示。当然，也可以变换为异或和与的形式 $Y=(A \oplus B)C'$，用异或门和与门实现，如图 3.2.11（c）所示。注意，并不是所有的逻辑函数都可以用异或表示。

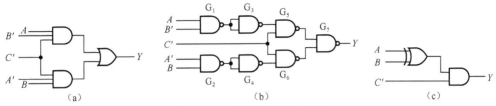

图 3.2.11　逻辑函数变换示例

由于与非门和或非门的通用性，所有逻辑函数都可以变换为只用与非门或者只用或非门实现，对应的形式称为与非与非式、或非或非式。

① 与或式变换为与非与非式

以 $Y=AC+BC'$ 为例：

根据还原律，二次求反 $\qquad\qquad Y=((AC+BC'))''$

将第 1 级非号拆开，第 2 级非号不变 $\qquad =((AC+BC')')'$

与非与非式 $\qquad\qquad\qquad\qquad =((AC)'(BC')')'$

一般，逻辑函数中变量输入只用原变量形式，如果有反变量，则要用另外的与非门实现。上述逻辑函数只用与非门实现的逻辑图如图 3.2.12 所示。

② 与或式变换为与或非式

等式两边同时取反 $\qquad\qquad Y'=(AC+BC')'$

摩根定理 $\qquad\qquad\qquad =(A'+C')\cdot(B'+C)$

分配律 $\qquad\qquad\qquad\quad =A'B'+A'C+B'C'$

化简 $\qquad\qquad\qquad\qquad =A'C+B'C'$

等式两边同时取反 $\qquad\quad Y=(A'C+B'C')'$

先用反演定理求逻辑函数 Y 的反函数 Y'，并整理成与或式，再将左边的非号移到等式右边，即两边同时求反。逻辑函数用与或非门实现的逻辑图如图 3.2.13 所示。

③ 与或式变换为或非或非式

变换为与或非式 $\qquad\qquad Y=(A'C+B'C')'$

摩根定理 $\qquad\qquad\qquad\ =(A+C')(B+C)$

等式两边同时取反 $\qquad\ Y'=((A+C')(B+C))'$

摩根定理 $\qquad\qquad\qquad\ =(A+C')'+(B+C)'$

等式两边同时取反 $\qquad\ Y=((A+C')'+(B+C)')'$

先将逻辑函数 Y 化为与或非式，再用反演定理求 Y'，并用摩根定理展开，再求 Y，就可得到或非或非式。逻辑函数用或非或非门实现的逻辑图如图 3.2.14 所示。

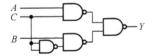 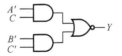 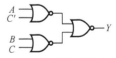

图 3.2.12　只用与非门实现　　图 3.2.13　用与或非门实现　　图 3.2.14　用或非或非门实现

也可以把逻辑函数写成最大项之积的形式，用还原律和摩根定理得到或非或非式。

3.3　组合逻辑电路分析

组合逻辑电路在结构上不存在从输出到输入的反馈通路，输出的信号不会影响输入的信号。组合逻辑电路的特点是，任意时刻的输出取决于该时刻的输入，而与输入作用前电路的状态无关。组合逻辑电路分析的目的就是根据已知的逻辑图，分析其逻辑功能。

如果能用自然语言描述一个组合逻辑电路完成了什么事情、具有哪些逻辑功能，这就是对电路的分析。例如，8-3 线编码器是对 8 个输入信号进行 3 位二进制编码。这就需要将数字语言的描述抽象成自然语言的描述。真值表列出了输出与输入所有取值组合的对应关系，是组合逻辑电路最本质的数字语言描述，所以组合逻辑电路的分析就是得到真值表，由真值表翻译为自然语言描述。组合逻辑电路分析的方法有实验法和解析法。

解析法步骤：由组合逻辑电路列写逻辑式→化简逻辑式→列出真值表→得出电路的逻辑功能。

实验法步骤：由组合逻辑电路给定输入的所有取值组合观察输出→画出波形图→列出真值表→得出电路的逻辑功能。

实际分析时也不一定按部就班进行。下面通过具体例子了解其分析过程。

例 3.3.1 分析如图 3.3.1 所示组合逻辑电路的逻辑功能。

解：由图 3.3.1 可以看出，有三个输入变量 A、B 和 C，一个输出变量 Y，但看不出其逻辑功能。根据逻辑图写出的逻辑式，由输入到输出、由左及右逐级写出，最后写出总的逻辑式：

$$Y=((A \cdot (ABC)')' \cdot (B \cdot (ABC)')' \cdot (C \cdot (ABC)')')'$$

用摩根定理和相应公式将其转换为与或式：

$$Y=A(ABC)'+B(ABC)'+C(ABC)'=(A+B+C) \cdot (A'+B'+C')$$
$$=AB'+AC'+A'B+BC'+A'C+B'C$$

对于三变量函数，用卡诺图法化简更方便、准确，如图 3.3.2 所示，可得最简逻辑式：

$$Y=AB'+A'C+BC'$$

由最简逻辑式可得真值表如表 3.3.1 所示。分析真值表可知，当输入 A、B、C 取值组合为 000 和 111 两种情况时，输出 0，其他情况输出 1，即若输入 A、B、C 取值不一样则输出 1，否则输出 0。这在数字系统中也称为非一致电路。

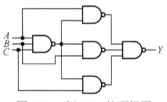

图 3.3.1 例 3.3.1 的逻辑图

实验法分析电路

图 3.3.2 例 3.3.1 的卡诺图

表 3.3.1 例 3.3.1 的真值表

A	B	C	Y
0	0	0	0
0	0	1	1
0	1	0	1
0	1	1	1
1	0	0	1
1	0	1	1
1	1	0	1
1	1	1	0

例 3.3.2 分析图 3.3.3 所示组合逻辑电路的逻辑功能。

解：由图 3.3.3 可知，这也是一个只用与非门实现的组合逻辑电路，但级数比较多。自输入至输出依次写出每级的输出如图 3.3.3 所示，最后得到逻辑式，需要反复使用摩根定理将其变换为与或式：

$$Y=\{[(A(AB)')'(B(AB)')'((A(AB)')'(B(AB)')'C)']'[((A(AB)')'(B(AB)')'C)'C]'\}'$$
$$=A'B'C'+A'BC+AB'C+ABC'$$

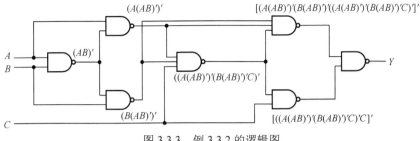

图 3.3.3　例 3.3.2 的逻辑图

可以把与非门用非或门代替，两级小圆圈就是两次取反，互相抵消。把图 3.3.3 用图 3.3.4 等效表示。写出逻辑式，并整理如下：

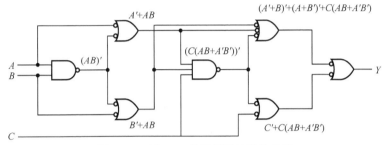

图 3.3.4　例 3.3.2 的逻辑图的等效表示

$Y=[(A'+B)'+(A+B')'+C(AB+A'B')]'+[C'+C(AB+A'B')]'$

$\quad=[AB'+A'B+C(AB+A'B')]'+[C'+(AB+A'B')]'$

$\quad=[(A\oplus B)+C(A\oplus B)]'+[C'+(A\oplus B)]'$

$\quad=[C+A\oplus B]'+[C'+(A\oplus B)]'$

$\quad=C'(A\oplus B)'+C(A\oplus B)$

$\quad=A'B'C'+A'BC+AB'C+ABC'$

根据逻辑式列出真值表，如表 3.3.2 所示。

这是一个三变量奇偶检测电路，若输入变量中有偶数个 1 和全 0 则输出 1，否则输出 0。

组合逻辑电路的分析过程中，由逻辑图得到逻辑式、由逻辑式得到真值表的步骤非常简单，但最后由真值表或波形图抽象成自然语言的描述则比较困难，这需要经验。对逻辑功能的抽象描述并不唯一，只要语言描述符合常理、符合实际就是正确的。

表 3.3.2　例 3.3.2 的真值表

A	B	C	Y
0	0	0	1
0	0	1	0
0	1	0	0
0	1	1	1
1	0	0	0
1	0	1	1
1	1	0	1
1	1	1	0

3.4　组合逻辑电路设计

所谓组合逻辑电路设计，就是根据用自然语言描述的逻辑功能要求，画出实现该功能的逻辑图，如果是做实验还需用相应芯片搭出电路，如设计电路将 8421 码转换为余 3 码，设计奇偶校验电路等。

组合逻辑电路设计是组合逻辑电路分析的逆过程，步骤是：列出真值表→写出逻辑式→化简逻辑式→逻辑式的变换→画逻辑图。最后考虑实际工程问题，包括门的扇出系数是否满足集成电路技术指标，整个电路的传输延时是否满足设计要求，所设计的电路中是否存在竞争-冒险等，并最后选定合适的集成电路器件。

例 3.4.1　某化工厂用 A、B 两个储罐存储某种有毒液体，在储罐高度的 1/4 处安装液面传感器，若液面高于传感器位置就发出高电平信号，反之则发出低电平信号。要求当两个储罐存储的液体都高于储罐高度的 1/4 时，绿色指示灯亮，指示液面正常。只要有一个储罐低于储罐高度的 1/4，绿色指示灯灭，告诉管理人员应该罐装液体了。设计满足该控制要求的逻辑电路。

解： 电路如图 3.4.1 所示，绿色指示灯为一个发光二极管，两端加正向电压时点亮，其阳极固定接电压 +*V*，所以只需控制阴极的电平，这里绿色指示灯亮需要阴极为低（电平），若为高（电平）则不亮。该问题要求：当两个储罐液面都高于储罐高度的 1/4 时，两个传感器输出为高，绿色指示灯亮；只要有一个液面低于储罐高度的 1/4，绿色指示灯灭。也就是，两个输入都为高时，输出为低；只要有一个输入为低，输出就为高。设计一个简单的二输入与非门就可以满足要求，如图 3.4.1 所示。

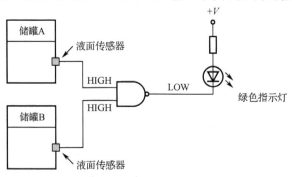

图 3.4.1 例 3.4.1 的电路

例 3.4.2 某学生参加 4 门课程考试，规定课程 A 及格得 1 分，不及格为 0 分；课程 B 及格得 2 分，不及格为 0 分；课程 C 及格得 4 分，不及格为 0 分；课程 D 及格得 5 分，不及格为 0 分。若总得分大于或等于 8 分，则可以结业。试用与非门实现上述要求。

解： 由题意，用 4 个输入变量 *A*、*B*、*C*、*D* 表示 4 门课，值为 1 表示及格，值为 0 表示不及格。结业用输出变量 *Y* 表示，可以结业用 *Y*=1 表示，否则 *Y*=0。4 个输入变量有 16 种取值组合，在每种取值组合下根据相应课程的学分计算总得分，若大于或等于 8，则 *Y*=1；其他情况 *Y*=0。列出真值表如表 3.4.1 所示。

根据真值表可以写出逻辑式，但不是最简的，可以由真值表直接画出卡诺图如图 3.4.2 所示，写出最简与或式：

$$Y(A,B,C,D)=CD+ABD$$

因为要求只用与非门实现，用摩根定理化成与非与非式如下：

$$Y(A,B,C,D)=((CD)'\cdot(ABD)')'$$

根据与非与非式画出逻辑图，如图 3.4.3 所示。

表 3.4.1 例 3.4.2 的真值表

A	B	C	D	Y
0	0	0	0	0
0	0	0	1	0
0	0	1	0	0
0	0	1	1	1
0	1	0	0	0
0	1	0	1	0
0	1	1	0	0
0	1	1	1	1
1	0	0	0	0
1	0	0	1	0
1	0	1	0	0
1	0	1	1	1
1	1	0	0	0
1	1	0	1	1
1	1	1	0	0
1	1	1	1	1

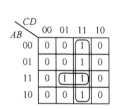

图 3.4.2 例 3.4.2 的卡诺图

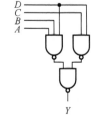

图 3.4.3 例 3.4.2 的逻辑图

例 3.4.3 设计某楼房水箱控制电路，使用两台电动机给楼房水箱供水如图 3.4.4 所示，水箱中三个位置 *A*、*B*、*C* 安装水位监测传感器，水位高于传感器时产生高电平信号 1，低于传感器时产生低电平信号 0。要求设计控制电路实现如下功能：水位低于位置 A 时，两台电动机同时运转给水箱加水；水位高于位置 A，低于位置 B 时，电动机 M_S 运转给水箱加水；水位高于位置 B，低于位置 C 时，电动机 M_L 运转给水箱加水；水位高于位置 C 时，水箱满，两台电动机同时停转。用与非门实现上述功能。

解： 按照题目要求列出真值表如表 3.4.2 所示。实际应用中取值组合为 001、010、011、101 的情况不可能发生，为无关项。这是带有无关项的组合逻辑电路的设计。

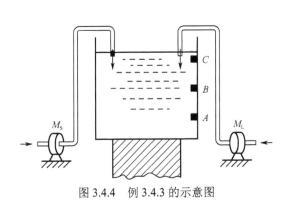

图 3.4.4　例 3.4.3 的示意图

表 3.4.2　例 3.4.3 的真值表

A	B	C	M_S	M_L
0	0	0	1	1
0	0	1	×	×
0	1	0	×	×
0	1	1	×	×
1	0	0	1	0
1	0	1	×	×
1	1	0	0	1
1	1	1	0	0

根据真值表分别画出卡诺图如图 3.4.5 所示。

根据卡诺图写出逻辑式如下：

$$\begin{cases} M_S(A,B,C)=B' \\ M_L(A,B,C)=A'+C=(AC')' \end{cases}$$

由逻辑式画出逻辑图如图 3.4.6 所示。

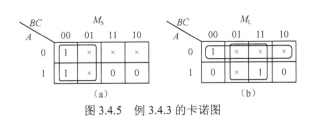

图 3.4.5　例 3.4.3 的卡诺图

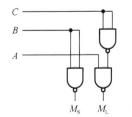

图 3.4.6　例 3.4.3 的逻辑图

本章小结

逻辑函数有真值表、逻辑式、逻辑图、波形图等多种表示方法，可以根据情况用在不同场合。逻辑式又有两种标准形式：最小项之和的形式及最大项之积的形式。根据对偶定理，两种标准形式可以相互转换。

对小规模电路实现逻辑函数时，逻辑函数需要化简，最简的标准是与或式中乘积项的个数少、每个乘积项的因子数少。对 5 个变量以下逻辑函数使用卡诺图化简更加直观、简便。具体实现时可以在最简与或式的基础上变换为与非与非式、或非或非式、与或非式。

组合逻辑电路分析与设计就是逻辑函数各种表示方法之间的转换。真值表是用数字语言表达逻辑问题的关键。组合逻辑电路的分析是由逻辑图得出真值表，由真值表得出自然语言的描述。组合逻辑电路的设计也是先进行逻辑抽象得出真值表，有了真值表，其他都按步骤做，可交由机器来完成。

习题 3

3-1 写出逻辑函数 $Y(A,B,C)=A'B+B'C+C'$ 的真值表。

3-2 已知逻辑函数 Y 的真值表如表 T3-1 所示，试写出 Y 的逻辑式。

3-3 将下列逻辑函数展开为最小项之和的逻辑式。

（1） $Y(A,B,C)=AB+AC$

（2） $Y=(A,B,C,D)=AB'C'D+BCD+A'D$

（3） $Y=(A,B,C,D)=AB+((BC)'(C'+D'))'$

3-4 用公式法将下列逻辑函数化简为最简与或式。

（1） $Y=AB'C+A'+B+C'$

（2） $Y=(A'BC)'+(AB')'$

（3） $Y=AC'+ABC+ACD'+CD$

3-5 分析图 T3-1 所示逻辑电路的功能，列出真值表，并写出逻辑式。

3-6 利用卡诺图化简下列逻辑函数，其中 $\sum d$ 为无关项。

（1） $Y=AB'+A'C+BC+C'D$

（2） $Y(A,B,C)=\sum m(0,1,2,5,6,7)$

（3） $Y(A,B,C)=\sum m(0,1,2,4)+\sum d(5,6)$

（4） $Y(A,B,C,D)=\sum m(2,3,7,8,11,14)+\sum d(0,5,10,15)$

3-7 已知逻辑函数 Y 的波形图如图 T3-2 所示，试列出 Y 的真值表，写出 Y 的逻辑式。

表 T3-1

A	B	C	Y
0	0	0	1
0	0	1	0
0	1	0	1
0	1	1	0
1	0	0	1
1	0	1	0
1	1	0	0
1	1	1	1

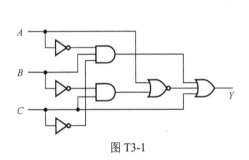

图 T3-1

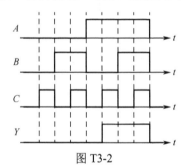

图 T3-2

3-8 写出图 T3-3 中各卡诺图对应的逻辑式，再把逻辑式化简为最简与或式。

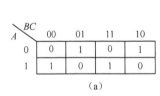

图 T3-3

3-9 分析组合逻辑电路的特点，简述组合逻辑电路的分析方法。

3-10 分析如图 T3-4 所示的逻辑电路，写出逻辑式，列出真值表。

3-11 设计一个四变量的多数表决电路，当输入变量 A、B、C、D 有三个或三个以上为 1 时输出 1，其他状态时输出 0。

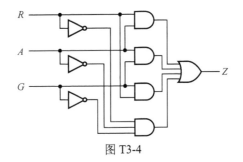

图 T3-4

3-12 图 T3-5 为数据总线上的一种判零电路，写出 Y 的逻辑式，说明电路的工作原理。

3-13 逻辑电路如图 T3-6 所示，说明其逻辑功能。

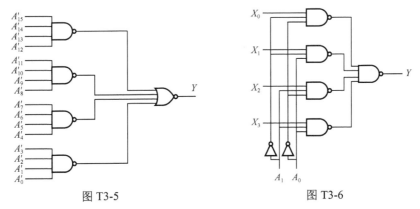

图 T3-5   图 T3-6

3-14 设计一个检测电路，检测 4 位二进制码中 1 的个数是否为偶数，若为偶数个 1，则输出 1，否则输出 0。

3-15 设计 2 位二进制数的乘法器，其输入为两个 2 位的二进制数 A_1、A_0 和 B_1、B_0，输出等于两个输入的乘积。

（1）给出输出端的个数；

（2）写出每个输出端的最简逻辑式；

（3）画出逻辑图。

3-16 设计将 4 位自然二进制码转换为循环码的逻辑电路。

3-17 利用多种方法设计三变量一致电路，即变量取值相同时输出 1，否则输出 0。画出逻辑图。

第4章 常用组合逻辑电路及层次化设计

传统的中小规模数字系统设计都是基于通用集成电路标准器件设计的，如编码器、译码器、数据选择器、加法器、数值比较器等都已做成中规模标准集成芯片，可以被任何电路使用，而不必再重新设计，这也是层次化、模块化设计的思想体现。本章从设计或分析的角度分别介绍这些常用的组合逻辑电路模块及层次化设计思想。

本章内容主要包括常用组合逻辑电路、层次化、模块化设计、竞争-冒险。

4.1 常用组合逻辑电路

4.1.1 加法器

在典型的数字系统中，加法器是最基本的器件，不仅能实现二进制加、减法运算，还可以实现逻辑运算。

1. 半加器

最简单的加法器称为半加器（Half Adder），它实现两个1位二进制数 A 和 B 的加法，产生一个本位和 S 及一个向高位的进位 CO，如图4.1.1（a）所示。根据二进制加法运算规则，可以列出半加器真值表如图4.1.1（b）所示，写出 S 和 CO 的逻辑式如下：

$$\begin{cases} S=A'B+AB'=A \oplus B \\ CO=AB \end{cases}$$

画出逻辑图如图4.1.1（c）所示。为方便其他电路调用，把半加器的逻辑图进行封装，用如图4.1.1（d）所示的框图表示。

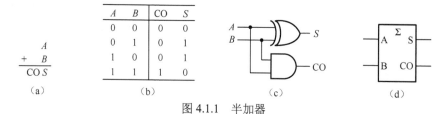

图 4.1.1 半加器

2. 全加器

半加器只能实现两个1位二进制数的加法，要实现多位二进制数相加，则必须按全加运算式提供位与位之间的进位，如图4.1.2（a）所示。为此，除了被加数 A、加数 B，还要考虑来自低位的进位 CI、本位和 S 及向高位的进位 CO，这种加法器称为全加器（Full Adder）。列出真值表如图4.1.2（b）所示，写出逻辑式并进行变换：

$$\begin{cases} S=A'B' \cdot CI+A'B \cdot CI'+AB' \cdot CI'+AB \cdot CI=A'(B \oplus CI)+A(B \oplus CI)'=A \oplus B \oplus CI \\ CO=A'B \cdot CI+AB' \cdot CI+AB \cdot CI'+AB \cdot CI=(A \oplus B) \cdot CI+AB \end{cases}$$

根据逻辑式画出逻辑图，如图4.1.2（c）所示，也可以用图4.1.2（d）的框图表示全加器。框图只是一个图形符号，输入、输出的位置可以根据原理图的需要进行调整，如图4.1.2（e）所示是全加器的另一种框图。

全加器的实现电路有多种形式，图4.1.2（c）只是其中一种。全加器作为实际产品，常用的典型芯片为74xx183，其框图如图4.1.3所示。一片74xx183有两个独立的全加器。

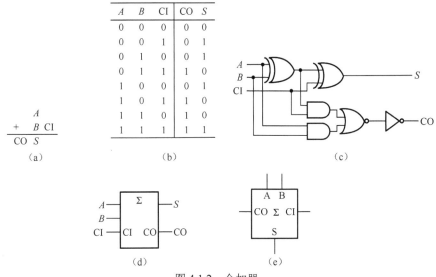

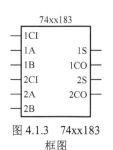

图 4.1.2 全加器

3. 串行进位加法器

一个全加器能实现两个 1 位二进制数的加法。要实现两个 n 位二进制数的加法，可以用 n 个全加器级联，每个全加器完成 1 位的全加，称为串行进位加法器（也叫行波进位加法器，Ripple Adder）。图 4.1.4 所示为两个 8 位二进制数 $A_7A_6A_5A_4A_3A_2A_1A_0$ 和 $B_7B_6B_5B_4B_3B_2B_1B_0$ 串行进位加法的电路，最低有效位的进位输入通常置为 0，低位全加器的进位输出连到相邻高 1 位全加器的进位输入。先进行最低位 A_0 和 B_0 的加法，得出 S_0 和 CO_0，CO_0 送第二个加法器的 CI_1，然后进行 A_1 和 B_1 的加法，……，最后得出两个 8 位二进制数的和。

图 4.1.3 74xx183
框图

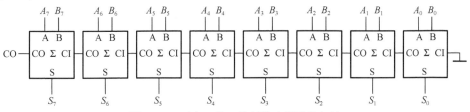

图 4.1.4 两个 8 位二进制数串行进位加法

只要有足够多的全加器就可以很方便地实现两个多位二进制数的加法。由于串行进位加法器将低位全加器的进位输出与相邻（高 1 位）全加器的进位输入相连，即只有接收了低位产生的进位输出，才会产生本位和及向高位的进位，运算总是从低位开始一位一位串行进行的，这在需要高速运算的系统中是不能满足要求的。

4. 超前进位加法器

串行速度慢是因为要先算出低位产生的进位，才能进行后面的计算，位数越多，时间越长。如果能在一开始就事先知道每级的进位输入信号，则各位的被加数、加数、低位来的进位可以同时进行相加，运算速度将会大大提高，这就是超前进位加法器（Look-Ahead Carry），也称快速进位（Fast Carry）加法器。

超前进位加法器需要事先预测每级的进位输入 CI_i，且提前由硬件产生。i 表示数据在多位数中所处的位置。从前面分析可知，全加器的进位输出函数如下：

$$CO_i = A_iB_i + (A_i + B_i)CI_i$$

这是一个加和式，CO_i 为 1 对应两种情况，① 只要 $A_iB_i=1$，肯定会产生一个进位，定义 $G_i=A_iB_i$ 为进位产生函数；② 当 $A_iB_i=0$，但 $A_i+B_i=1$ 时，如果 CI 为 1，则 CO_i 也为 1，也就是将低位的进位输出传递给高位进位输入，故定义 $P_i=A_i+B_i$ 为进位传递函数。所以进位输出函数可以表示如下：

$$CO_i=G_i+P_i \cdot CI_i$$

第 i 位的进位输入等于第 $i-1$ 位的进位输出 $CI_i=CO_{i-1}$，设最低位的 CI_0 为 0，则

$$CI_1=CO_0=A_0B_0$$

$$CI_2=CO_1=A_1B_1+(A_1+B_1)CI_1$$

将上式递推展开，循环利用式 $CI_i=CO_{i-1}$，任意一位的进位 CI_i 都可以由 $A_0 \sim A_{i-1}$ 和 $B_0 \sim B_{i-1}$ 决定，即 CI_i 是 $A_0 \sim A_{i-1}$ 和 $B_0 \sim B_{i-1}$ 的函数，只要确定两个进行加法运算的操作数，则 CI_i 即可由硬件电路提前求出。

用 G_i 和 P_i 表示 CO_i 的递推过程，可以快速写出一般关系式如下：

$$\begin{aligned}
CO_i &= G_i+P_i \cdot CI_i \\
&= G_i+P_i \cdot CO_{i-1} \\
&= G_i+P_i(G_{i-1}+P_{i-1} \cdot CI_{i-1}) \\
&= G_i+P_iG_{i-1}+P_iP_{i-1} \cdot CO_{i-2} \\
&= G_i+P_iG_{i-1}+P_iP_{i-1}(G_{i-2}+P_{i-2} \cdot CI_{i-2}) \\
&= G_i+P_iG_{i-1}+P_iP_{i-1}G_{i-2}+P_iP_{i-1}P_{i-2} \cdot CO_{i-3} \\
&= G_i+P_iG_{i-1}+P_iP_{i-1}G_{i-2}+\cdots+P_iP_{i-1}\cdots P_1G_0+P_iP_{i-1}\cdots P_0 \cdot CI_0
\end{aligned}$$

每位的 CO_i 是一个和式，和式中第 1 项是本位的 G_i，第 2 项是本位的 P_i 与低 1 位的 G_{i-1} 之积，第 3 项是本位的 P_i 与低 1 位进位的 P_{i-1} 及低 2 位的 G_{i-2} 之积，其余类推，一直写到最后两项，即各位进位传递函数与最低位进位产生函数之积 $P_iP_{i-1}\cdots P_1G_0$，以及各位进位传递函数与外接最低位进位之积 $P_iP_{i-1}\cdots P_0 \cdot CI_0$。$i$ 越大，电路越复杂。

下面分别写出 $i=0,1,2$ 的 CO_0，CO_1，CO_2 的进位输出函数：

$$CO_0=G_0+P_0 \cdot CI_0=A_0B_0+(A_0+B_0) \cdot CI_0$$

$$CO_1=G_1+P_1 G_0+P_1P_0 \cdot CI_0=A_1B_1+(A_1+B_1)A_0B_0+(A_1+B_1)(A_0+B_0) \cdot CI_0$$

$$\begin{aligned}
CO_2 &= G_2+P_2 G_1+P_2P_1G_0+P_2 P_1P_0 \cdot CI_0 \\
&= A_2B_2+(A_2+B_2)A_1B_1+(A_2+B_2)(A_1+B_1)A_0B_0+(A_2+B_2)(A_1+B_1)(A_0+B_0) \cdot CI_0
\end{aligned}$$

超前进位加法器中每位都增加了一个硬件电路，如图 4.1.5 所示，提前生成每位的进位能够提高运算速度。根据逻辑式可知，随着位数的增加，产生进位的硬件电路的复杂程度会增加。考虑到性价比，典型的超前进位加法器是 4 位超前进位加法器，芯片是 74xx283。如图 4.1.6 所示为 4 位超前进位加法器 74LS283，图 4.1.6（a）是 Multisim 软件中的引脚图，框外的引脚数字对应的是图 4.1.6（b）所示实际芯片的引脚号。在理论分析设计时，经常忽略引脚号，使用图 4.1.6（c）所示的框图表示。

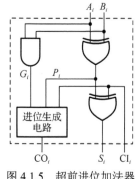

图 4.1.5 超前进位加法器

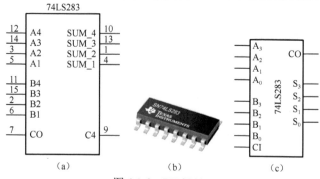

图 4.1.6 74LS283

在进行 n 位二进制数加法时可以采用多片 74LS283 级联的方法，在芯片内进行并行运算，在芯片之间进行串行运算，可以获得较高的性价比。图 4.1.7 是两个 8 位二进制数 $A_7A_6A_5A_4A_3A_2A_1A_0$ 和 $B_7B_6B_5B_4B_3B_2B_1B_0$ 的加法实现逻辑图，比图 4.1.4 的速度更快，性价比更好。

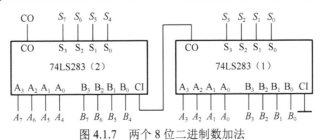

图 4.1.7　两个 8 位二进制数加法

5．二进制数减法

计算机中通过补码实现减法运算，即 $A-B$ 可用 $A+B'+1$ 实现。利用异或运算的特点可以很方便地实现减法运算：变量 A 和 1 的异或结果是它的非 A'，A 和 0 的异或结果是它本身 A，即

$$A \oplus 1 = A', \quad A \oplus 0 = A$$

图 4.1.8 所示的二进制加/减法器实现了两个 4 位二进制数的加/减法。

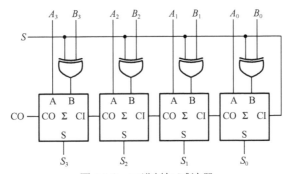

图 4.1.8　二进制加/减法器

当 $S=0$ 时，$B_3B_2B_1B_0$ 分别与 0 异或，结果还是 $B_3B_2B_1B_0$，送到各全加器的输入端实现加法：$A_3A_2A_1A_0+B_3B_2B_1B_0$。

当 $S=1$ 时，$B_3B_2B_1B_0$ 分别与 1 异或，结果是 $B_3'B_2'B_1'B_0'$，送到各全加器的输入端，同时 $S=1$ 接最低位的进位输入端，实现减法：$A_3A_2A_1A_0+B_3'B_2'B_1'B_0'+1$，即 $A_3A_2A_1A_0-B_3B_2B_1B_0$。当然全加器还可以用同样的方法设计实现二进制数的逻辑运算。

4.1.2　译码器

译码器也叫解码器、分路器，按字面的意思理解，译码器就是一个翻译器，因为在数字电路中，一串 0、1 的组合表示的可能是数据，也可能是信息。例如，计算机就是靠一条条指令运行的，底层的机器语言指令就是一串串的二进制码，指令运行前需要将一串二进制码代表的操作进行翻译，后续电路才能执行相应的操作。译码还可以理解为把一组码翻译成另一组码，例如，把二进制数翻译成十进制数的二-十进制译码等。实际中，计算机和多个外部设备打交道就是通过地址译码实现的，每个设备都有一个二进制数地址。计算机需要与哪个外部设备通信，先要选中该外部设备，这通过对设备的地址译码实现，这叫分路器或唯一地址译码器。

1．基本译码器

要实现 3 位二进制数 110 的译码电路，数字电路输出只有高、低两种电平，3 位二进制数有

8 种情况，要想输入 110 时与其他 7 种组合（000、001、010、011、100、101、111）不同，再联想到前面学习的最小项的性质，用一个与门和一个非门就可以解决，如图 4.1.9（a）所示，只有输入组合为 110 时，输出 Y 才是高电平，为其他 7 种输入组合时，输出 Y 都是低电平，这样实现了 110 的译码。如果希望输入 110 时输出为低电平，则把与门换成与非门即可，如图 4.1.9（b）所示。

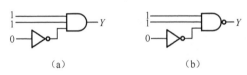

（a）   （b）

图 4.1.9　3 位二进制数 110 的译码电路

2．二进制译码器

3 位二进制数有 8 种组合，为了把这 8 组码表示的含义都进行对应译码，则需要 8 个这样的电路，如图 4.1.10 所示。与非门 $G_0 \sim G_7$ 一个输入端接共同的 S 信号，剩余的三个输入端分别接 $A_2 A_1 A_0$ 的 8 个最小项 $m_0 \sim m_7$。S 是控制端，也叫使能端，当 S 为低电平 0 时，不论输入的 3 位二进制数是哪种组合，所有门的输出端都为高电平 1。当 S 为高电平时，$G_0 \sim G_7$ 全部打开，每对应一组二进制数组合，8 个输出端中有且只有一个为低电平，其他为高电平，这个低电平的输出端就是对应此时输入的二进制数的译码。例如，输入为 010 时，Y_2' 为低电平 0，$Y_7' Y_6' Y_5' Y_4' Y_3' Y_1' Y_0' = 1111111$，反过来，只要 Y_2' 为低电平，就意味着此时输入的为 010。

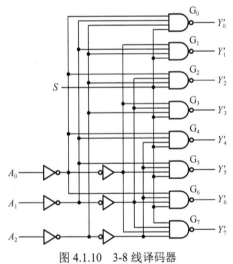

图 4.1.10　3-8 线译码器

因为 3 位输入对应 8 个输出，因此称为 3-8 线译码器。类似地，n 位输入对应 2^n 个输出，可以译出二进制数全部可能的输入组合，也叫二进制译码器或全译码器。

由图 4.1.10 可以写出 $S=1$ 时各输出的逻辑式：

$$Y_0' = (A_2' A_1' A_0')' = m_0'$$
$$Y_1' = (A_2' A_1' A_0)' = m_1'$$
$$Y_2' = (A_2' A_1 A_0')' = m_2'$$
$$Y_3' = (A_2' A_1 A_0)' = m_3'$$
$$Y_4' = (A_2 A_1' A_0')' = m_4'$$
$$Y_5' = (A_2 A_1' A_0)' = m_5'$$
$$Y_6' = (A_2 A_1 A_0')' = m_6'$$
$$Y_7' = (A_2 A_1 A_0)' = m_7'$$

可以看出，8 个输出变量就是对应输入变量的 8 个最小项的非的形式，所以这种译码器也称为最小项译码器。

列出真值表如表 4.1.1 所示。

实际常用的典型 3-8 线译码器，芯片编号是 74xx138。考虑到芯片的层次化级联需求，控制端信号 S 由三个信号 S_1、S_2' 和 S_3' 共同产生，如图 4.1.11 所示。当 $S_1=1$，$S_2'=0$，$S_3'=0$ 时，译码器处于工作状态。

基本门称为小规模集成电路（Small Scale Integrated Circuit，SSI），用基本门构成的具有一定功能的电路称为中规模集成电路（Medium Scale Integrated Circuit，MSI），常用框图表示。图 4.1.12 为译码器 74LS138 的框图。其中，引脚名称是依据其实现的功能来定义的，当信号 S_1、S_2' 和 S_3' 有效时，根据 $A_2 A_1 A_0$ 输入信号的组合，8 个输出信号 $Y_7 \sim Y_0$ 中有一个信号有效。

表 4.1.1　最小项译码器真值表

A_2	A_1	A_0	Y_7'	Y_6'	Y_5'	Y_4'	Y_3'	Y_2'	Y_1'	Y_0'
0	0	0	1	1	1	1	1	1	1	0
0	0	1	1	1	1	1	1	1	0	1
0	1	0	1	1	1	1	1	0	1	1
0	1	1	1	1	1	1	0	1	1	1
1	0	0	1	1	1	0	1	1	1	1
1	0	1	1	1	0	1	1	1	1	1
1	1	0	1	0	1	1	1	1	1	1
1	1	1	0	1	1	1	1	1	1	1

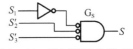

图 4.1.11　控制端信号的产生

图 4.1.12　74LS138 的框图

译码器仿真

电平有效及
表示方法

3.　二进制译码器的应用

如图 4.1.13 所示是一种简单分路器或唯一地址译码器示例，8 个设备的数据线挂在计算机的数据总线上，打印机等外部设备的地址由计算机控制，分别为 000、001、010、011、100、101、110 和 111。计算机根据需求发出一个设备的地址码，选中相应设备并与之进行数据交换。

单片机系统需要进行 RAM 的扩展，这就需要进行地址分配。图 4.1.14 实现了对 8 片 4×8 位的 RAM 进行扩展，对应每片 RAM 的地址译码过程。单片机输出 8 位地址 A_7～A_0，其中 $A_7A_6A_5$ 取值组合必须是 100，译码器 74LS138 才能工作，A_4、A_3 和 A_2 分别接译码器的三个输入端 A_2、A_1 和 A_0，8 个输出端 Y_7'～Y_0' 分别连 8 片 RAM 的片选端，A_1A_0 则是 RAM 芯片本身的内部地址。对 RAM 芯片进行读/写的地址译码表如表 4.1.2 所示。

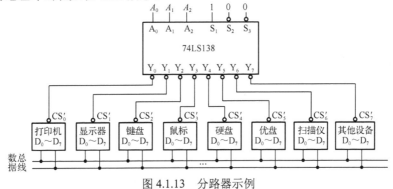

图 4.1.13　分路器示例

图 4.1.14　RAM 扩展地址译码

表 4.1.2　RAM 扩展地址译码

A_7	A_6	A_5	A_4	A_3	A_2	A_1A_0	RAM 地址	RAM
1	0	0	0	0	0		80H～83H	RAM0
1	0	0	0	0	1		84H～87H	RAM1
1	0	0	0	1	0		88H～8BH	RAM2
1	0	0	0	1	1	00	8CH～8FH	RAM3
1	0	0	1	0	0	～	90H～93H	RAM4
1	0	0	1	0	1	11	94H～97H	RAM5
1	0	0	1	1	0		98H～9BH	RAM6
1	0	0	1	1	1		9FH～9CH	RAM7

4．二-十进制译码器（又称 4-10 线译码器）

二进制译码器译出了输入的全部可能组合，有时也不必全部译出，例如，BCD 译码器将输入的 4 位 BCD 码中的 0000～1001 这 10 个编码译成 10 个对应的高、低电平信号。

常用的二-十进制译码器 74xx42 的框图和逻辑图如图 4.1.15 和图 4.1.16 所示。真值表如表 4.1.3 所示，可以知道 10 个输出端是低电平有效的，只对 0000～1001 这 10 个编码译码，对 1010～1111，输出端全是无效电平。

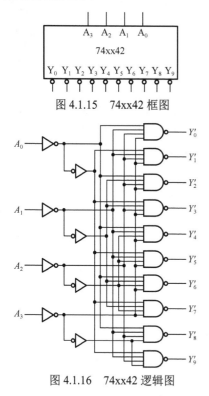

图 4.1.15　74xx42 框图

图 4.1.16　74xx42 逻辑图

表 4.1.3　二-十进制译码器真值表

数字	A_3	A_2	A_1	A_0	Y'_0	Y'_1	Y'_2	Y'_3	Y'_4	Y'_5	Y'_6	Y'_7	Y'_8	Y'_9
0	0	0	0	0	0	1	1	1	1	1	1	1	1	1
1	0	0	0	1	1	0	1	1	1	1	1	1	1	1
2	0	0	1	0	1	1	0	1	1	1	1	1	1	1
3	0	0	1	1	1	1	1	0	1	1	1	1	1	1
4	0	1	0	0	1	1	1	1	0	1	1	1	1	1
5	0	1	0	1	1	1	1	1	1	0	1	1	1	1
6	0	1	1	0	1	1	1	1	1	1	0	1	1	1
7	0	1	1	1	1	1	1	1	1	1	1	0	1	1
8	1	0	0	0	1	1	1	1	1	1	1	1	0	1
9	1	0	0	1	1	1	1	1	1	1	1	1	1	0
10	1	0	1	0	1	1	1	1	1	1	1	1	1	1
11	1	0	1	1	1	1	1	1	1	1	1	1	1	1
12	1	1	0	0	1	1	1	1	1	1	1	1	1	1
13	1	1	0	1	1	1	1	1	1	1	1	1	1	1
14	1	1	1	0	1	1	1	1	1	1	1	1	1	1
15	1	1	1	1	1	1	1	1	1	1	1	1	1	1

5．显示译码器

数字系统输出的一串串 1 和 0 需要显示译码器才能显示成人们习惯的十进制数。如图 4.1.17 所示，将 8 个发光二极管的阴极连接到一起并接地，称为公共端；阳极对应标上 a、b、c、d、e、f、g 和 D.P，高电平 1 时，点亮对应的发光二极管，而低电平 0 时不亮。把 7 个发光二极管排成如图 4.1.18 所示的 8 字形，称为七段数码管，其中 D.P 是小数点。若段 a、b、c、d 和 g 点亮，而段 e、f 和 D.P 不亮，则显示数字 3。

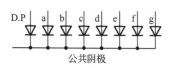

图 4.1.17　共阴极发光二极管连接图

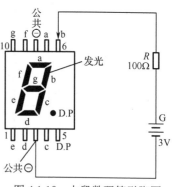

图 4.1.18　七段数码管引脚图

图 4.1.18 为七段数码管引脚图，显示有 8 个输入端，公共端接地，则控制 a、b、c、d、e、f 和 g 这 7 段就能显示相应的十进制数。这就是说，要显示数字系统中用 4 位 BCD 码表示的十进制数 0～9，就需要把 4 位的 BCD 码翻译为相应七段数码管的 7 个输入端的信号组合，完成此功能的电路称为显示译码器。

以共阴极数码管为例，真值表如表 4.1.4 所示。0000～1001 对应译为 0～9，1010～1111 可以不用，也可以如真值表所示显示字母 a、b、c、d、e、f。同理，其他点阵显示器件及现在流行的各种灯光秀，都是二极管点阵组成各种各样的图形，根据显示需要编程控制相应的二极管点亮。不过，可能需要使用三基色二极管。

典型的共阴极显示译码器有 7448 等，框图如图 4.1.19 所示，可以进行 BCD 码译码，此外，还有控制端：灯测试端 LT、灭零输入端 RBI 和灭灯输入/灭零输出端 BI/RBO 用于多芯片显示，都是低电平有效。

当 LT 有效时，不管 $A_3A_2A_1A_0$ 为何状态，输出 Y_a～Y_g 全为 1，所有二极管都会点亮。

当 RBI 有效且 $A_3A_2A_1A_0$=0000 时，Y_a～Y_g 应全为 0，此时所有二极管全部熄灭。

BI/RBO 是双功能的端子，当用作输入且 BI 有效时，意思是把二极管灭掉，此时 Y_a～Y_g 全为 0，称为灭灯输入。当用作输出时且 RBO=0 时，意思是需要灭掉的 0 已经灭掉了，所以称为灭零输出。在多位数码显示时，RBI、BI/RBO 配合使用可以熄灭不需要点亮的 0。RBI 有效且 $A_3A_2A_1A_0$=0000 时，Y_a～Y_g 应全为 0，所有二极管全灭，此时 BI/RBO 才输出 0，告诉电路不需要显示的 0 已经灭掉。例如，显示多位数 013.70 时，左边和右边的 0 都不显示。整数部分高位的 BI/RBO 接低位的 RBI，当高位为 0 且被灭掉的情况下，低位的灭零输入才有效。小数部分低位的 BI/RBO 接高位的 RBI，道理同整数部分。连接情况如图 4.1.20 所示。

表 4.1.4 显示译码器真值表

字形	A_3	A_2	A_1	A_0	Y_a	Y_b	Y_c	Y_d	Y_e	Y_f	Y_g
0	0	0	0	0	1	1	1	1	1	1	0
1	0	0	0	1	0	1	1	0	0	0	0
2	0	0	1	0	1	1	0	1	1	0	1
3	0	0	1	1	1	1	1	1	0	0	1
4	0	1	0	0	0	1	1	0	0	1	1
5	0	1	0	1	1	0	1	1	0	1	1
6	0	1	1	0	1	0	1	1	1	1	1
7	0	1	1	1	1	1	1	0	0	0	0
8	1	0	0	0	1	1	1	1	1	1	1
9	1	0	0	1	1	1	1	1	0	1	1
a	1	0	1	0	1	1	1	0	1	1	1
b	1	0	1	1	0	0	1	1	1	1	1
c	1	1	0	0	0	0	0	1	1	0	1
d	1	1	0	1	0	1	1	1	1	0	1
e	1	1	1	0	1	0	0	1	1	1	1
f	1	1	1	1	1	0	0	0	1	1	1

图 4.1.19 7448 框图

（7448 框图：A_3 Y_a；A_2 Y_b；A_1 Y_c；A_0 Y_d；LT Y_e；BI/RBO Y_f；RBI Y_g）

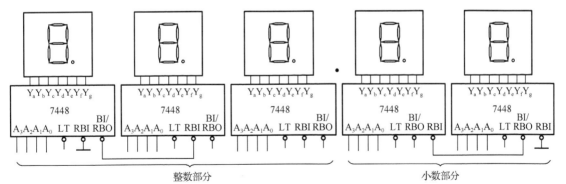

图 4.1.20 多位数码显示 RBI 和 BI/RBO 连接图

4.1.3 数据选择器

在电路设计中，一些器件要求在不同的时刻使用不同来源的数据。可以理解为如图 4.1.21 所示的多路选择开关，即能够从几个数据源中进行选择并将数据传送到所需要的器件。例如，大多数数字电话设备都采用多路选择器，一根信号线有很多信道，可以节省信号线和模数、数模转换芯片。这种有 n 个数据输入端、一个数据输出端，以及 $\log_2 n$ 个地址选择端，可根据地址从 n 个输入数据中选择一个数据传递到输出端的电路称为数据选择器或者多路转换器（MUX）。与多路选择开关不同的是，这里的数据是单向的。先从最简单的 2 选 1 数据选择器开始，设两个输入 D_1 和 D_0，一个输出 Y，以及一个地址选择信号 A。

根据 2 选 1 数据选择器的含义直接写出逻辑式：

$$Y=A'D_0+AD_1$$

由逻辑式画出逻辑图及框图如图 4.1.22 所示。

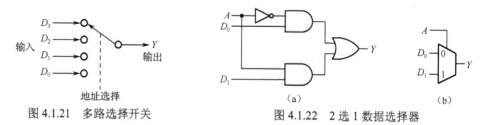

图 4.1.21　多路选择开关　　　　　　　图 4.1.22　2 选 1 数据选择器

同样方法可以写出 4 选 1 数据选择器的逻辑式：

$$Y=A_1'A_0'D_0+A_1'A_0D_1+A_1A_0'D_2+A_1A_0D_3$$

由逻辑式画出逻辑图如图 4.1.23（a）所示。考虑到其特殊性可以使用 2 选 1 选择器实现 4 选 1 选择器，如图 4.1.23（b）所示。4 选 1 数据选择器框图如图 4.1.24 所示。

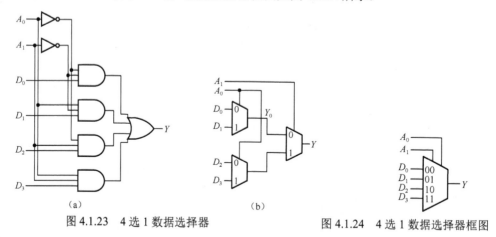

图 4.1.23　4 选 1 数据选择器　　　　　　图 4.1.24　4 选 1 数据选择器框图

实际上，大多逻辑库只包括 2 选 1 数据选择器和 4 选 1 数据选择器，用它们可以实现任意的 n 选 1 数据选择器。要构成一个 n 选 1 数据选择器，需要使用 $\log_2 n$ 个地址选择信号和 $\log_2 n$ 层 2 选 1 数据选择器，其中 n 是 2 的幂数。一个地址选择信号用来控制一层选择器。在第 1 层，各选择器从两个数据源中选择一个；而在除第 1 层外的其他层，各选择器均从前一层选择器产生的两个输出中选择一个。图 4.1.25 为由 7 个 2 选 1 数据选择器实现的 8 选 1 数据选择器。

8 选 1 数据选择器真值表如表 4.1.5 所示，逻辑式如下：

$$Y = (A_2'A_1'A_0')D_0 + (A_2'A_1'A_0)D_1 + (A_2'A_1A_0')D_2 + (A_2'A_1A_0)D_3 +$$
$$(A_2A_1'A_0')D_4 + (A_2A_1'A_0)D_5 + (A_2A_1A_0')D_6 + (A_2A_1A_0)D_7$$

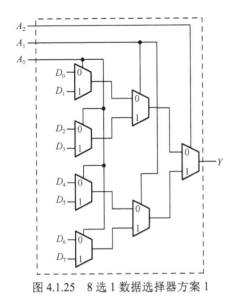

图 4.1.25　8 选 1 数据选择器方案 1

表 4.1.5　8 选 1 数据选择器真值表

A_2	A_1	A_0	Y
0	0	0	$Y=D_0$
0	0	1	$Y=D_1$
0	1	0	$Y=D_2$
0	1	1	$Y=D_3$
1	0	0	$Y=D_4$
1	0	1	$Y=D_5$
1	1	0	$Y=D_6$
1	1	1	$Y=D_7$

利用如图 4.1.26 所示的方案也可以实现相同功能的 8 选 1 数据选择器，这种方案，用 3-8 线译码器实现对地址选择信号的译码。尽管看起来这样的门实现起来相当简单，但其缺点是不易升级。换句话说，译码器中与门的个数、尺寸以及或门的尺寸必须随着输入个数的增加而增加，这会大大增加成本和延时。因此只在 n 值很小时使用这种方案。

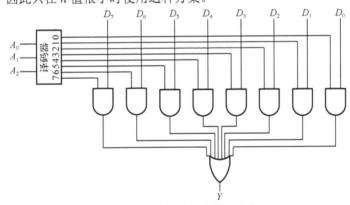

图 4.1.26　8 选 1 数据选择器方案 2

常用的两种中规模芯片双 4 选 1 数据选择器 74HC153 和 8 选 1 数据选择器 74LS151 如图 4.1.27 所示。一片 74HC153 上面有两个 4 选 1 数据选择器，它们公用地址选择端。S_1'、S_2' 分别是片选信号，低电平有效。74LS151 的片选信号 E 高电平有效，两个输出 Y、Y' 互为非的关系。

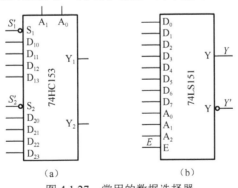

（a）　　　　　　　　　（b）

图 4.1.27　常用的数据选择器

数据选择器

键盘编码

二-十进制编码器

4.1.4 编码器

编码器就是用一组编码按一定规则表示某类事物或信息，如生活中的身份证号、电话号码等就是编码。在数字系统中，输入的信号是高、低电平，内部信息的表示与传输采用二进制数形式，所以数字系统中的编码器是指能将若干输入信号对应的每个有效电平转换为一个唯一的二进制码并输出的逻辑电路，如把计算机键盘上的 100 多个键编为一串 0、1 码等。编码器一般有 N 个输入信号，输出为 n 位二进制码，需满足 $N \leqslant 2^n$。如果 $N=2^n$ 则称为二进制编码器。还有一种常用的二-十进制编码器把 $0 \sim 9$ 这 10 个十进制数字编成 4 位二进制码输出。

编码具有唯一性。如果能保证多个输入信号在某个时刻只有一个是有效的，且能够对其进行编码并输出，这称为普通编码器。但大多情况是不知道现在允许哪个输入信号有效，以及多个输入信号同时有效的情况，例如，医院病床的呼叫系统可能同时有多个病人呼叫，微处理器可能同时有多个设备请求中断。解决办法是对输入信号指定优先级，当多个输入信号同时有效时，只对优先级最高的输入信号编码。这样的编码器称为优先编码器。所以不能只从字面上将编码器理解为其仅与译码器互反。

1. 普通编码器

普通编码器最简单的就是 2-1 线编码器。如图 4.1.28 所示，有两个高电平有效的输入信号 I_0 和 I_1，两个输出信号 Y 和 Any，当 $I_0=1$ 且 $I_1=0$ 时，$Y=0$；相反，只要 $I_1=1$，不论 I_0 是 1 还是 0，$Y=1$。Any 表示编码器的状态：当 I_0 和 I_1 都无效时，Any=0，表示电路没有有效的输入信号；只要 I_1 和 I_0 中有一个有效，Any=1，表示电路现在有输入信号，工作正常。

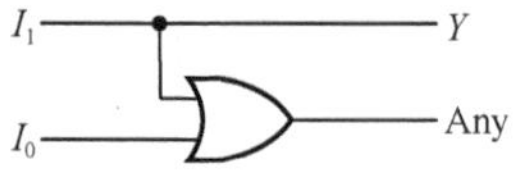

图 4.1.28　2-1 线编码器

2. 优先编码器

普通编码器不允许多个输入信号同时有效，使用受限不方便。常用的是优先编码器。以 4-2 线优先编码器为例，有 4 个输入信号 I_0、I_1、I_2 和 I_3，3 个输出信号 Y_1、Y_0 和 Any，I_3 优先级最高，依次是 I_2、I_1 和 I_0。当 $I_3=1$ 时有效，此时不论 I_2、I_1 和 I_0 是 1 还是 0，Y_1Y_0 取值组合为 11，转换为十进制数 3，与 I_3 下标对应；当 $I_3=0$ 时无效，再看 I_2 是否有效，此时如果 $I_2=1$，不论 I_1 和 I_0 是 1 还是 0，Y_1Y_0 取值组合为 10，转换为十进制数 2，与 I_2 下标对应；当 $I_3=0$ 时无效，如果 $I_2=0$ 也无效，就继续看比它们优先级低的 I_1，如果有效，不管 I_0 是 1 还是 0，$Y_1Y_0=01$，转换为十进制数 1，与 I_1 下标对应；只有 I_3、I_2、I_1 都无效时，I_0 才有效，对 I_0 编码，$Y_1Y_0=00$，转换为十进制数 0，与 I_0 下标对应。Any 还是表示编码器的状态：Any=0，表示所有的输入信号都无效；只要输入信号中有一个有效信号，Any=1，表示电路现在有输入信号，工作正常。真值表如表 4.1.6 所示，画出逻辑图如图 4.1.29 所示。

表 4.1.6　4-2 线优先编码器真值表

I_3	I_2	I_1	I_0	Any	Y_1	Y_0
0	0	0	0	0	0	0
1	×	×	×	1	1	1
0	1	×	×	1	1	0
0	0	1	×	1	0	1
0	0	0	1	1	0	0

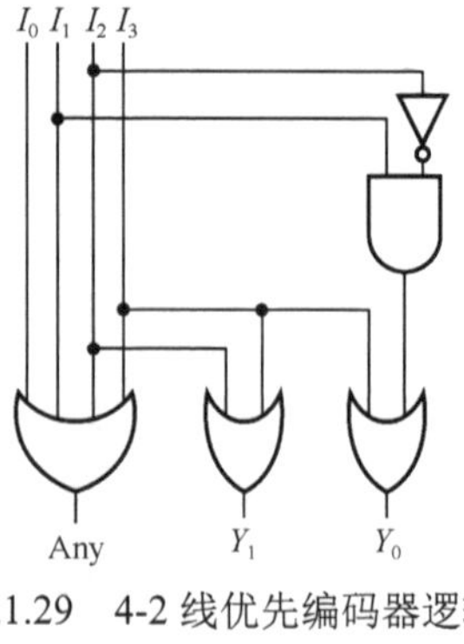

图 4.1.29　4-2 线优先编码器逻辑图

同样，设计 8-3 线优先编码器的真值表如表 4.1.7 所示。I_7 优先级最高，I_0 最低。

表 4.1.7　8-3 线优先编码器真值表

I_7	I_6	I_5	I_4	I_3	I_2	I_1	I_0	Any	Y_2	Y_1	Y_0
0	0	0	0	0	0	0	0	0	0	0	0
1	×	×	×	×	×	×	×	1	1	1	1
0	1	×	×	×	×	×	×	1	1	1	0
0	0	1	×	×	×	×	×	1	1	0	1
0	0	0	1	×	×	×	×	1	1	0	0
0	0	0	0	1	×	×	×	1	0	1	1
0	0	0	0	0	1	×	×	1	0	1	0
0	0	0	0	0	0	1	×	1	0	0	1
0	0	0	0	0	0	0	1	1	0	0	0

考虑到性价比，实际的芯片都带有扩展端，便于芯片级联，典型的 8-3 线优先编码器 74LS148 框图如图 4.1.30 所示，8 个输入信号低电平有效。其允许同时多个输入信号有效，但只对优先级最高的输入信号进行编码。若 I_7'、I_5' 同时有效，则输出 I_7' 对应的编码；若 I_5'、I_4'、I_2' 同时有效，则输出 I_5' 对应的编码。扩展端 S'、Y_S'、Y_{EX}' 都是低电平有效，用来实现级联扩展功能。功能表如表 4.1.8 所示。

选通输入端 S' 为低电平时，编码器才能正常工作；为高电平时，不论 8 个输入信号 $I_7' \sim I_0'$ 是什么，输出都被锁定为 111。

选通输出端 Y_S'=0 表示电路可以工作，但输入信号 $I_7' \sim I_0'$ 全部无效；扩展端 Y_{EX}'=0 表示电路可以工作，而且输入信号 $I_7' \sim I_0'$ 中至少有一个有效。

表 4.1.8　74LS148 编码器功能表

S'	I_0'	I_1'	I_2'	I_3'	I_4'	I_5'	I_6'	I_7'	Y_2'	Y_1'	Y_0'	Y_S'	Y_{EX}'
1	×	×	×	×	×	×	×	×	1	1	1	1	1
0	1	1	1	1	1	1	1	1	1	1	1	0	1
0	×	×	×	×	×	×	×	0	0	0	0	1	0
0	×	×	×	×	×	×	0	1	0	0	1	1	0
0	×	×	×	×	×	0	1	1	0	1	0	1	0
0	×	×	×	×	0	1	1	1	0	1	1	1	0
0	×	×	×	0	1	1	1	1	1	0	0	1	0
0	×	×	0	1	1	1	1	1	1	0	1	1	0
0	×	0	1	1	1	1	1	1	1	1	0	1	0
0	0	1	1	1	1	1	1	1	1	1	1	1	0

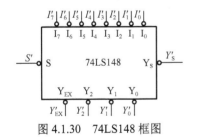

图 4.1.30　74LS148 框图

4.1.5　数值比较器

数字系统中经常需要对两个数进行比较，根据比较结果确定下一步的操作，例如，计算机中常通过比较输入的码与预设的码是否一致来使能设备。实现两个数的比较并输出是否相等的逻辑电路称为比较器。有时会把输入信号看作无符号数，不仅要判断其是否相等，在其不相等时，还要给出两个数之间是大于还是小于的算术关系，这称为数值比较器。

1. 1 位数值比较器

前面介绍过二输入异或门，当两个输入信号的值相异时输出信号为高电平 1，相同时输出信号为低电平 0，一个异或门就可以实现两个 1 位二进制数的比较。根据比较运算的特点，多位二进制数可以按顺序自高而低逐位比较，只有当高位相等时，才需比较低位。多位二进制数的比较可以用多个异或门组合起来实现。1 位数值比较器真值表如表 4.1.9 所示。

$A>B$ 时，$Y_{1(A>B)}=1$，其他为 0；$A<B$ 时，$Y_{2(A<B)}=1$，其他为 0；$A=B$ 时，$Y_{3(A=B)}=1$，其他为 0。

表 4.1.9 1 位数值比较器真值表

A	B	$Y_{1(A>B)}$	$Y_{2(A<B)}$	$Y_{3(A=B)}$
0	0	0	0	1
0	1	0	1	0
1	0	1	0	0
1	1	0	0	1

写出逻辑式如下：

$$Y_{1(A>B)}=AB'$$
$$Y_{2(A<B)}=A'B$$
$$Y_{3(A=B)}=A'B'+AB=(AB'+A'B)'$$

画出逻辑图如图 4.1.31（a）所示。图 4.1.31（b）为实际应用中常用的 1 位数值比较器的另一种实现，用与非门代替两个反相器。1 位数值比较器是基础，由它可以构成多位数值比较器。对其进行封装得到 1 位数值比较器框图，如图 4.1.32 所示，框图中省略了输出 Y 的下标。

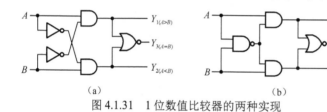

（a）　　　　　　　　　　　　　　（b）

图 4.1.31 1 位数值比较器的两种实现

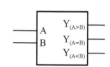

图 4.1.32 1 位数值比较器框图

2. 2 位数值比较器

两个 2 位二进制数 A_1A_0 和 B_1B_0，只有 A_1 和 B_1 相等且 A_0 和 B_0 相等时，输出 $Y_{(A=B)}$ 才为 1，表示为

$$Y_{(A=B)} = (A_1 \odot B_1)(A_0 \odot B_0)$$

当 $A_1>B_1$ 或 $A_1=B_1$ 且 $A_0>B_0$ 时，输出 $Y_{(A>B)}$ 为 1，表示为

$$Y_{(A>B)} = A_1B_1' + (A_1 \odot B_1)A_0B_0'$$

当 $A_1<B_1$ 或 $A_1=B_1$ 且 $A_0<B_0$ 时，输出 $Y_{(A<B)}$ 为 1，表示为

$$Y_{(A<B)} = A_1'B_1 + (A_1 \odot B_1)A_0'B_0$$

用 1 位数值比较器和基本与、或门就可以实现。实际应用中考虑到性价比，经常用中规模芯片级联组成位数更多的数值比较器，此时需要知道来自低位的比较结果 $I_{(A<B)}$、$I_{(A=B)}$、$I_{(A>B)}$，即增加扩展输入端，则 2 位二进制数 A_1B_1 和 A_0B_0 比较的三个输出修改如下：

$$Y_{(A>B)} = A_1B_1' + (A_1 \odot B_1)A_0B_0' + (A_1 \odot B_1)(A_0 \odot B_0)I_{(A>B)}$$
$$Y_{(A<B)} = A_1'B_1 + (A_1 \odot B_1)A_0'B_0 + (A_1 \odot B_1)(A_0 \odot B_0)I_{(A<B)}$$
$$Y_{(A=B)} = (A_1 \odot B_1)(A_0 \odot B_0)I_{(A=B)}$$

两个数比较只有大于、小于、等于三个结果，所以 $Y_{(A>B)}$、$Y_{(A<B)}$ 可以表示为

$$Y_{(A>B)} = (Y_{(A<B)} + Y_{(A=B)})'$$
$$Y_{(A<B)} = (Y_{(A>B)} + Y_{(A=B)})'$$

根据逻辑式画出逻辑图如图 4.1.33 所示。注意，只有 2 位二进制数比较时，需令 $I_{(A>B)}=0$、$I_{(A<B)}=0$ 和 $I_{(A=B)}=1$。

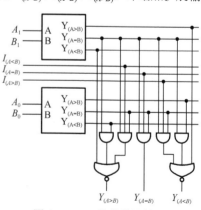

图 4.1.33 2 位数值比较器

3．典型的 4 位数值比较器

依据带扩展输入端的 2 位数值比较器的原理，常用的中规模芯片是 4 位数值比较器 74LS85，其框图如图 4.1.34 所示，可实现两个 4 位二进制数 $A_3A_2A_1A_0$ 和 $B_3B_2B_1B_0$ 的比较。用多片 74LS85 级联可以实现多位数的比较。例如，两个 8 位二进制数 $C_7C_6C_5C_4C_3C_2C_1C_0$ 和 $D_7D_6D_5D_4D_3D_2D_1D_0$ 的比较如图 4.1.35 所示，令低位片的扩展输入端 $I_{(A>B)}=0$、$I_{(A<B)}=0$ 和 $I_{(A=B)}=1$，高位片的扩展输入端接低位片的输出端。

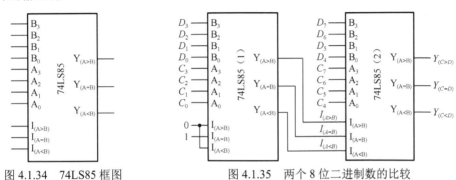

图 4.1.34　74LS85 框图　　　　图 4.1.35　两个 8 位二进制数的比较

4.2　层次化和模块化设计

小规模组合逻辑电路的设计思路非常简单，要实现较复杂的逻辑问题比较麻烦。例如，设计一个 10 人的表决电路，真值表需有 1024 行，逻辑式也很难直接描述，更不要说一个千人会场的表决系统了，这就需要用到层次化、模块化的设计方法。层次化、模块化的设计是逻辑设计中的方法学，也是大规模集成电路设计的基本思想，即用典型的通用模块构造规模更大的器件以获得最好的性价比。例如，用两片 74LS283 实现两个 8 位二进制数的加法，要比直接设计并实现一个 8 位二进制超前进位加法器更加简单实用，类似地，可以利用 4 片 74LS283 实现两个 16 位二进制数的加法，这称为芯片的级联或扩展。

4.2.1　编码器扩展

74LS148 为 8-3 线优先编码器，两片可以实现 16-4 线优先编码器，4 片可以实现 32-5 线优先编码器等。

例 4.2.1　试用 74LS148 实现如图 4.2.1 所示的 32-5 线优先编码器。32 个输入信号 $A'_{31}\sim A'_0$ 低电平有效，对应输出 $Z_4\sim Z_0$ 为原码输出 $11111\sim 00000$，输入信号下标大的优先级高。

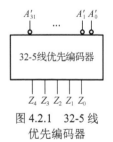

图 4.2.1　32-5 线
优先编码器

解：根据题目要求列出输入、输出关系如表 4.2.1 所示，一片 74LS148 只能对 8 个输入信号编码，故对 32 个信号编码需要 4 片。按优先级依次将 32 个待编码信号接芯片的输入端：$A'_{31}\sim A'_{24}$ 接第 1 片的 $I'_7\sim I'_0$，$A'_{23}\sim A'_{16}$ 接第 2 片的 $I'_7\sim I'_0$，$A'_{15}\sim A'_8$ 接第 3 片的 $I'_7\sim I'_0$，$A'_7\sim A'_0$ 接第 4 片的 $I'_7\sim I'_0$。

表 4.2.1　输入、输出关系

A'_{31} ··· A'_{24}	A'_{23} ··· A'_{16}	A'_{15} ··· A'_8	A'_7 ··· A'_0	Z_4Z_3	$Z_2Z_1Z_0$	芯片编号
0××××××××	××××××××	××××××××	××××××××	1　1	1　1　1	
	···				···	1
11111110	××××××××	××××××××	××××××××	1　1	0　0　0	

续表

$A'_{31} \cdots A'_{24}$	$A'_{23} \cdots A'_{16}$	$A'_{15} \cdots A'_8$	$A'_7 \cdots A'_0$	$Z_4 Z_3$	$Z_2 Z_1 Z_0$	芯片编号
11111111	0×××××××	××××××××	××××××××	1 0	1 1 1	2
	...				...	
11111111	11111110	××××××××	××××××××	1 0	0 0 0	
11111111	11111111	0×××××××	××××××××	0 1	1 1 1	3
	...				...	
11111111	11111111	11111110	××××××××	0 1	0 0 0	
11111111	11111111	11111111	0×××××××	0 0	1 1 1	4
	...				...	
11111111	11111111	11111111	11111110	0 0	0 0 0	

第 1 片 74LS148 的优先级应该最高，即第 1 片应始终能正常工作，故第 1 片的 S' 接地。只有当 $A'_{31} \sim A'_{24}$ 均无效时，第 2 片才能工作，实现这个优先功能需将第 1 片的 Y'_S 接第 2 片的 S'；同理，只有当 $A'_{31} \sim A'_{16}$ 均无效时，第 3 片才能工作，故将第 2 片的 Y'_S 接第 3 片的 S'；只有当 $A'_{31} \sim A'_8$ 均无效时，第 4 片才能工作，故将第 3 片的 Y'_S 接第 4 片的 S'。

当对 $A'_{31} \sim A'_{24}$ 编码时，高 2 位输出编码 $Z_4 Z_3$ 应为 11；当对 $A'_{23} \sim A'_{16}$ 编码时，高 2 位输出 $Z_4 Z_3$ 应为 10；当对 $A'_{15} \sim A'_8$ 编码时，高 2 位输出 $Z_4 Z_3$ 应为 01；当对 $A'_7 \sim A'_0$ 编码时，高 2 位输出 $Z_4 Z_3$ 应为 00。

表 4.2.2　片选编码的对应关系

Y'_{EX1}	Y'_{EX2}	Y'_{EX3}	Y'_{EX4}	Z_4	Z_3
0	1	1	1	1	1
1	0	1	1	1	0
1	1	0	1	0	1
1	1	1	0	0	0
其他				×	×

$Y'_{EX}=0$ 表示芯片可以工作且有编码输入，$Y'_{EX}=1$ 表示芯片可以工作但无编码输入。可以用 4 个芯片的 4 个 Y'_{EX} 产生高 2 位编码的输出，对应关系如表 4.2.2 所示，可以理解为 4-2 线编码器的真值表。可以用第 5 片 74LS148 实现该 4-2 线编码器。令其 $I'_7 \sim I'_4$ 接 1 或悬空，$I'_3 \sim I'_0$ 分别接 Y'_{EX1}、Y'_{EX2}、Y'_{EX3}、Y'_{EX4}，将输出 $Y'_1 Y'_0$ 反相就可得到对应的高 2 位输出 $Z_4 Z_3$。

编码输出的低 3 位 $Z_2 Z_1 Z_0$ 应为原码输出，将 4 片 74LS148 输出的 $Y'_2 Y'_1 Y'_0$ 反相后再相或得到。依照上面分析，画出逻辑图如图 4.2.2 所示。

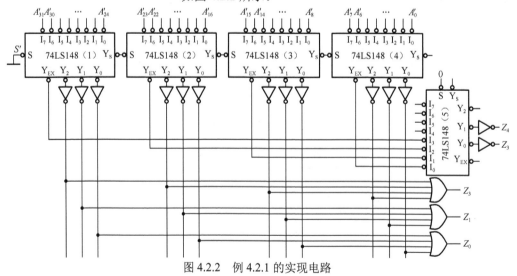

图 4.2.2　例 4.2.1 的实现电路

4.2.2 译码器扩展

例 4.2.2 用 4 片 74HC138 组成一个 5-32 线译码器,如图 4.2.3 所示,将输入的 5 位二进制数 $D_4D_3D_2D_1D_0$ 的 32 种状态译成 32 个独立的低电平信号 $Z'_0 \sim Z'_{31}$。

解:根据题目要求列出输入、输出关系如表 4.2.3 所示。

需要 4 片 74HC138,输出 $Z'_0 \sim Z'_7$、$Z'_8 \sim Z'_{15}$、$Z'_{16} \sim Z'_{23}$、$Z'_{24} \sim Z'_{31}$
分别接第 1、2、3、4 片的 $Y_0 \sim Y_7$。一片 74HC138 只有三个输入端,

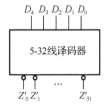

图 4.2.3 5-32 线译码器

现需对 5 位二进制数译码,将 4 片 74HC138 的 $A_2 \sim A_0$ 分别并联接到输入端低 3 位 $D_2 \sim D_0$,对高 2 位 D_4D_3,只能利用扩展端进行处理。可以知道各片是分时工作的,每片负责译出 3 位的 8 种组合。如表 4.2.3 所示,将 D_4D_3 译出 4 个独立电平,分别接各片的片选端来实现对应高 2 位的译码。74HC138 有三个扩展端 S_1、S'_2、S'_3,有多种方案可实现控制,选择 S'_2 和 S'_3 接地,即一直有效。对高 2 位 D_4D_3 译码,译出 4 个独立电平控制各片的 S_1,即 2-4 线译码器,这是最经济的一种接法,其输入、输出关系如表 4.2.4 所示。画出逻辑图如图 4.2.4 所示。

表 4.2.3 输入、输出关系

D_4D_3 $D_2D_1D_0$	$Z'_{31}\cdots Z'_{24}$	$Z'_{23}\cdots Z'_{16}$	$Z'_{15}\cdots Z'_8$	$Z'_7\cdots Z'_0$	芯片编号
0 0　0 0 0	11111111	11111111	11111111	11111110	
...		...			1
0 0　1 1 1	11111111	11111111	11111111	01111111	
0 1　0 0 0	11111111	11111111	11111110	11111111	
...		...			2
0 1　1 1 1	11111111	11111111	01111111	11111111	
1 0　0 0 0	11111111	11111110	11111111	11111111	
...		...			3
1 0　1 1 1	11111111	01111111	11111111	11111111	
1 1　0 0 0	11111110	11111111	11111111	11111111	
...		...			4
1 1　1 1 1	01111111	11111111	11111111	11111111	

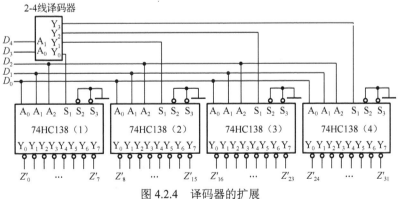

图 4.2.4 译码器的扩展

表 4.2.4   2-4 线译码器的输入、输出关系

D_4D_3	Y_0	Y_1	Y_2	Y_3
0 0	1	0	0	0
0 1	0	1	0	0
1 0	0	0	1	0
1 1	0	0	0	1

由图 4.2.4 进行扩展后的举例分析。

① $D_4D_3D_2D_1D_0$ 输入为 11001。此时 2-4 线译码器对 D_4D_3 译码，输出为表 4.2.4 的最下面一行。令第 4 片的 S_1 有效，第 1、2、3 片的 S_1 无效，故第 1、2、3 片的输出 $Z'_{23}\cdots Z'_{16}Z'_{15}\cdots Z'_8 Z'_7\cdots Z'_0$ 全为高电平。$D_2D_1D_0$ 使得第 4 片的 $A_2A_1A_0$ 为 001，此时选中其 Y'_1，即 Z'_{25} 为低电平，其他输出为 1。实现了对码 11001 的译码，即 Z'_{25} 有效。

② $D_4D_3D_2D_1D_0$ 输入为 00000。此时 2-4 线译码器对 D_4D_3 译码，输出为表 4.2.4 的第 1 行。令第 1 片的 S_1 有效，第 2、3、4 片的 S_1 无效，故第 2、3、4 片的输出 $Z'_{31}\cdots Z'_{24}Z'_{23}\cdots Z'_{16}Z'_{15}\cdots Z'_8$ 全为高电平。$D_2D_1D_0$ 使得第 1 片的 $A_2A_1A_0$ 为 000，此时选中其 Y'_0，即 Z'_0 为低电平，其他输出为 1。实现了对 00000 的译码，即 Z'_0 有效。

4.2.3   数据选择器扩展

例 4.2.3   用一片双 4 选 1 数据选择器 74LS153 扩展成如图 4.2.5 所示的 8 选 1 数据选择器。

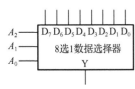

图 4.2.5   例 4.2.3 的图

解： 输入、输出关系如表 4.2.5 所示，两片 4 选 1 数据选择器分时工作实现 8 选 1 数据选择器。将 $D_0\sim D_7$ 分别接两片 4 选 1 数据选择器的相应数据输入端，两片低位地址 $A_0\sim A_1$ 分别接两片 4 选 1 数据选择器的 $A_0\sim A_1$。高位地址 A_2 接两片 4 选 1 数据选择器的片选端，A_2 接第 1 片的 S'_1，A'_2 接第 2 片的 S'_2。$A_2=0$ 时第 2 片不工作，第 1 片工作，对应 A_1A_0 的 4 种取值组合，分别把 $D_0\sim D_3$ 经 $D_{10}\sim D_{13}$ 送到 Y_1 输出。$A_2=1$ 时第 1 片不工作，第 2 片工作，对应 A_1A_0 的 4 种取值组合，分别把 $D_4\sim D_7$ 经 $D_{20}\sim D_{23}$ 送到 Y_2 输出。最后把 Y_1 和 Y_2 两片输出相或就是 8 选 1 数据选择器的输出。连线如图 4.2.6 所示。

表 4.2.5   输入、输出关系

$A_2A_1A_0$	输出	芯片编号
0 0 0	$Y=D_0$	
0 0 1	$Y=D_1$	
0 1 0	$Y=D_2$	1
0 1 1	$Y=D_3$	
1 0 0	$Y=D_4$	
1 0 1	$Y=D_5$	
1 1 0	$Y=D_6$	2
1 1 1	$Y=D_7$	

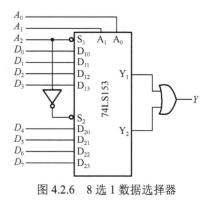

图 4.2.6   8 选 1 数据选择器

4.2.4   译码器实现逻辑函数

中规模芯片还可以用来实现逻辑函数。加法器、编码器、数值比较器只能实现特定功能的逻辑函数，而译码器、数据选择器则可以实现所有的逻辑函数。

任一逻辑函数都可以写成标准与或式，即最小项之和的形式。有 n 个地址输入端的二进制译码器，对应有 2^n 个信号输出端，且每个信号输出端对应着 n 个输入变量的一个最小项，故可以利用

译码器和必要的门实现逻辑函数。如图 4.2.7 所示，74LS138 输出的是以 A_2、A_1 和 A_0 为地址变量的 8 个最小项的非，反相后得到对应的最小项。

例 4.2.4 试用一片 74LS138 和相应的门实现下面多个三变量函数：

$$\begin{cases} Z_1 = AC' + A'BC + AB'C \\ Z_2 = BC + A'B'C \\ Z_3 = A'B + AB'C \\ Z_4 = A'BC' + B'C' + ABC \end{cases}$$

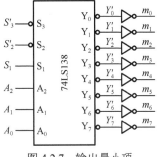

图 4.2.7 输出最小项

解：首先把三变量函数转换为最小项之和的形式：

$$\begin{cases} Z_1 = AC' + A'BC + AB'C = m_3 + m_4 + m_5 + m_6 \\ Z_2 = BC + A'B'C = m_1 + m_3 + m_7 \\ Z_3 = A'B + AB'C = m_2 + m_3 + m_5 \\ Z_4 = A'BC' + B'C' + ABC = m_0 + m_2 + m_4 + m_7 \end{cases}$$

令译码器的三个扩展端 $S_1 S_2' S_3'$ 接 100，并保证片选端一直有效，即芯片处于工作状态。输入变量 A、B、C 对应连接 74LS138 的 A_2、A_1、A_0，74LS138 的 8 个输出对应的是三变量 A、B、C 的 8 个最小项的非，反相后得 8 个最小项 $m_0 \sim m_7$。

对应逻辑函数的最小项之和的标准形式，分别用 4 个或门即可实现 4 个逻辑函数。如图 4.2.8 所示。

当然，也可以用与非门实现这 4 个逻辑函数，如图 4.2.9 所示，这时需要把逻辑式转换为与非与非形式：

$$\begin{cases} Z_1 = m_3 + m_4 + m_5 + m_6 = (m_3' \cdot m_4' \cdot m_5' \cdot m_6')' \\ Z_2 = m_1 + m_3 + m_7 = (m_1' \cdot m_3' \cdot m_7')' \\ Z_3 = m_2 + m_3 + m_5 = (m_2' \cdot m_3' \cdot m_5')' \\ Z_4 = m_0 + m_2 + m_4 + m_7 = (m_0' \cdot m_2' \cdot m_4' \cdot m_7')' \end{cases}$$

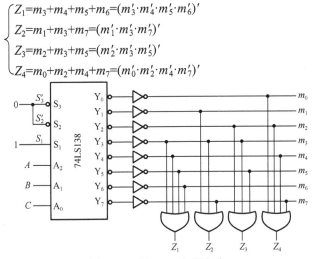

图 4.2.8 例 4.2.4 实现电路 1

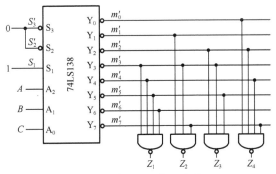

图 4.2.9 例 4.2.4 实现电路 2

一片 74LS138 可以实现多个三变量函数。如果是四变量、五变量函数，则需先把 2 片、4 片 74LS138 级联成 4-16 线、5-32 线译码器，再用同样的方法实现逻辑函数。

4.2.5　数据选择器实现逻辑函数

数据选择器的应用非常广泛，也是构成 FPGA（现场可编程逻辑门阵列）器件内部查找表的基本单元。其输出与输入的逻辑函数关系称为带系数的输入变量的全体最小项之和的逻辑式。8 选 1 数据选择器的输入、输出关系如下：

$$Y=D_0(A_2'A_1'A_0')+D_1(A_2'A_1'A_0)+D_2(A_2'A_1A_0')+D_3(A_2'A_1A_0)+D_4(A_2A_1'A_0')+D_5(A_2A_1'A_0)+$$
$$D_6(A_2A_1A_0')+D_7(A_2A_1A_0)$$

三个地址选择端 $A_2 \sim A_0$ 可以写成带系数的地址变量的全体最小项之和形式：

$$Y=D_0m_0+D_1m_1+D_2m_2+D_3m_3+D_4m_4+D_5m_6+D_6m_6+D_7m_7 \tag{4-1}$$

如果把逻辑函数的输入变量接到数据选择器的地址选择端，把数据选择器的数据输入端作为控制信号，数据为 1 对应的最小项就会出现在逻辑式中，数据为 0 的则不会出现。数据选择器可以通过控制地址码选中一个数据输入源，并送到输出端，实现逻辑函数。

例 4.2.5　分别利用 4 选 1 数据选择器、8 选 1 数据选择器实现三变量函数。

$$Z=A'B'C'+AC+A'BC$$

解：① 用 8 选 1 数据选择器实现。先把逻辑函数转换为最小项之和的形式：

$$Z=A'B'C'+ABC+AB'C+A'BC$$

然后写成带系数的地址变量的全体最小项之和的逻辑式：

$$Z=1 \cdot A'B'C'+ 0 \cdot A'B'C+0 \cdot A'BC'+1 \cdot A'BC+0 \cdot AB'C' + 1 \cdot AB'C+ 0 \cdot ABC'+1 \cdot ABC$$

令 8 选 1 数据选择器 74LS151 的 A_2、A_1、A_0 分别接输入变量 A、B、C，与式（4-1）进行比较，得出 8 个数据输入端的值如下：

$$D_0=1，D_1=0，D_2=0，D_3=1，D_4=0，D_5=1，D_6=0，D_7=1$$

令 8 选 1 数据选择器片选端有效，8 个数据输入端接相应的高、低电平，如图 4.2.10 所示，实现了逻辑函数。

逻辑函数真值表如表 4.2.6 所示，也可以直接通过真值表快速画出逻辑图。

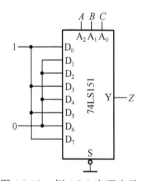

图 4.2.10　例 4.2.5 实现电路 1

表 4.2.6　真值表

A	B	C	Z
0	0	0	1
0	0	1	0
0	1	0	0
0	1	1	1
1	0	0	0
1	0	1	1
1	1	0	0
1	1	1	1

② 用 4 选 1 数据选择器实现。三变量函数用 8 选 1 数据选择器实现，不管是逻辑式对比，还是直接由真值表画电路，都可以知道数据输入端 D 的数据不是 1 就是 0。其实还可以有第三种情况，即变量表示。这样就可以用 4 选 1 数据选择器 74LS153 实现三变量函数。同样，要先把逻辑函数变为最小项之和的形式，从三个变量中任意选择两个接 74LS153 的地址选择 A_1 和 A_0，这里选择 B 接 A_1，C 接 A_0，则把逻辑式变换为对应 B、C 两个变量的 4 个最小项之和的形式：

$$Z=A'B'C'+AB'C+0\cdot BC'+(A'+A)BC \qquad (4\text{-}2)$$
$$Y=D_0B'C'+D_1B'C+D_2BC'+D_3BC \qquad (4\text{-}3)$$

将上述两式进行比较得 4 个数据输入端的值如下：

$$D_0=A', \quad D_1=A, \quad D_2=0, \quad D_3=1$$

画出对应的逻辑图如图 4.2.11 所示。

因此，一片 N 选 1 数据选择器可以实现有 N 或 $N+1$ 个输入变量的逻辑函数，但一片数据选择器一次只能实现一个逻辑函数。

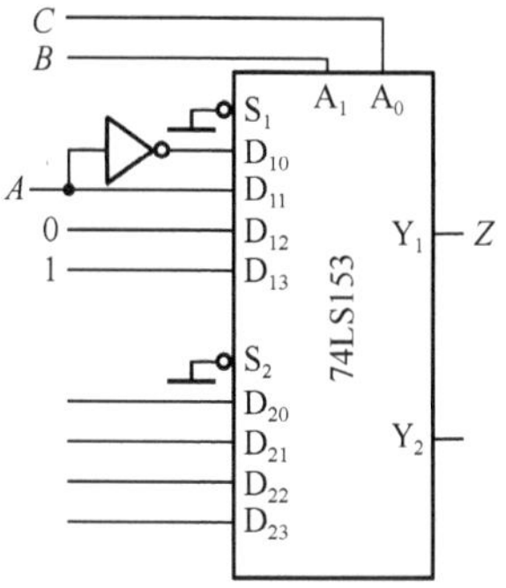

4.2.6 算术逻辑单元的设计

算术逻辑单元（ALU）是计算机用来进行算术、逻辑运算的部件，是计算机的大脑，也是现代计算机的基石。基本上，计算机所

图 4.2.11 例 4.2.5 实现电路 2

有的操作都会用到它。通过简单 ALU 的设计掌握层次化、模块化的设计思想，锻炼用小、中、大规模芯片进行电路设计解决实际工程问题的能力。本例在 Multisim 软件中进行原理图及封装图的绘制。

设计要求：设计一个基于全加器的 ALU，能够实现两个 4 位二进制数 A 和 B 的算术、逻辑运算。算术运算包括加、减、自加和自减，逻辑运算包括与、或、恒等和取反。ALU 的框图如图 4.2.12 所示，其中 M、S_1 和 S_0 用于控制执行哪种运算。

分析要求：有两个操作数 A、B，要进行 4 种算术运算（$A+B$、$A-B$、$A+1$ 和 $A-1$）和 4 种逻辑运算（$A\cdot B$、$A+B$、A 和 A'）。基于全加器是因为计算机中的加法、减法和逻辑运算都可以转为加法实现，全加器不需要设计，只需设计操作码生成器，连接方式如图 4.2.13 所示。操作码生成器根据需要的运算功能，把 A 和 B 先组合成由 M、S_1 和 S_0 控制的逻辑函数 X 和 Y，然后再将 X 和 Y 及低位来的进位通过全加器进行全加运算。这样，由不同的控制参数可以得到不同的逻辑函数，因而能够实现多种算术运算和逻辑运算。

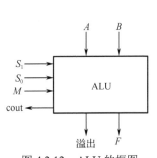

图 4.2.12　ALU 的框图

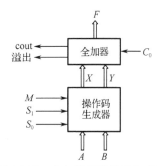

图 4.2.13　全加器和操作码生成器

操作码由 M、S_1 和 S_0 组成，是 3 位二进制数。$M=0$，执行逻辑运算；$M=1$，执行算术运算。S_1S_0 的 4 种取值组合控制执行不同的算术、逻辑运算，然后输出一个结果 F。另外，ALU 还需要标志位来表示计算的状态。一般有两个标志位：进位标志位（cout），用于表示这次计算有没有进位；溢出标志位，用于表示结果是否超出对应位数可以表示的数字。高级的 ALU 中会有很多的标志位，帮助处理器更快、更方便地完成运算。列出操作码生成器功能表如表 4.2.7 所示。

表 4.2.7 中，M、S_1 和 S_0 的组合用于控制实现 8 种运算：取反、与、恒等、或、自减、加、减、自加。全加器的输入为 X、Y 和 C_0。因为所有运算都要换成加法实现，所以关键是列出全加器的输入 X、Y 与 ALU 的输入信号 A、B 之间的关系：

$$X=MS_1'B+MS_0'B'$$
$$Y=M'S_1'S_0'A'+ M'S_1S_0B+ M'S_0AB+ M'S_1A+MA$$

全加器的本位和 S 与向高位进位输出 Ci_1 分别对应图 4.2.13 中的 F 与 cout：

$$S = X \oplus Y \oplus C_0$$

$$Ci_1 = (X \oplus Y)C_0 + XY$$

表 4.2.7　操作码生成器功能表

M	S_1	S_0	功能	逻辑式	Y	X	C_0
0	0	0	取反	A'	A'	0	0
0	0	1	与	$A \cdot B$	$A \cdot B$	0	0
0	1	0	恒等	A	A	0	0
0	1	1	或	$A+B$	$A+B$	0	0
1	0	0	自减	$A-1$	A	全1	0
1	0	1	加	$A+B$	A	B	0
1	1	0	减	$A+B'$	A	B'	1
1	1	1	自加	$A+1$	A	全0	1

　　将体现 X、Y 与 A、B 之间关系的模块分别称为 TT、AE 模块，用基本逻辑门实现，分别画出电路原理仿真图如图 4.2.14（a）、（b）所示。全加器模块也可以使用现成的模块 183。这里为了练习模块化的设计，也把它当作一个模块进行了设计如图 4.2.14（c）所示。最后将它们进行封装，仿真框图如图 4.2.15 所示。

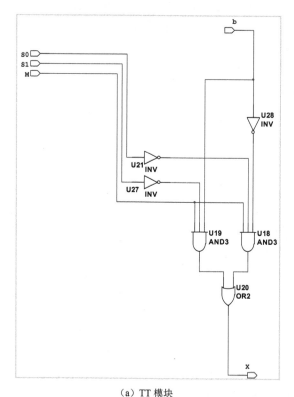

（a）TT 模块

图 4.2.14　TT、AE、全加器模块的电路原理仿真图

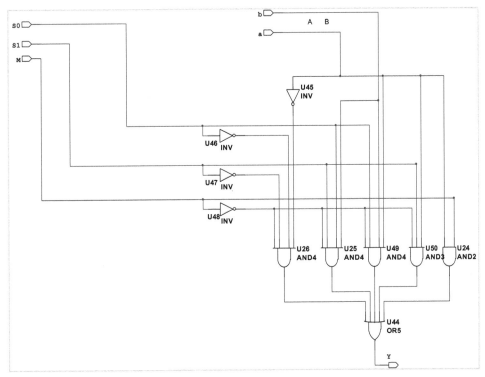

（b）AE 模块

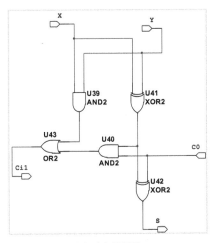

（c）全加器模块

图 4.2.14　TT、AE、全加器模块的电路原理仿真图（续）

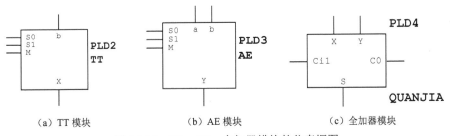

（a）TT 模块　　　　（b）AE 模块　　　　（c）全加器模块

图 4.2.15　TT、AE、全加器模块的仿真框图

为了验证功能是否正确，先进行两个 1 位二进制数的运算，ALU 仿真图如图 4.2.16 所示。

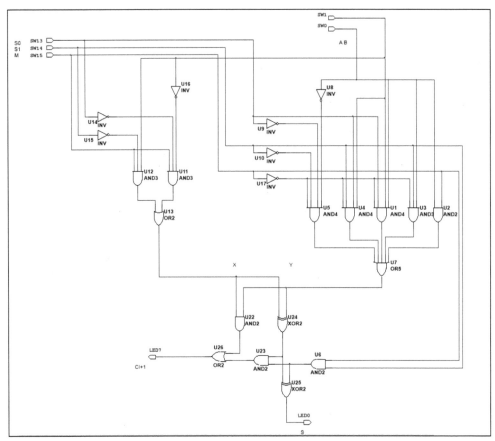

图 4.2.16　实现两个 1 位二进制数运算的 ALU 仿真图

　　然后需要搭建实现两个 4 位二进制数运算的 ALU 层次模块，与 1 位二进制数的不同，这里要考虑溢出。最低位的进位只有在算术运算减和自加时才为 1。根据溢出的定义，溢出标志位用高两位的异或实现，如图 4.2.17 所示。

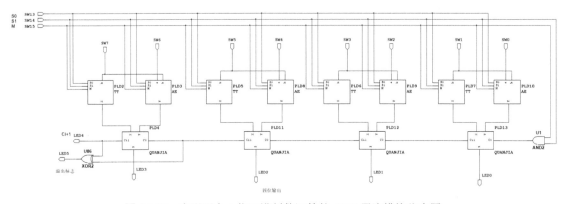

图 4.2.17　实现两个 4 位二进制数运算的 ALU 层次模块仿真图

　　当然，可以将实现两个 4 位二进制数运算的 ALU 进行封装，在 Multisim 中进行仿真验证，如图 4.2.18 所示。

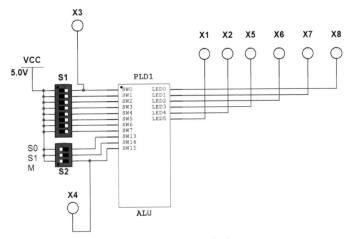

图 4.2.18　ALU 仿真验证

仿真输入用两个拨码开关 S1 和 S2，S1 对应产生两个 4 位二进制数 A 和 B，S2 对应产生信号 M、S_1 和 S_0，输出接 LED。

4.3　竞争-冒险

4.3.1　竞争-冒险的定义

前面系统介绍了组合逻辑电路的分析方法与设计方法。不管简单电路还是复杂系统，设计完成后的可靠性是最基本的。在设计阶段就要考虑全面，电路应该在所有可能的情况下都能正确运行。实际中，电路的输入信号是变化的，前面对电路的分析和设计都基于在输入信号处于稳定状态下，且没有考虑门的传输延时。本节将分析实际电路中输入信号逻辑电平发生变化、门有传输延时等情况。

图 4.3.1（a）的逻辑函数为 $Y=AB+B'C$，假设与、或、非三种门的传输延时都是 2ns，当输入信号 $A=C=1$ 时，输入信号 B 从高电平 1 变化为低电平 0，由 $Y=B+B'$ 可知，输出信号 Y 应保持 1 不变。

实际电路中，输入信号 B 要到达图 4.3.1（a）中 1 的位置，需经过一个与门的延时 2ns，要到达 2 的位置则需经过非门和与门这两个门的延时 4ns，波形如图 4.3.1（b）所示。输入信号 B 到达最后一级或门的路径不同，延时也会不同，这将造成输出信号 Y 有 2ns 的时间为低电平 0。这个极窄的 2ns 时间的低电平尖峰脉冲，也称为电压毛刺 1。尖峰脉冲虽然时间很短但不符合稳态下电路的逻辑功能，会使电路产生内部噪声。如果输出信号 Y 要驱动后续电路，电压毛刺可能会造成后续电路的误动作。

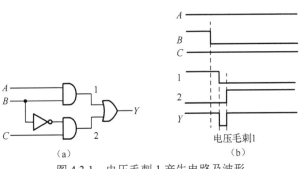

（a）　　　　　　　　　　　（b）

图 4.3.1　电压毛刺 1 产生电路及波形

类似地，图 4.3.2（a）是逻辑函数 $Y=(A+B)(B'+C)$ 的实现电路。当输入信号 $A=C=0$ 时，如果输入信号 B 发生从低电平 0 到高电平 1 的变化，根据 $Y=BB'$ 可知，输出信号 Y 不会一直保持 0 不变，而是有 2ns 的高电平尖峰脉冲，也称为电压毛刺 2，如图 4.3.2（b）所示。

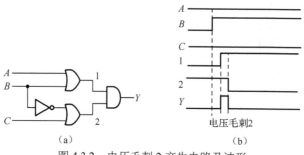

（a）   （b）

图 4.3.2　电压毛刺 2 产生电路及波形

图 4.3.1（a）和图 4.3.2（a）电路产生尖峰脉冲的分析是在假定条件下发生的，对于图 4.3.1（a）中输入信号不是 $A=C=1$ 的情况，图 4.3.2（a）中输入信号不是 $A=C=0$ 的情况，不会产生尖峰脉冲。如果一个逻辑式能在一定条件下简化为一个变量的原变量和反变量相或或者相与的形式，例如，$Y=B+B'$ 或者 $Y=BB'$，即门的两个输入信号同时向相反的逻辑电平变化，则会产生竞争。产生竞争时，如果出现电压毛刺则称为产生了冒险。

4.3.2　消除竞争-冒险的方法

毛刺可能会造成电路的误动作，对电路产生坏影响。在设计电路时就要考虑到这一点，这里仅介绍如何消除由于一个变量变化造成的竞争-冒险的情况。常用方法有添加冗余项、引入选通脉冲和输出端并联电容三种。

1．添加冗余项

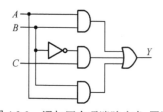

图 4.3.3　添加冗余项消除竞争-冒险

刚刚分析了，逻辑函数 $Y=AB+B'C$ 在 $A=C=1$ 的情况下变为 $Y=B+B'$，会产生竞争-冒险。如果把 $AB+B'C$ 的冗余项 AC 添加到逻辑式中，逻辑函数变为 $Y=AB+B'C+AC$，加上这个冗余项后，逻辑功能不变，但当 $A=C=1$ 时，输出 $Y=1$，不论变量 B 怎么变，都不会产生竞争-冒险。电路如图 4.3.3 所示。这种方法适用于只有一个变量变化且电路不复杂的情况。

2．引入选通脉冲

这种方法利用与门的门控作用，在最后一级输出之前引入选通脉冲 P，如图 4.3.4 所示。在输入信号发生变化可能产生竞争-冒险时，令选通脉冲 P 为 0，将最后一级输出与门封锁住；在信号稳定后，再令选通脉冲 P 为 1，打开输出门。输出信号，就能够有效消除竞争-冒险。

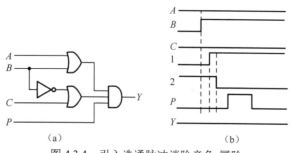

（a）   （b）

图 4.3.4　引入选通脉冲消除竞争-冒险

引入选通脉冲是一种理论上的方法，因为在复杂电路中，没有办法确定输入信号什么时候的变化会产生竞争-冒险。所以这种方法并不实用。

3．输出端并联电容

在输出端并联一个小电容到地，如图 4.3.5 所示，在输入信号 A 和 C 都是低电平的情况下，输入信号 B 从 0 变成 1，会经过不同的路径和延时，会造成输出信号 Y 产生电压毛刺 1。这个高电平对电容充电，但由于毛刺时间很短，电容还没充到高电平又迅速放电。所以输出信号 Y 会有一个小的电压变化，波形如图（b）所示，但该电压变化达不到逻辑 1 电平规定的最低电压值，所以电路的逻辑关系不会改变。这种方法简单可靠、可操作性强，但由于电容的存在会影响电路的速度。

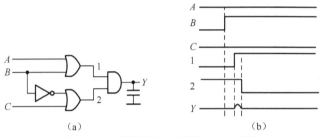

（a） （b）

图 4.3.5　并联滤波电容消除竞争-冒险

本章小结

本章介绍了几种常用的组合逻辑电路：加法器、译码器、数据选择器、编码器、数值比较器，以及这些电路的功能、工作原理和应用。通过对上述电路的学习，可以进一步强化对组合逻辑电路的分析和设计方法理解。

组合逻辑电路的分析和设计方法适用于小规模集成电路，目前电路规模越来越大，功能越来越强，这就需要层次化和模块化设计的思想。本章通过例子介绍了相关的方法和过程。

本章最后介绍了实际工作中常遇到的竞争-冒险问题，这是由于器件的延时造成的，还介绍了消除竞争-冒险的几种方法。

习题 4

4-1　编码器和译码器有什么区别？其过程是互逆的吗？

4-2　利用 3-8 线译码器 74LS138 扩展实现 4-16 线译码器，需要几片 74LS138？要求用最经济可靠的方法实现，并画出逻辑图。

4-3　试用 3-8 线译码器 74LS138 和必要的门电路实现下列逻辑函数，并画出逻辑图。

$$Y_1=AC'+A'BC+AB'C$$
$$Y_2=BC+A'B'C$$
$$Y_3=A'B+AB'C$$
$$Y_4=A'BC'+ABC+B'C'$$

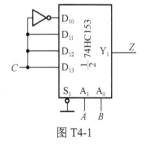

4-4　试用 9 片 3-8 线译码器实现 6-64 线译码器，并画出逻辑图。

4-5　试用 9 片 8 选 1 数据选择器组成 64 选 1 数据选择器，并画出逻辑图。

4-6　分析图 T4-1 所示电路的功能，写出输出 Z 对应的逻辑式。

图 T4-1

4-7　试用 8 选 1 数据选择器 74HC151 实现逻辑函数：

$$Y=AC'D+A'B'CD+BC'D'+BC$$

4-8 用数据选择器设计实现用三个开关控制一盏电灯的逻辑电路，要求改变任何一个开关的状态都能控制电灯由亮变灭或者由灭变亮。

4-9 用 8 选 1 数据选择器 74HC151 设计一个函数信号发生器电路，要求的功能如表 T4-1 所示。

表 T4-1

G1	G0	Y
0	0	AB
0	1	$A+B$
1	0	$A \oplus B$
1	1	A'

4-10 用两片双 4 选 1 数据选择器和与非门实现循环码至 8421 码的转换，并画出逻辑图。

4-11 用一片译码器 74LS148 和与非门实现 8421 优先编码器，并画出逻辑图。

4-12 用一片 4-16 线译码器将 8421 码转换为余 3 码，写出逻辑式。

4-13 用一片加法器 74LS283 实现将 8421 码转换为余 3 码，并画出逻辑图。

4-14 试用加法器 74LS283 和必要的门电路设计一个加/减法逻辑电路，当控制信号 $S=0$ 时，将两个输入的 4 位二进制数相加；当控制信号 $S=1$ 时，将两个输入的 4 位二进制数相减（假定两数相加的绝对值不大于 15）。

4-15 设计能执行下列运算组合的逻辑单元。

（1）与非、或非、传输和取反；

（2）与、或、非；

（3）异或和同或。

4-16 两个组合逻辑电路的输出分别为 Y_1、Y_2，逻辑式如下，请问这两个电路是否会产生逻辑冒险？

$$Y_1 = AB' + A'B$$
$$Y_2 = (AB + A'C)'$$

第 5 章　Verilog HDL 设计基础

学习了组合逻辑电路的分析与设计后，可以用真值表、逻辑图、逻辑式、卡诺图描述数字电路。我们可以很容易设计并画出一个 3-8 线译码器的逻辑图，当然 10 个也没问题，但是 10 万、100 万个就难了。如果换用抽象的文本语言表达则容易得多。硬件描述语言（Hardware Description Language，HDL）是一种以文本形式来描述数字系统硬件结构和行为的语言，发展至今已有 30 多年的历史，小到密码锁，大到 CPU 都可以描述。使用硬件描述语言，借助电子设计自动化（EDA）工具，可以实现数字电路从抽象到具体的逐层次的描述，可以进行仿真验证、生成门级电路网表，最后实现具体电路的布线和综合。据统计，目前美国硅谷约有 90% 以上的 ASIC 和 FPGA 器件采用硬件描述语言设计。

Verilog HDL 和 VHDL 均采用 IEEE 标准，是目前世界上最流行的两种硬件描述语言。Verilog HDL 是在用途最广泛的 C 语言基础上发展起来的，其最大的特点就是易学易用。

Verilog HDL 是一种标准化的、全功能的硬件描述语言。可编程逻辑器件（PLD）的出现，降低了数字电路的设计门槛，使得人人可以设计 IC。

本章重点介绍 Verilog HDL 的基本结构、基本要素和基本语句。

5.1　Verilog HDL 的基本结构

5.1.1　模块

模块（module）是 Verilog HDL 最基本的概念，是 Verilog HDL 程序设计中的基本单元。用 Verilog HDL 设计的系统可以只有一个模块，也可以有若干模块嵌套。如果是若干模块嵌套，只能有一个顶层模块把各模块连接成整个系统，每个模块实现特定的功能，模块是分层的，高层模块通过调用、连接低层模块来实现复杂的功能。下面通过两个具体实例对模块的基本结构进行解析。

例 5.1.1　半加器。

解：图 5.1.1 为半加器框图，用 Verilog HDL 描述如下：

```
module half_adder (a,b,ci,s,co);    //模块名为 half_adder，有 a,b,ci,s,co 这 5 个端口
    input a,b, ci;                  //模块的输入端口为 a,b,ci
    output s,co;                    //模块的输出端口为 s,co
    assign {co,s}=a+b+ci;           //逻辑功能定义
endmodule                           //模块结束
```

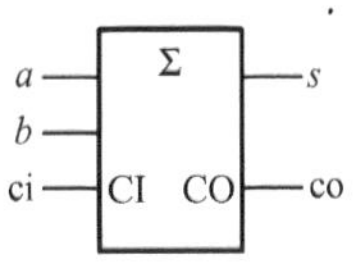

图 5.1.1　半加器框图

例 5.1.2　二输入与门。

解：
```
module and2 (a, b, y);              //模块名为 and2，有 a,b,y 这三个端口
    input a, b;                     //模块的输入端口为 a,b
    output y;                       //模块的输出端口为 y
    reg y;                          //声明信号数据类型
    always@ (a or b)                //逻辑功能定义
        y=#2 a&b;
endmodule                           //模块结束
```

由上面的例子可见，Verilog HDL 程序具有以下特点：① 程序是由模块构成的，每个模块实现特定的功能，其内容都嵌在 module 和 endmodule 之间。② 每个模块首先要进行端口定义，并指明是输入端口、输出端口或双向端口（input、output 或 inout），然后对模块的功能进行定义。③ 程序书写格式自由，一行可以写几条语句，一条语句也可以分多行写。④ 除了 endmodule 等少数语

句，每条语句的最后必须用分号"；"，表示该语句结束。⑤ 可以用/*…*/和//…两种格式对做注释，为增强程序的可读性和可维护性，应加上必要的注释。

Verilog HDL 程序包括 4 个主要部分：模块声明、端口定义、信号数据类型声明和逻辑功能定义。

1. 模块声明

我们用 module 和 endmodule 来标记模块的开始和结束，在它们之间的语句都属于本模块。模块声明包括模块名、模块输入和输出端口列表。模块声明格式如下：

　　　　module 模块名 (端口 1,端口 2,端口 3,…)；

在一个项目中，模块名应该是唯一的，可以作为例化模块时的声明凭证。标识符是我们在编写程序时给要描述的"东西"起的名字，如源文件名、模块名、端口名、变量名、常量名、实例名等，标识符可以是任意数量的字母、数字、符号"$"或"_"（下画线）的组合。注意，标识符的第一个字符必须是字母（a～z，A～Z）或者下画线，标识符区分大小写。Verilog HDL 内部预定义了一些词用来说明语言的结构、语句的表述或特定值，如 module，称为关键字（保留字）。用户不能使用这些关键字作为标识符。注意，所有关键字都是小写的，关键字 always 与标识符 aLWaYs（非关键字）是不同的。

以下都是合法的标识符：

　　a_99_Z　　　Reset　　　_54MHz_Clock$　　　Module（注意它与 module 不同）

以下都是不合法的标识符：

　　123a　　　$data　　　module　　　7seg.v

关键字

模块的端口列表中，每个端口都需要给出一个名称，例 5.1.2 中二输入与门的对外端口分别是 a、b 和 y。

2. 端口定义

端口是模块与外部电路连接的通道，就像实际使用的元器件的引脚一样，包括输入端口、输出端口和双向端口三种类型。如果端口以总线方式出现，那么需要在端口定义时明确地给出其位宽。常用的端口定义方式如下。

　　　　输入端口：input 端口名 1,端口名 2,…,端口名 n；
　　　　　　　　　input[n-1:0] 端口名；
　　　　输出端口：output 端口名 1,端口名 2,…,端口名 n；
　　　　　　　　　output[n-1:0] 端口名；
　　　　双向端口：inout 端口名 1,端口名 2,…,端口名 n；
　　　　　　　　　inout[n-1:0] 端口名；

其中，n 为端口的位宽，用 n-1:0 的形式表示。

3. 信号数据类型声明

因为数字电路中所有信息都用 0、1 表示，为便于管理，对模块中用到的所有信号都必须进行数据类型的声明，以模拟实际电路中的各种物理连接和物理实体，即信号的数据类型是指端口中流动的数据的表达格式或取值类型。例如，复杂电路由多个模块构成，描述其内部各模块的连接关系之间的连线是一个内部信号，需要声明一个 wire（线）型。模块各输入、输出端口都与实际物理连线对应，也都定义为 wire 型。如果信号类型没有声明，综合器将默认其为 wire 型。需要寄存的则声明为 reg 型。例如：

　　　　wire a,b,c,y ;　　　　　　//声明信号 a,b,c,y 为 wire 型
　　　　wire [3:0] cn;　　　　　　//声明信号 cn 为 4 位 wire 型
　　　　reg cout;　　　　　　　　//声明信号 cout 为 reg 型

也可以将端口定义和信号数据类型声明放在一条语句中，例如：

    output reg f;   //f 为输出端口，数据类型为 reg 型

    output reg [3:0] cn;   //cn 为输出端口，数据类型为 reg 型

还可以将端口定义和信号数据类型声明放在模块声明的端口列表中，例如：

    module and2 (input wire a, b, output reg y);

      always@(a or b)

        y= a&b;

    endmodule

4．逻辑功能定义

这是一个模块中最重要的部分，它描述了该模块的逻辑功能，在 Verilog HDL 程序中，描述电路功能和建立电路模型的含义是相同的，可以有多种描述方式，将在 5.1.2 节中具体介绍。

5.1.2　Verilog HDL 的描述方式

在 Verilog HDL 中描述电路功能的方式有多种。

下面以半加器的三种实现方式举例说明 Verilog HDL 模块逻辑功能的描述方式。

半加器的框图和逻辑图如图 5.1.2 所示，根据如表 5.1.1 所示的真值表写出逻辑式：

$s=a'b+ab'=a \oplus b$

$c=ab$

表 5.1.1　半加器真值表

a	b	s	c
0	0	0	0
0	1	1	0
1	0	1	0
1	1	0	1

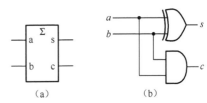

图 5.1.2　半加器的框图和逻辑图

（1）数据流描述方式

对于组合逻辑电路，可以用连续赋值语句 assign 描述输入与输出之间的逻辑关系，称为数据流描述方式，语法格式如下：

    assign[延时] 变量名=表达式;

等号右边为表达式，无论何时，只要其中的操作数发生变化，都要重新计算表达式的值，并且将计算结果在指定的延时后赋给左边的变量。延时与电路的具体实现方式有关，如果没有定义延时，则默认为 0。注意，等号左边只能是 wire 型的变量或输出端口。半加器的数据流描述如下：

    module h_add (a, b, s, c)

      input a,b;

      output c;

      assign s=a^b;

      assign c=a&b;

    endmodule

其中，^表示异或操作，&表示与操作，这里没有定义延时，即表示延时为 0。

assign 语句还有另一种描述方式：

    assign [延时] 变量名=(表达式 1) ? (表达式 2) : (表达式 3)

其含义是：计算表达式 1 的值，如果为 1，就将表达式 2 的计算结果赋给等号左边的变量，否则将表达 3 的计算结果赋给等号左边的变量。

下面的代码是正确的：

        assign ＃2 dout=(dina&dinb&dinc)？1：0

可以用以下注释说明：

        /*如果 dina&dinb&dinc 结果为 1，那么 dout 的值是 1，否则是 0*/

（2）行为描述方式

Verilog HDL 的行为描述方式更接近于人的思维，也称为高级语言描述，必须使用 always 语句，具体见 5.3.1 节。

半加器的行为描述如下：

```
module h_add (a, b, s, c)
    input a,b;
    output s,c;
    reg s,c;
    always @ (a or b)          //@后面为敏感信号表达式
      begin
        case ({a, b})
          2'b00: begin s=0; c=0; end
          2'b01: begin s=1; c=0; end
          2'b10: begin s=1; c=0; end
          2'b11: begin s=0; c=1; end
        endcase
      end
endmodule
```

只要输入信号 a、b 有变化，就根据 a、b 的值按真值表对输出信号 s 和 c 赋值。注意，always 语句内部的赋值语句等号左边必须是 reg 型的变量或输出端口，并且必须在 always 语句前用 reg s,c;这样的语句定义，这是 always 语句严格要求的。

（3）结构描述方式

所谓结构描述，就是通过调用逻辑元件、描述它们之间的连接来建立电路。结构描述是实现层次化、模块化设计的重要方法。结构描述也可以理解为将传统意义上的逻辑图转换为 Verilog HDL 的文本描述，尤其是复杂电路用一张电路图画不下时，更能体现其优越性。逻辑元件是指 Verilog HDL 内置逻辑门、自主开发的已有模块、商业 IP 模块等。一个大型数字系统自顶向下的设计就是，先分解为多个子系统，各子系统设计好后可以被当作元件用在上层系统中，当然各子系统的设计也可继续往下分解，使用同样方法设计，这就是层次化、模块化的含义。

例如，已知用数据流描述的全加器程序如下：

```
module   f_adder ( cout,sum,ain,bin,cin );
    output   cout,sum;
    input    ain,bin,cin;
    assign {cout,sum}=ain+bin+cin;
endmodule
```

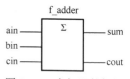

图 5.1.3　全加器的框图

之后，f_adder 就可以看作一个元件，其框图如图 5.1.3 所示。

Verilog HDL 内置逻辑门的元件模型端口是按输出端口、输入端口、控制端口的顺序排列的。只有一个输出端口，有多个输入端口的与门、或门、与非门等描述如下：

        <门元件名> (<输出>,<输入 1>,<输入 2> , … , <输入 n>)

带控制端口的三态门描述如下：

        <元件名> (<数据输出>, <数据输入>, <控制输入>)

自主开发的已有模块、商业 IP 模块的端口顺序使用程序原有的顺序。

调用元件需要使用元件例化语句。元件例化语句有以下两种方式。

方式 1：   方式 2：
    <模块元件名><例化元件名>(<模块元件名><例化元件名>(
        例化元件连接端口 1 的信号名，   .模块元件端口 1（例化元件连接端口 1 的信号名），
        例化元件连接端口 2 的信号名，   .模块元件端口 2（例化元件连接端口 2 的信号名），
        …   …
        例化元件连接端口 n 的信号名）;   .模块元件端口 n（例化元件连接端口 n 的信号名））;

方式 1 中直接将连接在被例化元件各个端口上的实际信号排列出来，这种方法显得比较简洁，但要求实际信号的排列顺序与模块定义时的端口顺序必须完全一致，不能变化，否则就会出错。例如，图 5.1.2 中半加器的与门和异或门如果使用模块定义时的端口顺序，则半加器的结构描述如下：

```
module h_add (a, b, s, c)        //半加器的名字，端口定义
    input a, b;
    output s, c;
    and (c, a, b);               //a, b 连接到与门的输入端口，c 连接到与门的输出端口
    xor (s, a, b);               //a, b 同时连接到异或门的输入端口，s 连接到异或门的输出端口
endmodule
```

方式 2 略显复杂但不容易出错，其中，信号的顺序可以改变。例如，全加器也可用半加器和或门实现，如图 5.1.4 所示。其结构描述如下：

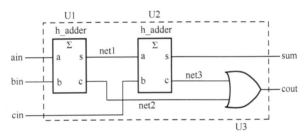

图 5.1.4　结构描述实现全加器

```
module f_adder (ain, bin,cin,cout,sum); //全加器的名字，端口定义
    input ain, bin, cin;
    output cout, sum;
    wire net1,net2,net3;
    h_adder   U1(ain, bin, net1, net2); //方式 1，半加器 h_adder，在全加器中称为元件 U1
    h_adder   U2(.a(net1), .s(sum), .b(cin), .c(net3));/*方式 2，a, b, s, c 是半加器本身的端口名，
                        net1, sum, cin, net3 是半加器在全加器中对应连接的端口名*/
        or   U3(cout, net2, net3); //方式 1，或门 or，在全加器中称为元件 U3
    endmodule
```

需要说明的是，net1、net2 和 net3 是 wire 型的内部变量，在内部电路各模块需要连接时定义，就像实际应用中需要用一根导线把两个端子连接起来一样。

（4）混合描述方式

上面三种描述方式在一个模块中可以同时存在，设计者可以根据需要进行选择。当三种描述方式同时存在时，每种方式描述的电路功能都是整体电路功能的一个组成部分，是并行的。

5.2　Verilog HDL 的基本要素

语言都有语法,编写代码就是在遵守语法规范的条件下把解决问题的思路用规定的语句表示出来。为了更有效地编写代码，必须了解 Verilog HDL 的一些规则和要求，例如，数据及数据类型、

运算符及表达式等。为便于计算机的处理，现实世界中的信息首先要符号化。数据就是客观事物的符号表示，是能输入计算机中并被程序处理的符号的总称。数字电路中存储的数据、信息等都是二进制码，单看一串 0 和 1 根本不知其含义。数据类型的意义是为了便于管理，让程序根据它们的名字就能判断这是数字电路中的物理连线还是数据存储和传输单元等。Verilog HDL 中的数据有常量和变量，数据类型规定了数据的特征及取值范围。

5.2.1　常量

在程序运行过程中，其值不能被改变的量称为常量，有数值常量和参数常量。

1. 数值常量

（1）整常数

在 Verilog HDL 中，整型常量，即整常数，有以下 4 种进制表示形式：二进制整数（b 或 B）、十进制整数（d 或 D）、十六进制整数（h 或 H）和八进制整数（o 或 O）。

Verilog HDL 中的标识符区分大小写，但表示进制和数值时不区分，数字定义有以下三种描述方式：

① <位宽><进制><数字>，这是一种全面规范的描述方式。

② <进制><数字>，在这种描述方式中，数字的位宽采用系统默认位宽（这由具体的机器决定，但至少为 32 位）。

③ <数字>，在这种描述方式中，采用默认位宽（32 位）、十进制数。

在表达式中，位宽用于指明数字的精确位数。但不论哪种进制，位宽都是此数值对应的二进制数的位数。例如：

```
8'b10101100      //位宽为 8 的二进制数表示，'b 表示二进制数
8'ha2            //位宽为 8 的十六进制数表示，'h 表示十六进制数
```

当定义常量时，如果不说明位宽，则默认为 32 位，每个字母均用 8 位的 ASCII 值表示。例如：

```
10=32'd10
1=32'd1
−1=−32'd1=32'hFFFFFFFF
"AB"=16'B01000001_01000010
```

（2）x 和 z

Verilog HDL 中有两个不同于其他计算机语言的数值表示方式，x 或 X 代表不定值，z 或 Z 代表高阻值，它们不区分大小写。在数字电路中，三态门正常工作时有 0 态、1 态、高阻态三种状态，z 描述高阻态，x 表示不确定是这三种状态中的哪一种。

一个 x 或 z 可以用来定义十六进制数的 4 位，或八进制数的 3 位，或二进制数的 1 位。z 也可以写作"?"。在使用 case 表达式时建议使用"?"，以提高程序的可读性。例如：

```
4'b10x0      //位宽为 4 位的二进制数，从低位开始的第 2 位为不定值
4'b101z      //位宽为 4 位的二进制数，从低位开始的第 1 位为高阻值
12'dz        //位宽为 12 位的十进制数，其值为高阻值（第一种表达方式）
12'd?        //位宽为 12 位的十进制数，其值为高阻值（第二种表达方式）
8'h4x        //位宽为 8 位的十六进制数，其低 4 位为不定值
```

（3）负数

一个数字可以被定义为负数，只需在位宽前加一个减号，减号必须写在数字定义的最前面。注意，负数是以二进制补码形式存在的，且减号不可以放在位宽和进制之间，也不可以放在进制和具体的数之间。例如：

```
-8'd5                  //表示位宽为 8 位的十进制数-5
-8'b1010_1110          //表示位宽为 8 位的二进制数-0101_0010 的补码
8'd-5                  //非法格式
```

（4）下画线

下画线 "_" 可以用来对多位数字进行分隔，以提高程序的可读性。但不可以用在位宽和进制处，只能用在具体的数字之间。例如：

```
16'b1010_1011_1111_1010    //合法格式
8'b_0011_1010              //非法格式
```

2．参数常量

在 Verilog HDL 中，用 parameter 定义一个标识符来代表一个常量，称为参数常量。在后面的程序中可以用标识符代表这个常量，能够提高程序的可读性和可维护性。语法格式如下：

> parameter 参数名 1=表达式 1,参数名 2=表达式 2,…,参数名 n=表达式 n;

其中，参数名必须遵守标识符定义的规则，多个参数名之间用逗号隔开。在每条赋值语句中，等号右边的表达式必须是一个常数表达式，也就是说，该表达式只能包含数字或先前已定义过的参数。例如：

```
parameter msb=7;                            //定义参数 msb 为常量
parameter e=25, f=29;                       //分别定义参数 e 和 f 为常量
parameter r=5.7;                            //声明 r 为一个实型参数
parameter byte_size=8, byte_msb=byte_size-1;  //用常数表达式赋值
parameter average_delay = (r+f)/2;          //用常数表达式赋值
```

参数常量经常用于定义延时和变量宽度。在模块或实例引用时可通过参数传递来改变在被引用模块或实例中已定义的参数。下面通过 8 位加法器为例进一步说明：

```
module adder8_param (dout, dina, dinb );
    parameter data_width=8, delay=2;
    output [data_width-1:0] dout;          //输出端口声明
    input [data_width-1:0] dina, dinb;     //输入端口声明
    assign #delay dout=dina+dinb;
endmodule
```

5.2.2 变量和数据类型

在程序运行过程中，其值可以改变的量，称为变量。Verilog HDL 有以下 4 种逻辑值。

- 0：表示低电平、逻辑 0 或逻辑非。
- 1：表示高电平、逻辑 1 或逻辑真。
- x 或 X：不定值，表示不确定或未知的逻辑状态。
- z 或 Z：高阻值，表示高阻态。

Verilog HDL 中的所有数据类型都在上述 4 种逻辑值中取值，其中 x 和 z 不区分大小写。Verilog HDL 中的变量有 net 型和 variable 型两种数据类型。

1．net 型

net 型（网络型）变量相当于硬件电路中的各种物理连接，net 型变量的值不能存储，其输出值紧跟输入值的变化而变化。对 net 型变量有两种驱动方式，一种方式是在结构描述中将其连接到一个门元件或模块的输出端，另一种方式是用连续赋值语句 assign 对其赋值。如果 net 型变量没有连接驱动，其值为 z。net 型变量包括 11 种数据类型，其中最常用、可综合的是 wire 型变量。

wire 型变量用来表示单个门驱动或连续赋值语句驱动的 net 型变量。Verilog HDL 程序中，如

果输入、输出信号的数据类型省略,则自动定义为 wire 型。wire 型变量可以用作任何方程的输入,也可以用作 assign 语句或实例元件的输出。定义 wire 型变量的语法格式如下:

    wire [n-1:0] 数据名 1,数据名 2,…,数据名 i; //共有 i 条总线,每条总线内有 n 条线路
    wire [n:1] 数据名 1,数据名 2,…,数据名 i;

其中,[n-1:0]和[n:1]均代表该数据的位宽,即该数据有几位。如果一次定义多个数据,则数据名之间用逗号隔开。定义语句的最后要加分号。例如:

    wire a;   //定义了一个 1 位的 wire 型变量
    wire [7:0] b;   //定义了一个 8 位的 wire 型变量
    wire [4:1] c, d;   //定义了两个 4 位的 wire 型变量

2. variable 型

变量是数据元件的抽象,从上一次赋值后到下一次赋值之前,变量应当保持一个值不变,程序中的赋值语句将触发存储在数据元件中的值进行改变。variable 型有 reg、integer、time 和 real 型,其中 time 型和 real 型是纯数学的抽象描述,不对应任何具体的硬件电路,不能被综合。变量的初始值应当是未知的 x,但 real 型和 time 型变量的初始值默认为 0.0。

（1）reg 型

reg 型（寄存器型）变量是最常用的 variable 型变量,必须放在 always 语句中,由过程赋值语句进行赋值。reg 型变量的语法格式如下:

    reg [n-1:0] 数据名 1,数据名 2,…,数据名 i;
    reg [n:1] 数据名 1,数据名 2,…,数据名 i;

例如:

    reg rega;   //定义了一个 1 位的 reg 型变量
    reg [3:0] regb;   //定义了一个 4 位的 reg 型变量
    reg [4:1] regc, regd;   //定义了两个 4 位的 reg 型变量

对于 reg 型变量,其赋值语句的作用就是改变一组触发器中存储单元的值。但在硬件上不一定就对应着一个触发器或寄存器元件,要在综合时根据具体情况来确定是映射为连线还是映射为存储单元。例如:

```
module comp2 ( ina, inb, clk, out1, out2) ;
    input ina,  inb ;
    input clk;
    output out1, out2;
    reg out1, out2:
    always @ (ina, inb)
      begin
        if (ina>inb) out1=1;
        else out1=0;
      end
    always @ (posedge clk)
      begin
        if (ina>inb) out2=1;
        else out2=0:
      end
endmodule
```

在这段代码中,同时定义了 out1 和 out2 两个 reg 型的输出变量,但由于各自所在 always 语句的敏感信号表达式不同,所以经过综合后会发现 out1 是组合逻辑电路输出的结果,而 out2 是个寄

存器输出的结果，如图 5.2.1 所示。

reg 型变量的初始值是不定值 x。reg 型变量可以赋正值，也可以赋负值。但当一个 reg 型变量是一个表达式中的操作数时，它的值被当作无符号值，即正值。例如，当一个 4 位的 reg 型变量用作表达式中的操作数时，如果开始时该 reg 型变量被赋以值-1，则在表达式中进行运算时，其值被认为是+15。

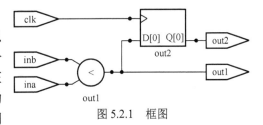

图 5.2.1　框图

（2）integer 型

integer 型（整型）变量常用于对循环控制变量的说明，在算术运算中被视为二进制补码形式的有符号数。integer 型变量与 32 位的 reg 型变量在实际意义上相同，只是 reg 型变量被当作无符号数来处理。例如：

    integer i,j;
    integer[31:0] D;

需要注意的是，虽然 interger 型变量有位宽的声明，但是 integer 型变量不能作为位向量访问。例如，D[6]和 D[16:0]的声明都是非法的。在综合时，integer 型变量的初始值是 x。

3．向量

向量是由已声明过数据类型的元素组合而成的多维数据对象。声明向量时，应当在声明的数据标识符后面指定元素的地址范围。一个维度代表一个地址范围。

（1）数组型

数组可以是一维向量（一个地址范围），也可以是多维向量（多重地址范围）。向量的索引表达式应当是常量表达式，该常量表达式的值应当是整数。例如：

    wire [7:0] array2 [0:255] [0:15];

声明了一组 256（行）×16（列）的 wire 型变量，其中的每个数据均为 8 位。地址 0 对应着数组中的 0 存储单元。如果要存储一个值到某个存储单元中，可以这样做：

    array2 [233] [1]=data_in;

下面语句声明了一组 256（行）×8（列）的 reg 型变量，其中每个数据均为 64 位：

    reg [63:0] regarray2 [255:0] [7:0];

下面语句声明了一组三维的向量，表示 16 组 256（行）×16（列）的 wire 型变量，其中每个数据均为 8 位：

    wire [7:0] array3 [0:15] [0:255] [0:15];

要给向量中的一个元素赋值，需要为该元素指定索引。向量索引可以是一个表达式，这就为向量中的元素的选择提供了一种机制，即依靠对该向量索引表达式中其他数据或变量值的运算结果来定位向量中的元素。

（2）memory 型

在数字系统中，经常用到存储器，存储器可以看成二维的向量。Verilog HDL 通过对 reg 型变量建立数组来对存储器建模，可以描述 RAM、ROM 和 reg 文件。数组中的单元通过一个数组索引进行寻址。在 Verilog HDL 中，没有多维数组。memory 型（存储器型）变量是通过扩展 reg 型变量的地址范围来生成的。其语法格式如下：

    reg[n-1:0] 存储器名[m-1:0];

其中，reg[n-1:0]定义了存储器中每个存储单元的大小，即该存储单元是一个 n 位的寄存器。存储器名后的[m-1:0]或[m:1]则定义了该存储器中有多少个这样的寄存器。例如，定义有 1024 个存储单元的存储器变量 mymemory，每个存储单元的字长为 8 位，语句如下：

reg[7:0] mymemory[1023:0];

在表达式中可以用下面的语句来使用存储器：

mymemory[7]=75;   //存储器 mymemory 的第 7 个字被赋值为 75

注意，对存储器进行地址索引的表达式必须是常数表达式。另外，在同一个数据类型声明语句里，可以同时定义 memory 型变量和 reg 型变量。例如：

parameter wordsize=16,memsize=256;   //定义两个参数

reg [wordsize-1:0] mem[memsize-1:0],writereg, readreg;

尽管 memory 型变量和 reg 型变量的定义格式相似，但要注意其不同之处。例如，由 n 个 1 位寄存器构成的存储器与 n 位寄存器是不同的：

reg [n-1:0] rega;   //n 位寄存器

reg mema [n-1:0];   //由 n 个 1 位寄存器构成的存储器

对一个 n 位的寄存器可以在一条赋值语句里进行赋值，而对一个完整的存储器则不行。例如：

rega =0;   //合法赋值语句

mema =0;   //非法赋值语句

如果想对 mema 中的存储单元进行读/写操作，必须指定该单元在存储器中的地址。下面的写法是正确的：

mema[3]=0;   //将 mema 中的第 3 个存储单元赋值为 0

进行寻址的地址索引可以是表达式，这样可以对存储器中的不同存储单元进行操作。表达式的值可以取决于电路中其他寄存器的值，例如，可以用一个加法计数器来作为 RAM 的地址索引。

5.2.3 运算符及表达式

Verilog HDL 中的运算符范围很广，其运算符按其功能可分为算术运算符、条件运算符、关系运算符、等式运算符、逻辑运算符、位运算符、移位运算符、缩减运算符、拼接运算符共 9 类。

在 Verilog HDL 中，运算符按其所带操作数的个数不同，可分为以下三种。

单目运算符：可以带一个操作数，操作数放在运算符的右边。

双目运算符：可以带两个操作数，操作数放在运算符的两边。

三目运算符：可以带三个操作数，用三目运算符分隔开。

1．算术运算符

在 Verilog HDL 中，算术运算符又称为二进制运算符，是双目运算符，有下面 5 种：+（加法）、−（减法）、*（乘法）、/（除法）、%（取模或取余，要求%两侧均为整型数）。

在进行整数除法运算时，结果只取整数部分，小数部分要略去，而进行取模运算时，结果值的符号位采用模运算表达式里第一个操作数的符号位。例如：

−11%3   结果为−2

注意，在进行算术运算时，如果某个操作数有不确定的值，则整个结果为不定值 x。

2．条件运算符

条件运算符是三目运算符，当条件为真时，信号取表达式 1 的值；为假时，取表达式 2 的值。语法格式如下：

信号 = 条件 ? 表达式 1 : 表达式 2

3．关系运算符

关系运算符是双目运算符，运算结果为 1 位的逻辑值 1、0 或 x。在进行关系运算时，如果声明的关系为假（false），则返回值是 0；如果声明的关系为真（true），则返回值是 1；如果某个操作数的值不定，则关系是模糊的，返回值是不定值 x。所有的关系运算符有着相同的优先级。关系运

算符的优先级低于算术运算符的优先级。

关系运算符有 4 种：>（大于）、>=（大于或等于）、<（小于）和<=（小于或等于）。

注意，表达式 a<size-1 等同于 a<(size-1)，而表达式 size-(1<a)不等同于 size-1<a。因为 size-(1<a)运算时，先算(1<a)，然后返回结果值 0 或 1，再被 size 减去。而 size-1<a 运算时，size 先被减去 1，然后再同 a 进行比较。

4．等式运算符

等式运算符是双目运算符，运算结果为 1 位的逻辑值 1、0 或 x。等式运算符有 4 种：==（逻辑相等）、!=（逻辑不相等）、===（全等）和!==（不全等）。

其中，"=="和"!="又称为逻辑等式运算符，其结果由两个操作数的值决定。由于操作数中某些位可能是不定值 x 和高阻值 z，结果可能为不定值 x。

而"==="和"!=="则不同，它们在对操作数进行比较时对某些位的不定值 x 和高阻值 z 也进行比较，两个操作数必须完全一致，其结果才是 1，否则为 0。"==="和"!=="运算符常用于 case 表达式的判别，所以又称为"case 等式运算符"。这 4 种等式运算符的优先级是相同的。"=="与"==="的真值表见表 5.2.1 和表 5.2.2，帮助理解两者间的区别。

表 5.2.1　"=="的真值表

==	0	1	x	z
0	1	0	x	x
1	0	1	x	x
x	x	x	x	x
z	x	x	x	x

表 5.2.2　"==="的真值表

===	0	1	x	z
0	1	0	0	0
1	0	1	0	0
x	0	0	1	0
z	0	0	0	1

使用"=="时，两个操作数必须逐位相等，结果才为 1；若某些位为 x 或 z，则结果为 x。使用"==="时，若两个操作数的相应位完全一致（同为 1，或同为 0，或同为 x，或同为 z），则结果为 1；否则为 0。

```
if(a==1'bx) 语句 1;    //当 a 为不定值时，表达式的运算结果为 x，语句 1 不执行
if(a===1'bx) 语句 2;   //当 a 为不定值时，表达式的运算结果为 1，执行语句 2
```

5．逻辑运算符

在 Verilog HDL 中有三种逻辑运算符：&&（逻辑与）、||（逻辑或）和!（逻辑非）。

"&&"和"||"是双目运算符，"!"是单目运算符。逻辑运算符把它的操作数当作布尔型变量，其操作数有下面几种情况：非零的操作数被认为是真（记为 1'b1）；零被认为是假（记为 1'b0）；不确定的操作数如 4'bxx00，被认为是不确定的（可能为零，也可能为非零）（记为 1'bx）；4'bxx11 被认为是真（记为 1'b1，因为它肯定是非零的）。逻辑运算的结果为 1 位的布尔值（为 1 或 0 或 x）。

6．位运算符

Verilog HDL 是描述数字电路的语言，数字电路中的信号有 4 种状态值：1、0、x、z，实际电路中的信号进行逻辑运算时，用 Verilog HDL 描述则是相应操作数的位运算。

- ~，取反，单目运算符，用来将一个操作数进行按位取反运算。
- &，按位与，双目运算符，将两个操作数的相应位进行与运算。
- |，按位或，双目运算符，将两个操作数的相应位进行或运算。
- ^，按位异或，双目运算符，将两个操作数的相应位进行异或运算。
- ^~，按位同或，双目运算符，将两个操作数的相应位进行同或运算。

位运算结果的位数与操作数相同。位运算符中的双目运算符要求对两个操作数的相应位进行运算。两个不同长度的操作数进行位运算时，将自动按右端（低位）对齐，对位数少的操作数在其高位用 0 补齐。若 a=5'b11001，B=3'b101，则 a&B=(5'b11001)&(5'b00101)=5'b00001。

7. 移位运算符

移位运算符是单目运算符，将操作数右移或左移 n 位，相当于将操作数除以或乘以 2^n。在 Verilog HDL 中，有两种移位运算符：<<（左移位运算符）和 >>（右移位运算符）。

例如，a>>n 或 a<<n。a 代表要进行移位的操作数，n 代表要移几位。

这两种移位运算都用 0 来填补移出的空位。右移时，位数不变，但右移的数据会丢失；左移时，会扩充位数。例如，4'b1001>>3 = 4'b0001，4'b1001>>4 = 4'b0000，4'b1001<<1 = 5'b10010，4'b1001<<2 = 6'b100100。

8. 缩减运算符

缩减运算符是单目运算符，运算结果是 1 位二进制数。缩减运算符有：&（与）、~&（与非）、|（或）、~|（或非）、^（异或）及^~（同或）。

其运算法则与位运算符类似，但运算过程不同。缩减运算符对单个操作数进行递推运算，即先将操作数的最低位与第 2 位进行与、或、非等运算，再将运算结果与第 3 位进行相同的运算，依次类推，直至最高位。例如，若 a=5'b11001，则&a=0，|a=1，~|a=0。

9. 拼接运算符

在 Verilog HDL 中有一个特殊的运算符，即位拼接运算符{}。用这个运算符可以把两个或多个信号的某些位拼接起来表示一个整体信号，再进行运算操作。例如，可以把某些信号的某些位详细地列出来，中间用逗号分开，最后用花括号括起来作为一个整体信号：

> {a, b [3:0], w, 3'b101} = {a,b [3],b [2],b [1],b [0],w,1'b1,1'b0,1'b1}

在进行加法运算时，可将进位与和拼接在一起使用：

> output [3:0] sum;
> output cout;
> input[3:0] ina,inb;
> input cin;
> assign {cout,sum} = ina + inb +cin;

10. 运算符的优先级

各运算符的优先级如表 5.2.3 所示，为了提高程序的可读性，明确表达各运算符间的优先关系，建议使用括号。

表 5.2.3 运算符的优先级

类 别	运 算 符	优先级
逻辑、位运算符	! ~	高
算术运算符	* / %	
	+ -	
移位运算符	<< >>	
关系运算符	> >= < <=	
等式运算符	== != === !==	
缩减、位运算符	& ~&	
	^ ^~	
	| ~|	
逻辑运算符	&&	
	||	
条件运算符	? :	低

5.3 Verilog HDL 的基本语句

在 Verilog HDL 中，提供了多种语句来实现数据流、行为、结构这三种描述方式。本节只介绍常用的语句。

5.3.1 结构说明语句

Verilog HDL 中有两种结构说明语句：initial 和 always 语句，是行为建模的两种基本语句，所有的行为语句只能出现在这两种结构说明语句中。一条 initial 语句或 always 语句代表一个独立的过程块。一个模块可以包含多条 always 语句和多条 initial 语句，这些语句是并发执行的，不是顺序执行的，这两种语句都不能嵌套使用。

1．always 语句

always 语句中的语句可以无限次重复执行，这些语句是否执行，要看它的触发条件是否满足。一条 always 语句对应一个实际的硬件电路，只要电路的输入信号有变化，电路就执行；输入信号变化无数次，则电路就执行无数次。

always 语句最能体现硬件描述语言的特点，在 Verilog HDL 中用来进行行为描述，与 VHDL 中的进程语句 process 类似。always 语句语法格式如下：

```
always @ (<敏感信号表达式>)
    begin
        //过程赋值语句
        //if 语句
        //case 语句
        //while,repeat,for 语句
        //task,function 调用
    end
```

always 语句的触发条件是敏感信号表达式中变量的值发生了改变，因此敏感信号表达式中要列出影响 always 语句的所有输入信号。对组合逻辑电路来说，敏感信号表达式中列出的应是电路的所有输入信号。敏感信号可以为单个信号，也可为多个信号，若有两个或两个以上的信号，则用 or 连接。敏感信号分电平型和边沿型，电平型信号用于描述组合逻辑电路，边沿型信号用于描述时序逻辑电路。

例 5.3.1　编写二输入与门的 Verilog HDL 行为描述程序。

解：
```
module and2 (a, b, out1);
    input a;
    input b;
    output out1;
    reg out1;       //提前声明
    always@ (a or b)
      out1= a & b;//等号左边的变量必须为 reg 型
endmodule
```

例 5.3.2　编写 4 选 1 数据选择器的 Verilog HDL 行为描述程序。

解：
```
module mux4_1 (dout, in0, in1, in2, in3, sel);
    output dout;
    input in0,in1,in2,in3;
    input[1:0] sel;
    reg out;        //提前声明
    always @ (in0 or in1 or in2 or in3 or sel)
      begin
        if (sel==0) dout=in0;
        else if (sel==1) dout=in1;
        else if (sel==2) dout=in2;
        else dout=in3;
      end
endmodule
```

注意，出现在 always 内部的赋值语句，等号左边的变量或端口必须为 reg 型，并且需要提前

声明。一个模块中可有多条 always 语句，它们之间是并行运行的，即每条 always 语句只要有相应的触发条件产生，对应的语句就执行，与各条 always 语句书写的前后顺序无关。

2. initial 语句

initial 语句不带触发条件，在整个仿真过程中只能执行一次，不能综合。其常用在仿真时对状态进行初始化，在测试文件中生成激励波形作为电路的仿真信号。语法格式如下：

```
initial
    begin
        语句 1;
        语句 2;
        ...
        语句 n;
    end
```

例 5.3.3 用 initial 语句生成激励波形。
解： initial
```
    begin
        s= 'b1;
        #10 s='b0;
        #10 s='b1;
        #10 s='b0;
    end
```

上述语句按照顺序依次执行，产生的仿真波形图如图 5.3.1 所示，时间的单位是 ns，一般在仿真时设置初始值。如果是周期性时钟脉冲，则可以使用循环语句完成。

图 5.3.1　例 5.3.3 的仿真波形图

5.3.2　赋值语句

赋值语句分为连续赋值语句和过程赋值语句两种。

1. 连续赋值语句

assign 为连续赋值语句，只能用来对 net 型变量进行赋值，而不能对 reg 型变量进行赋值。在 Verilog HDL 中，数据流描述方式使用 assign 语句，常用来描述组合逻辑电路。

例 5.3.4 编写与或非门 Verilog HDL 程序。
解： module example (A,B,C,D,F);
```
            input A,B,C,D;
            output F;
            assign F= ~((A&B)|(C&D));
        endmodule
```

例 5.3.5 编写二选一数据选择器 Verilog HDL 程序。
解： module sel2_1 (din_a, din_b, sel, dout);
```
            input din_a;
            input din_b;
            input sel;
            output dout;
            assign #2 dout=(sel)?din_a:din_b;
        endmodule
```

2. 过程赋值语句

过程赋值语句主要用于两种结构化模块：initial 模块和 always 模块。过程赋值语句只能对寄存器类型变量（reg、integer、real 和 time）进行操作，有阻塞赋值和非阻塞赋值两种方式。

（1）阻塞赋值

阻塞赋值符号为"="，例如：

```
always @(posedge clk)
  begin
    b = a; //把 a 的值赋给 b
    c = b; //把 b 的值赋给 c
  end
```

阻塞赋值在该语句结束时就完成了赋值操作，在一个块语句中，如果有多条阻塞赋值语句，在前面的赋值语句没有完成之前，后面的语句就不能执行，就像被阻塞了一样，因此称为阻塞赋值。

（2）非阻塞赋值

非阻塞赋值符号为"<="，例如：

```
always @(posedge clk)
  begin
    b <= a; //把 a 的值赋给 b
    c <= b; //把 b 的值赋给 c
  end
```

非阻塞赋值的操作过程不像阻塞赋值，不是逐条语句执行的，上一条语句的结果不会立即影响到下一条语句。非阻塞赋值的操作过程是，每当 always 语句被敏感信号激发执行一次结束后，所有的语句同时执行，所以称为非阻塞赋值。上述代码中，b 被赋成新值 a 的操作以及 c 被赋成新值 b 的操作是在 always 语句被敏感信号激发执行一次结束后同时执行的。

注意，上述两个例子都是把 a 的值赋给 b，把 b 的值赋给 c，但执行结果不一样。阻塞赋值的结果是 c 的值与 b 的值一样，没有对应的硬件电路，因而综合结果未知。非阻塞赋值的结果是 c 的值与 b 的值不一样，有对应的硬件电路。

5.3.3 块语句

为增加程序的可读性，用 begin-end 将两条或多条语句组合在一起，使其在格式上更像一条语句，称为块语句或块。块语句有两种：顺序块和并行块。

1. 顺序块

顺序块用在 always、if 等语句内部，用于标明多条语句是一组的，便于理解。语法格式如下：

```
begin:(块名)
  (块内声明语句)
  语句 1;
  语句 2;
  ...
  语句 n;
end
```

顺序块内的语句是按照顺序执行的，即只有上面一条语句执行完后，下面的语句才能执行，直到最后一条语句执行完，程序流程才会跳出该块，接着执行其他语句。块内的声明语句可以是参数声明、reg 型变量声明、integer 型变量声明、real 型变量声明。如果 begin-end 中包含有局部声明，则其必须被命名（必须有一个标志）。如果块内只有一条语句，则可以省略 begin-end 不写。

例 5.3.6　顺序块举例。

解： always@ (a,b,c,d,e,f,g,h,r,m)
```
begin
    out1 = a ? (b+c):(d+e);
    out2 = f ? (g+h):(r+m);
end
```

2．并行块

fork 通常用来标识并行执行的语句，称为并行块。语法格式如下：
```
fork:(块名)
    (块内声明语句)
    语句 1;
    语句 2;
    ...
    语句 n;
join
```

并行块内的语句是同时执行的，即在程序流程进入该块时，块内的各语句开始并行执行；块内每条语句的延时都是相对于程序流程进入块内的时间的。延时是用来给赋值语句提供执行时序的，当按时序排在最后的语句执行完后，程序流程跳出该模块。

例 5.3.7　顺序块和并行块的比较。

解： reg r;
```
begin
    #50 r='b0;
    #50 r='b1;
    #50 r='b1;
    #50 r='b0;
end
fork
    #50 r='b0;
    #100 r='b1;
    #150 r='b1;
    #200 r='b0;
join
```

在顺序块和并行块中都有一个开始时间和结束时间。对于顺序块，开始时间就是第一条语句开始执行的时间，结束时间就是最后一条语句执行完的时间。而对于并行块，块内所有语句的开始时间是相同的，即程序流程进入块的时间，其结束时间是按时序排在最后的语句执行完的时间。本例程序的波形是一样的，注意，并行块是不可综合的！其可用于程序仿真。

5.3.4　条件语句

我们编程时经常需要这样的描述：如果满足条件，则继续执行；如果不满足条件，则不执行或返回。这就是行为描述，其使用的语句为条件语句，有 if-else 语句和 case 语句两种形式，它们都是顺序语句，使用时必须放在 always 语句内。

1．if-else 语句

if-else 语句是二分支语句，首先判定所给条件是否满足，若满足，则执行哪些语句；若条件不满足，执行另外的语句或返回。二分支有三种情况，如图 5.3.2 所示。对应的 if 语句有以下三种方式。

方式 1：
```
if(条件)
```

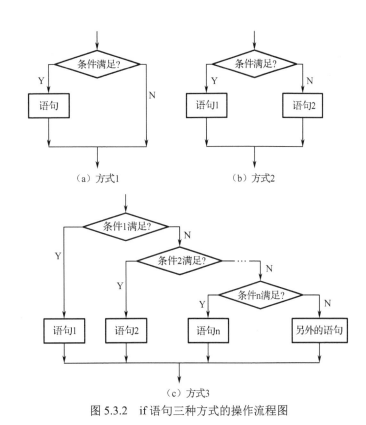

```
    begin
      语句;
    end
方式 2:
    if(条件)
      begin
       语句 1;
      end
    else
      begin
       语句 2;
      end
方式 3:
    if(条件 1)
      begin
       语句 1;
      end
    else if(条件 2)
      begin
       语句 2;
      end
       …
    else if(条件 n)
      begin
       语句 n;
      end
    else
      begin
       另外的语句;
      end
```

（a）方式1　　　　　（b）方式2

（c）方式3

图 5.3.2　if 语句三种方式的操作流程图

三种形式的 if 语句中的条件为逻辑表达式、关系表达式，也可以是布尔型变量。行为描述中的条件判断就是计算表达式的值，若为 1，则满足条件；若为 0 或 z，则不满足条件。语句可为单句，也可为多句，多句时一定要用 begin-end 括起来。

方式 1 中，当条件满足时，执行相应的语句，然后结束，跳出 if 语句；当条件不满足时，直接结束，跳出 if 语句。例如：

```
    always@ (al or d)
      begin
       if (al) q<=d;
      end
```

当 al 为 1 时，执行 q<=d；当 al 为 0 时，无法确定 q 等于什么。程序中必须指定每个变量的值，否则会出错。方式 1 是非完整性语句，当 al 为 0 时，生成了不想要的锁存器来让 q 保持原值以保证程序的正确性，如图 5.3.3（a）所示。方式 1 形式非常简单，但应尽量少用。

方式 2 是二分支语句，例如：

```
    always@ (al or d)
      begin
       if (al)   q<=d;
       else    q<=0;
      end
```

（a）方式1　　（b）方式2

图 5.3.3　if 语句的完整性与非完整性

当 al 为 1 时，执行 q<=d；当 al 为 0 时，执行 q<=0，不会生成锁存器。可见，这是 2 选 1 数据选择器，如图 5.3.3（b）所示。

方式 3 有多个条件分支语句，多个条件有优先级别，例如：

```
module encoder8_3 (Y, I);
    output[3:0] Y;
    input [7:0] I;
    reg[3:0] Y1;
    assign Y=Y1;
    always @ (I)
      begin
        if (I[7])      Y1=4'b0111;
        else if (I[6]) Y1=4'b0110;
        else if (I[5]) Y1=4'b0101;
        else if (I[4]) Y1=4'b0100;
        else if (I[3]) Y1=4'b0011;
        else if (I[2]) Y1=4'b0010;
        else if (I[1]) Y1=4'b0001;
        else if (I[0]) Y1=4'b0000;
        else           Y1=4'b1000;
      end
endmodule
```

8 个输入信号中如果有一个发生变化，always 语句就执行一遍。按顺序先判断输入信号 I[7] 的值，如果 I[7]=1，则令输出 Y1=0111，然后结束，等待 always 语句再次被触发；如果 I[7]=0，再看输入信号 I[6] 的值，如果 I[6]=1，则令输出 Y1=0110，然后结束，再次等待；如果 I[6]=0，再看输入信号 I[5] 的值，如此依次看下去，直到 I[0]=0 结束。可以看出，写在最前面的条件优先级是最高的，这里 I[7] 优先级最高，这个特点特别适合描述具有控制端和使能端的电路，因为只有使能端有效，电路才能工作。这个例子是简单的 3-8 线优先编码器，添加控制端的例子见后续的实例。

if 语句可以嵌套，即在 if 语句中又包含一条或多条 if 语句。一般语法格式如下：

```
if(条件 1)
  if(条件 2)   语句 1;
  else         语句 2;
else
  if(条件 3)   语句 3;
  else         语句 4;
```

应当注意 if 与 else 的配对关系，else 总是与它前面最近的 if 配对。如果 if 与 else 的数目不一样，为了规范且安全，可以用 begin-end 来确定其配对关系，所以条件语句中加入 begin-and 是一个很好的习惯。例如，下面的写法 1 不如写法 2 安全且易读。

写法 1：
```
if(en)
if (sel == 2'b1) sout = p1s;
else sout = p0;
```

写法 2：
```
if(en)
  begin
    if (sel == 2'b1) begin sout = p1s; end
    else begin sout = p0; end
  end
```

2. case 语句

if-else 语句适用于二值逻辑，即简单地判断条件满足还是不满足，并分别执行不同的语句。还有一种情况就是一个控制信号有多种取值，不同的值执行不同的语句，这些值是同级的，这时需要用多分支 case 语句，如图 5.3.4 所示。case 语句格式如下：

```
case(敏感信号表达式)
    值 1: begin 语句 1; end
    值 2: begin 语句 2; end
    …
    值 n: begin 语句 n; end
    default: begin 其他语句; end
endcase
```

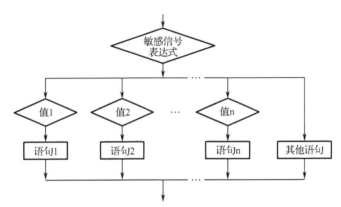

图 5.3.4　case 语句的操作流程

敏感信号表达式又称控制表达式，有 n 种取值，取值必须用 n 个互不相同的常量表达式表示，取值的位宽必须与敏感信号表达式的位宽相同。case 语句执行时，首先对敏感信号表达式求值，然后将求得的结果与列出的取值逐个进行比较，若与其中哪个取值相等，就执行该取值后对应的语句，执行完跳出 case 语句，结束。为了程序的确定性，计算后，如果没有相对应的取值，则执行 default 后紧跟的其他语句，结束。虽然 default 语句可有可无，但为了避免生成不想要的锁存器，最好写上 default 语句，且每条 case 语句只能有一条 default 语句。下面设计一个数据选择器，当 sel 为 00 或 11 以外的值时，q 保持原值。下面的写法 1 会生成不需要的锁存器，而写法 2 则不会。

写法 1：

```
always@ (sel[1:0] or a or b)
  begin
    case(sel[1:0])
      2'b00: q<=a;
      2'b11: q<=b;
    endcase
  end
endmodule
```

写法 2：

```
always@ (sel[1:0] or a or b)
  begin
    case(sel[1:0])
      2'b00: q<=a;
      2'b11: q<=b;
      default: q<='b0;
    endcase
  end
endmodule
```

case 语句有两个变体 casez 和 casex 语句，是 Verilog HDL 针对电路特性提供的 case 语句的其他两种形式。其中 casez 语句用来处理不考虑高阻值 z 的比较，casex 语句则将高阻值 z 和不定值 x 都视为不必关心的情况。这样在 case 语句中就可以灵活地设置只对敏感信号的某些位进行比较。表 5.3.1 给出了 case、casez 和 casex 的真值表。

例 5.3.8　用 casez 语句描述数据选择器。

解：module mux_z(out,a,b,c,d,select);

output out;

```
        input a,b,c,d;
        input[3:0] select;
        reg out; //必须声明
        always@ (select[3:0] or a or b or c or d)
            begin
                casez (select)
                    4'b???1: out = a;//这里的?表示高阻值
                    4'b??1? : out = b;
                    4'b?1?? : out = c;
                    4'b1??? : out = d;
                endcase
            end
    endmodule
```

表 5.3.1 case、casez 和 casex 的真值表

case	01xz	casez	01xz	casex	01xz
0	1000	0	1001	0	1011
1	0100	1	0101	1	0111
x	0010	x	0011	x	1111
z	0001	z	1111	z	1111

5.3.5 循环语句

在实际电路中有许多具有规律性的重复操作，因此在程序中就需要重复执行这些语句，这可以使用循环语句实现。循环语句由循环体及循环的终止条件两部分组成。将被重复执行的一条或多条语句称为循环体，其能否继续重复，取决于循环的终止条件。在 Verilog HDL 中，有 4 种类型的循环语句：for 语句、repeat 语句、while 语句和 forever 语句。绝大多数综合器都支持 for 语句，因此应首选 for 语句。

for 语句格式如下：

```
    for(表达式 1;表达式 2;表达式 3)
        begin
            循环体;
        end
```

for 语句实现的是一种"条件循环"。for 语句的执行过程如下：

① 求解表达式 1 的值。

② 求解表达式 2 的值，若其值为真（非 0），则执行 for 语句中的循环体，然后进入步骤③。若为假（0），则跳出 for 循环，执行其他语句。

③ 求解表达式 3 的值，然后返回步骤②。

for 语句可以理解为如下形式：

```
    for(循环变量赋初始值;循环结束条件;循环变量增大或减小)
        begin
            循环体;
        end
```

while 语句格式如下：

```
    while(表达式)
        begin
            循环体;
        end
```

while 语句实现的也是一种"条件循环"，只有在指定的循环条件（表达式的值）为真时才会重复执行循环体，如果表达式的值在开始时不为真（包括假、x 及 z），循环体将永远不会被执行。

forever 语句格式如下：

```
    forever
        begin
            循环体;
        end
```

forever 语句表示永久循环，不包含任何条件表达式，一旦执行便会无限地执行下去，常用于产生周期性的波形，作为仿真测试信号。其不能独立写在程序中，必须写在 initial 语句中。

repeat 语句格式如下：

```
repeat(表达式)
    begin
        循环体;
    end
```

repeat 语句的功能是执行固定次数的循环，语句中的表达式必须是一个常量、变量或信号，用于给出循环体需要执行的次数。它不能像while语句那样用一个表达式来确定循环体是否继续执行。如果表达式是一个变量，则循环次数是开始执行时变量的初始值。即便在执行期间，该变量的值发生了变化，执行的循环次数也不会改变。

例 5.3.9 用 for 语句初始化 memory。

解：
```
parameter size=16;
reg[3:0] addr;
reg reg1;
reg[7:0] memory[0:15];
initial
    begin
        reg1 = 0;
        for(addr=0; addr<size; addr=addr+1);
        memory[addr]=0;
    end
```

例 5.3.10 用 for 语句统计输入数据中 0 的个数。

解：
```
module count_zeros_for( input [7:0] number, output reg [2:0] count);
    reg[2:0] count_aux;
    integer i;
    always@(number)
        begin
            count_aux= 3'b000;
            for(i= 0; i < 8; i = i + 1)
                begin
                    if(!number[i]) count_aux= count_aux + 1 ;
                end
            count= count_aux ;
        end
endmodule
```

5.4　常用组合逻辑电路的 Verilog HDL 程序举例

学习了 Verilog HDL 基本语句，就可以用其来描述所有的数字电路。本节先描述常用组合逻辑电路。

5.4.1　编码器

1. 普通编码器

4.1.4 节介绍过普通编码器，在某一确定时刻，只能对一个输入信号编码，不允许两个或两个以上的输入信号同时有效，否则将出现乱码。图 5.4.1 是 8-3 线普通编码器框图，I0～I7 为 8 个输入信号，高电平有效；两个或两个以上输入有效时，用 X 表示；输出 Y2Y1Y0 对应 3 位二进制原码，其真值表如表 5.4.1 所示。

表 5.4.1　8-3 线普通编码器的真值表

I0	I1	I2	I3	I4	I5	I6	I7	Y2	Y1	Y0
X	X	X	X	X	X	X	X	1	1	1
0	0	0	0	0	0	0	1	1	1	1
0	0	0	0	0	0	1	0	1	1	0
0	0	0	0	0	1	0	0	1	0	1
0	0	0	0	1	0	0	0	1	0	0
0	0	0	1	0	0	0	0	0	1	1
0	0	1	0	0	0	0	0	0	1	0
0	1	0	0	0	0	0	0	0	0	1
1	0	0	0	0	0	0	0	0	0	0

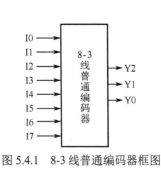

图 5.4.1　8-3 线普通编码器框图

下面是描述 8-3 线普通编码器的 Verilog HDL 程序。可以看出，把该编码器的输入信号作为 case 语句的敏感信号，根据输入信号的不同取值按真值表给输出信号赋值，用一条 case 语句就可以描述其功能。

```
module encoder8_3(I0,I1,I2,I3,I4,I5,I6,I7,Y2,Y1,Y0);//定义模块名称 encoder8_3
    input I0,I1,I2,I3,I4,I5,I6,I7; //定义 8 个输入信号
    output Y2,Y1,Y0; //定义 3 个输出信号
    reg Y2,Y1,Y0;
    wire [7:0] a;
    assign a={I7,I6,I5,I4,I3,I2,I1,I0};//用并置符号把 8 个输入信号并置后赋给 a，简化程序
    always @ (a)
      begin
        case(a)
          8'b00000001: begin Y2=1'b0; Y1=1'b0; Y0=1'b0; end
          8'b00000010: begin Y2=1'b0; Y1=1'b0; Y0=1'b1; end
          8'b00000100: begin Y2=1'b0; Y1=1'b1; Y0=1'b0; end
          8'b00001000: begin Y2=1'b0; Y1=1'b1; Y0=1'b1; end
          8'b00010000: begin Y2=1'b1; Y1=1'b0; Y0=1'b0; end
          8'b00100000: begin Y2=1'b1; Y1=1'b0; Y0=1'b1; end
          8'b01000000: begin Y2=1'b1; Y1=1'b1; Y0=1'b0; end
          8'b10000000: begin Y2=1'b1; Y1=1'b1; Y0=1'b1; end
          default: begin Y2=1'b1; Y1=1'b1; Y0=1'b1; end //输入信号是其他情况时输出全为 111
        endcase
      end
endmodule
```

其功能仿真波形图如图 5.4.2 所示，给出了 9 种输入情况，前 8 种情况是该编码器的 8 种正规输入，即一次输入只有一个信号有效，第 9 种情况是输入信号全无效时，观看输出 Y2Y1Y0 编码是否正确。

2．优先编码器

优先编码器中，同一时刻可以允许两个或两个以上输入信号同时有效。在设计优先编码器时，需要将所有的输入信号按优先级排队，如果几个输入信号同时出现，则只对优先级最高的进行编码。优先编码器的优先级可以修改。前面例子给出了 8-3 线优先编码器，在这里描述一种带使能端的

4-2 线优先编码器，其真值表见表 5.4.2。

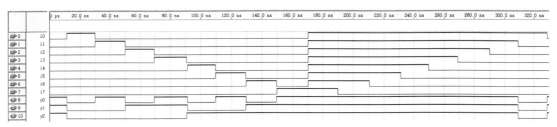

图 5.4.2　8-3 线普通编码器的功能仿真波形图

从描述 4-2 线优先编码器的 Verilog HDL 程序可以看出，由于有优先级，要用 if 语句实现，优先级最高的放在第一行中。当然使能端 E 优先级是最高的，然后是 I3、I2、I1、I0。可以方便地修改优先级顺序，以及输入、输出信号的有效情况，这就是行为描述的优点。编程人员只需要考虑算法，其他的交由机器完成。

```
module encoder4_2(E,I0,I1,I2,I3,Y1,Y0);
    input E,I0,I1,I2,I3;
    output Y1,Y0;
    reg Y1,Y0;
    always @(E,I0,I1,I2,I3)
        begin
            if (E) begin Y1=1'b0;Y0=1'b0; end
            else if (I3) begin Y1=1'b1;Y0=1'b1; end
            else if (I2) begin Y1=1'b1;Y0=1'b0; end
            else if (I1) begin Y1=1'b0;Y0=1'b1; end
            else if (I0) begin Y1=1'b0;Y0=1'b0; end
            else begin Y1=1'b0;Y0=1'b0; end
        end
endmodule
```

表 5.4.2　4-2 线优先编码器的真值表

E	I0	I1	I2	I3	Y1	Y0
1	X	X	X	X	0	0
0	X	X	X	1	1	1
0	X	X	1	0	1	0
0	X	1	0	0	0	1
0	1	0	0	0	0	0

4-2 线优先编码器的功能仿真波形图如图 5.4.3 所示。当 E 无效时，输出全为 0；E 有效后，根据输入信号 I3、I2、I1、I0 的优先级进行编码。在 20～30ns 时间内，4 个输入信号 I3、I2、I1、I0 全部有效，但只对优先级最高的 I3 编码。

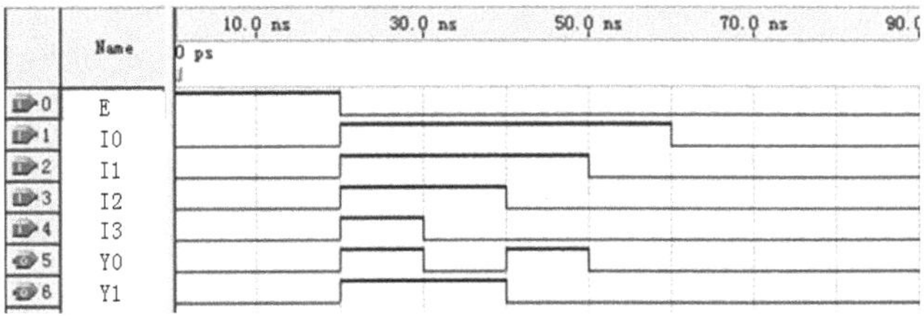

图 5.4.3　4-2 线优先编码器的功能仿真波形图

5.4.2　译码器

带使能端的 3-8 线译码器的真值表如表 5.4.3 所示，其中 S1、S2 和 S3 是使能端，当 S1 为 1，S2 和 S3 均为 0 时，输入信号有效。

下面给出同样用 case 语句描述的带使能端的 3-8 线译码器的 Verilog HDL 程序：

```verilog
module decoder3_8(S1,S2,S3,A2,A1,A0,Y7,Y6,Y5,Y4,Y3,Y2,Y1,Y0);
  input S1,S2,S3,A2,A1,A0;
  output Y7,Y6,Y5,Y4,Y3,Y2,Y1,Y0;
  wire S;
  wire [2:0] A;
  reg [7:0] Y;
  assign S=S2 | S3;
  assign A={A2,A1,A0};//并置后便于后续程序使用
  always @(A,S1,S)
    begin
      if(S1 && !S) //使能端 S1,S2,S3 是否同时有效，S1S2S3=100
        begin
          case(A)
            3'b000: Y=8'b11111110;
            3'b001: Y=8'b11111101;
            3'b010: Y=8'b11111011;
            3'b011: Y=8'b11110111;
            3'b100: Y=8'b11101111;
            3'b101: Y=8'b11011111;
            3'b110: Y=8'b10111111;
            3'b111: Y=8'b01111111;
            default: Y=8'b11111111;
          endcase
        end
      else begin Y=8'b11111111;end
    end
  assign Y0=Y[0];//因为输出端口定义的是单个变量 Y7,Y6,Y5,Y4,Y3,Y2,Y1,Y0
            //而 case 语句中用的是总线形式的变量 Y，要转换一下
  assign Y1=Y[1];
  assign Y2=Y[2];
  assign Y3=Y[3];
  assign Y4=Y[4];
  assign Y5=Y[5];
  assign Y6=Y[6];
  assign Y7=Y[7];
endmodule
```

表 5.4.3 带使能端的 3-8 线译码器的真值表

S1	S2+S3	A2	A1	A0	Y0	Y1	Y2	Y3	Y4	Y5	Y6	Y7
0	X	X	X	X	1	1	1	1	1	1	1	1
X	1	X	X	X	1	1	1	1	1	1	1	1
1	0	0	0	0	0	1	1	1	1	1	1	1
1	0	0	0	1	1	0	1	1	1	1	1	1
1	0	0	1	0	1	1	0	1	1	1	1	1
1	0	0	1	1	1	1	1	0	1	1	1	1
1	0	1	0	0	1	1	1	1	0	1	1	1
1	0	1	0	1	1	1	1	1	1	0	1	1
1	0	1	1	0	1	1	1	1	1	1	0	1
1	0	1	1	1	1	1	1	1	1	1	1	0

如果在端口定义时就使用总线形式的变量，程序会简化很多：

```verilog
module decoder3_8(S1,S2,S3,A,Y);
  input S1,S2,S3;
  input [2:0] A;
  output [7:0] Y;
  wire S;
  reg [7:0] Y;
  assign S=S2 | S3;
  always @(A,S1,S)
    begin
      if(S1 && !S) //使能端 S1,S2,S3 是否同时有效，S1S2S3=100
        begin
```

```
      case(A)
        3'b000: Y=8'b11111110;
        3'b001: Y=8'b11111101;
        3'b010: Y=8'b11111011;
        3'b011: Y=8'b11110111;
        3'b100: Y=8'b11101111;
        3'b101: Y=8'b11011111;
        3'b110: Y=8'b10111111;
        3'b111: Y=8'b01111111;
        default:   Y=8'b11111111;
      endcase
    end
    else begin Y=8'b11111111;end
  end
endmodule
```

其功能仿真波形图如图 5.4.4 所示，实现了该译码器的功能。

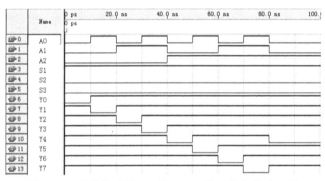

图 5.4.4　带使能端的 3-8 线译码器的功能仿真波形图

5.4.3　其他组合逻辑电路

1.　显示译码器

七段数码管是常用的显示器件，有共阴极的，也有共阳极的，可以事先编好程序，转换起来也非常便捷。下面给出共阴极数码管的 Verilog HDL 程序，其真值表参考第 4 章。

```
module decode47(a,b,c,d,e,f,g,d3,d2,d1,d0);
  output a,b,c,d,e,f,g;
  input d3,d2,d1,d0; //输入的 4 位 BCD 码
  reg a,b,c,d,e,f,g;
  always @(d3 or d2 or d1 or d0)
    begin
      case({d3,d2,d1,d0})//用 case 语句进行译码
        4'd0: {a,b,c,d,e,f,g}=7'b1111110; //0
        4'd1: {a,b,c,d,e,f,g}=7'b0110000; //1
        4'd2: {a,b,c,d,e,f,g}=7'b1101101; //2
        4'd3: {a,b,c,d,e,f,g}=7'b1111001; //3
        4'd4: {a,b,c,d,e,f,g}=7'b0110011; //4
        4'd5: {a,b,c,d,e,f,g}=7'b1011011; //5
        4'd6: {a,b,c,d,e,f,g}=7'b1011111; //6
        4'd7: {a,b,c,d,e,f,g}=7'b1110000; //7
```

```
      4'd8: {a,b,c,d,e,f,g}=7'b1111111; //8
      4'd9: {a,b,c,d,e,f,g}=7'b1111011; //9
      default: {a,b,c,d,e,f,g}=7'bx;
    endcase
  end
endmodule
```

2. 多数表决电路（七变量）

多数表决电路是最简单的组合逻辑电路之一，用传统的设计方法实现五变量以上的多数表决电路非常麻烦，但用程序却非常容易。下面给出七变量的多数表决电路的 Verilog HDL 程序，修改变量个数就可以实现支持更多变量的表决电路。

```
module vote7 (pass,vote );
  output pass;
  input [6:0] vote;
  reg[2:0] sum;//sum 为 reg 型变量，用于统计赞成的人数
  integer i;
  reg pass;
  always @(vote)
    begin
      sum = 0;//sum 初始值为 0
      for(i = 0;i<=6;i = i+1)//for 语句
      begin
        if(vote[i]) sum = sum+1;//只要有人赞成，sum 就加 1
        if(sum[2]) pass = 1;//若超过 4 人赞成，则表决通过
        else pass = 0;
      end
    end
endmodule
```

3. 奇偶校验位产生器

在数字信息传输中，因为码字中发生单个错误的概率要比两个或多个码字同时发生错误的概率大得多，奇偶校验就是一种有效的检测单个码字错误的方法，分奇校验和偶校验。在发送端有校验码产生电路，在接收端有检验码检测电路。下面给出对并行输入的 8 位数据 A 生成 odd_bit 奇校验位和 even_bit 偶校验位的 Verilog HDL 程序：

```
module parity (even_bit, odd_bit, A)
  input [7: 0)A;
  output even_bit, odd_ bit ;
  assign even_bit=^A;          //生成偶校验位
  assign odd_bit= ~ even_bit;   //生成奇校验位
endmodule
```

4. 实现 ROM

尽管可编程逻辑器件中都自带了存储深度和宽度可设置的 ROM 模块，但用组合逻辑电路也可以很方便地编写 ROM 程序。下面设计的是 16×8bit 的存储器，其中存储了 0～15 共 16 个数的平方值，根据 16 个连续的地址输出相应的结果：

```
module rom(addr, data)
  input [3: 0] addr;
  output [7: 0) data;
```

```
    reg [7: 0] romout;
    always(addr)
        begin
            case (addr)
                0: romout=0;      1: romout=l;       2: romout=4;       3: romout=9;
                4: romout=16;    5: romout=25;    6: romout=36;    7: romout=49;
                8: romout=64;    9: romout=81;    10: romout=100; 11: romout=121;
                12: romout=144; 13: romout=169;14: romout=196; 15: romout=225;
                default: romout=8'hxx;
            endcase
        end
    assign data=romout;
endmodule
```

以上组合逻辑电路的例子并不复杂，可以说只要有真值表，全都可以简单地用 if、case、always 语句实现行为描述。

5.4.4 层次化设计

1. 4 位全加器的设计

用 Verilog HDL 编写的程序，不论简单或复杂，都可以当作一个元件。设计好的元件可以用在其他程序中，这也是 Verilog HDL 程序层次化、模块化的设计思想。设计者可以自顶向下设计实现复杂功能的电路。例如，1 位全加器的程序已经设计完成，其框图如图 5.4.5 所示。要实现 4 位串行进位的加法，可以用先前设计好的 1 位全加器构成 4 位全加器，其框图如图 5.4.6 所示，但用语句描述更简便。这要用到元件例化语句，就是对照图形，将程序中要用到的元件引脚连线情况用语句描述清楚就可以了。

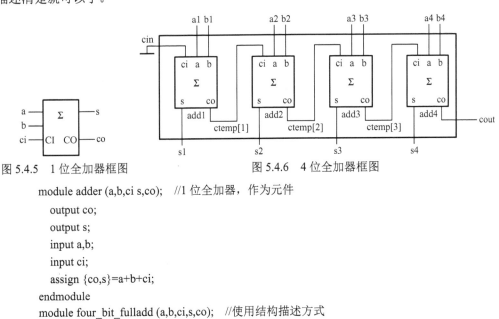

图 5.4.5 1 位全加器框图   图 5.4.6 4 位全加器框图

```
module adder (a,b,ci s,co);   //1 位全加器，作为元件
    output co;
    output s;
    input a,b;
    input ci;
    assign {co,s}=a+b+ci;
endmodule
module four_bit_fulladd (a,b,ci,s,co);   //使用结构描述方式
    parameter size=4;
    input[size:1]a,b; output[size:1] s;
    input ci; output co;
    wire[1:size-1] ctemp;
```

```
add add1(.a(b[1]),.b(b[1]),.ci(cin),.s(s[1]),.co(ctemp[1]));   //元件例化语句
add add2 (a[2], b[2], ctemp[1], s[2], ctemp[2]);
add add3 (a[3], b[3], ctemp[2], s[3], ctemp[3]);
add add4 (a[4], b[4], ctemp[3], s[4], cout);
endmodule
```

注意，a、b、s 定义的是 4 位向量，例如，图 5.4.6 中 a 对应的名字是 a4a3a2a1，其中 a4 对应 a[4]，a3 对应 a[3]，a2 对应 a[2]，a1 对应 a[1]。

2．ALU 的设计

（1）在第 4 章中，ALU 的设计是基于全加器的，使用传统的层次化、模块化设计思想，根据表 4.2.7 可知，用 case 语句就可快速写出两个 4 位二进制数 ALU 的程序，即行为描述程序，如图 5.4.7 所示，实现了 ALU 的功能。

（2）为了练习 Verilog HDL 的结构描述方式，可以按如图 4.2.17 所示的两个 4 位二进制数运算的 ALU 层次模块，使用元件例化语句写出结构描述程序，如图 5.4.8 所示，同样实现了 ALU 的逻辑功能。

ALU 仿真

```
module ALU1 ( M, S1, S0, A, B , co1, F);
  input M, S1, S0;
  input [3:0] A, B;
  output [3:0] F;
  output co1 ;
  reg [3:0] F;
  reg co1;
  always@( M or S1 or S0 or A or B )
begin
case ({M, S1, S0})
  3'b000:F = ~A ;
  3'b001:F = A & B;
  3'b010:F = A;
  3'b011:F = A | B;
  3'b100:F = A-1 ;
  3'b101:{co1, F}= A + B;
  3'b110:F = A -B;
  3'b111:F = A+1;
  default F = 0000;
endcase
end
endmodule
```

图 5.4.7　ALU 的行为描述程序

```
`timescale 1ns / 1ps
//4位ALU
module ALU2 ( M, S1, S0, A, B, c0, ci1, F, yichu);//c0最低位进位, ci1进位输出, yichu溢出F输出
  input M, S1, S0, c0;
  input [3:0] A, B;
  output [3:0] F;
  output ci1, yichu;
  wire [3:0]wx, wy;
  wire [5:0]w;
  AE U7(M, S1, S0, B[3] , wx[3]);
  TT U6(M, S1, S0, A[3], B[3], wy[3]);
  QUANJIA UU3(wx[3], wy[3], w[3], F[3], w[4]);
  AE U5(M, S1, S0, B[2] , wx[2]);
  TT U4(M, S1, S0, A[2], B[2], wy[2]);
  QUANJIA UU2(wx[2], wy[2], w[2], F[2], w[3]);
  AE U3(M, S1, S0, B [1], wx[1]);
  TT U2(M, S1, S0, A[1], B[1] , wy[1]);
  QUANJIA UU1(wx[1], wy[1], w[1], F[1], w[2]);
  AE U1(M, S1, S0, B[0] , wx[0]);
  TT U0(M, S1, S0, A[0], B[0] , wy[0]);
  QUANJIA UU0(wx[0], wy[0], w[0], F[0], w[1]);
assign w[0]=M & S1;
assign yichu=w[3]^w[4];
assign ci1=w[4];
endmodule
//全加器
module QUANJIA(x, y, c0, s, ci1);
  input x, y, c0;
  output s, ci1;
  assign {ci1, s}= x+y+c0;
endmodule
//逻辑运算
module AE(M, S1, S0, B, X);
  input M, S1, S0, B;
  output X;
  assign X=(M & ~ S1 & B) | (M & ~ S0 & ~ B);
endmodule
//算术运算
module TT(M, S1, S0, A, B , Y);
  input M, S1, S0, A, B;
  output Y;
  assign Y=(~M & ~ S1 & ~S0 & ~A) | (~M & S1 & S0 & B) | (~M & S0 & A & B) | (~M & S1 & A) |(M & A);
endmodule
```

图 5.4.8　ALU 的结构描述程序

本章小结

本章主要介绍 Verilog HDL 的基本结构和基本要素，Verilog HDL 有数据流描述、行为描述、结构描述三种描述方式，三种描述方式可以单独使用，也可混合使用。

本章还介绍了 Verilog HDL 的基本语句：结构说明语句、赋值语句、块语句、条件语句、循环语句等。最后给出常用组合逻辑电路，如编码器、译码器、其他组合逻辑电路的 Verilog HDL 程序

举例，以及用 Verilog HDL 程序实现层次化设计的方法。

习题 5

5-1 举例说明如何用 Verilog HDL 程序描述组合逻辑电路的真值表。

5-2 用 Verilog HDL 设计七段数码管（共阴极）。

5-3 编写全减器的 Verilog HDL 程序。

5-4 设计一个比较电路，当输入的 BCD 码大于 5 时输出 1，否则输出 0。

5-5 分析下面程序的功能。

```
module yunsuan ( a, b,A, JG );
    input [3:0] a, b;
    input [2:0]A,;
    output JG;
    reg JG
    always@(a,b,A)
      begin
        case(A)
          3'b000: JG=a&b;          //与
          3'b001:JG=a|b;           //或
          3'b010:JG=a^b;           //异或
          3'b011:JG=!(a&b);        //与非
          3'b100:JG=!(a|b);        //或非
          3'b101:JG=!(!a&b|a&!b);  //异或非
        endcase
      end
endmodule
```

5-6 分析下面程序的功能。

```
module(a,b,c);
    input [3:0]a,
    input b,
    output [3:0] c
    always(a,b)
      begin
        if(!b) c=a+2'b11;
        else c=a-2'b11;
      end
endmodule
```

5-7 写出图 T5-1 对应的采用结构描述方式的 Verilog HDL 程序，内部各元件定义的第一个引脚是输出，其余的是输入。

5-8 画出下面结构描述的 Verilog HDL 程序的逻辑图。

```
module Top (A, B, C, L);
    input A;
    input B;
    input C;
    output L;
    wire AB,BC,AC;
```

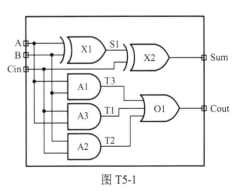

图 T5-1

```verilog
          and U1(AB,A,B);
          and U2(BC,B,C);
          and U3(AC,A,C);
          or U4(L,AB,BC,AC);
      endmodule
```

5-9 给出下面行为描述的 Verilog HDL 程序的真值表。

```verilog
      module Top( A, B, C, L);
         input A,B,C;
         output L;
         reg L;
         always@(A,B,C)
           begin
             case({A,B,C})
               3'b000: L = 1'b0;
               3'b001: L = 1'b0;
               3'b010: L = 1'b0;
               3'b011: L = 1'b1;
               3'b100: L = 1'b0;
               3'b101: L = 1'b1;
               3'b110: L = 1'b1;
               3'b111: L = 1'b1;
               default: L = 1'bx;
             endcase
           end
      endmodule
```

5-10 给出下面数据流描述的 Verilog HDL 程序的真值表。

```verilog
      module Top (A,B,C,L);
         input A,B,C;
         output L;
         assign L = (A&&B) || (B&&C) || (A&&C);
      endmodule
```

第6章 存储记忆器件

用第4章介绍的加法器74LS283可以实现两个4位二进制数的加法。如果要实现1000个或更多4位二进制数的连续求和，则还需要累加寄存器，如图6.0.1所示。

加法器实现被加数 A 和加数 B 相加。待求和的 n 个数 $X_1, X_2, \cdots, X_n$ 作为加数 B 顺序输入加法器的数据输入端。累加寄存器实现记忆并保存每次相加的结果，在控制命令的作用下，输入端接收加法器的输出 S 并更新保存为累加寄存器的输出 Q。第0步，求和前需将累加寄存器输出清零，即 $Q=0$；第1步，送入第1个数 X_1，加法器的输入 $B=X_1$，$A=Q=0$，输出 S 为 A 加 B 的和，即 $S=0+X_1=X_1$，当第1个CLK到来时，将 S 经 D 送入累加寄存器，此时 $Q=D=S=X_1$；第2步，送入第2个数 X_2，$B=X_2$，$A=Q=X_1$，加法器输出为 $S=X_1+X_2$，当第2个CLK到来时，将 $D=S=X_1+X_2$ 送入累加寄存器，$Q=D=S=X_1+X_2$；其余类推，一直到加完所有需要相加的数为止，由加法器和累加寄存器构成的电路称为累加器。

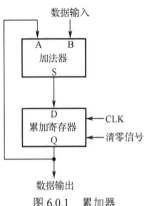

图 6.0.1　累加器

累加器与前面讲过的组合逻辑电路不同，电路某一时刻的输出不仅取决于此时电路的输入值，还与电路的状态即现在的值为多少有关。电路的状态是需要有记忆功能的器件记忆保存的，将这种具有记忆功能的器件称为触发器。当然为了电路的正常工作，数据输入信号的输入要与时钟信号CLK在时间上相互配合，保证步调一致。

本章内容主要包括锁存器、触发器、存储器、可编程逻辑器件。

6.1 双稳态器件

数字电路中最基本的记忆器件能够记住1位二进制数0或1。组合逻辑电路的信号从输入到输出是单方向的，没有反馈回路也就不可能有记忆功能。如图6.1.1所示，有 G_1、G_2 两个反相器，G_1 的输出为 Q，G_2 的输出为 Q'，先将两个反相器串联起来，即把 G_1 的输出接 G_2 的输入，然后再把 G_2 的输出反馈到 G_1 的输入。假如在电路上电的某个瞬间有一个正扰动1加到 G_1 的输入，则 Q 降为0，经 G_2 变为1反馈到 G_1 输入使 Q 继续保持为0，如此循环下去，电路构成互锁，使得数据0被存储在 Q 中。同理，如果上电时有一个负扰动0的话，数据1就被存储在 Q 中。

该电路有两个稳定的状态，就可以实现存储1和0的功能。但电路没有输入端，存储的数据只能是每次接上电源时随机出现的0、1两个中的一个，一直保持到断电为止。

但存储的数据要能控制或改变才有用。二输入或非门如图6.1.2（a）所示，如果 A 接0，B 接一个输入信号，则输出 Y 与 B 的关系就相当于一个反相器；如果 A 接1，不论 B 接什么，或非门的输出固定为0。可以把 A 称为控制端，B 称为输入端，即可以用 A 控制或非门是反相器还是只能输出0。

同理，如图6.1.2（b）所示的二输入与非门，A 接1，B 接一个输入信号，输出 Y 与 B 的关系也相当于一个反相器；如果 A 接0，不论 B 是什么，与非门的输出固定为1。可以把 A 称为控制端，B 称为输入端，用 A 控制与非门是反相器还是只能输出1。因此，用或非门或者与非门代替图6.1.1中的反相器可以实现对存储电路的控制。

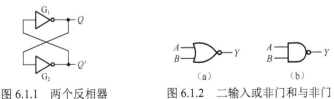

图 6.1.1　两个反相器　　　图 6.1.2　二输入或非门和与非门

6.2 锁存器

6.2.1 基本锁存器

1. 与非门构成的 SR 锁存器

（1）原理分析

用二输入与非门 G_1 和 G_2 代替图 6.1.1 中的两个反相器。G_1 的一个输入接外部控制信号 S'_D，另一个输入接 G_2 的输出 Q'；G_2 的一个输入接外部控制信号 R'_D，另一个输入接 G_1 的输出 Q，如图 6.2.1

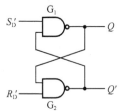

图 6.2.1 与非门构成的 SR 锁存器

所示，这就构成了数字电路中最简单的记忆器件——SR 锁存器（SR-Latch）。两个输入信号分别称为置位信号 S'_D 和复位信号 R'_D，S 为 Set 的首字母，R 为 Reset 的首字母，D 为 Direct 的首字母，意为直接作用。右上角的"'"表示低电平有效。注意，这是一种表示方法，只要这个信号为低电平就产生置位作用，也即令输出 Q 为 1，而不是理解为把这个信号进行非运算。两个输出信号 Q 和 Q' 的取值组合表示锁存器的两个状态：$Q=0$，$Q'=1$ 时，称为复位状态或 0 态；$Q=1$，$Q'=0$ 时，称为置位状态或 1 态。两个输入信号 S'_D 与 R'_D 有 4 种取值组合，下面分别进行分析。

① $S'_D=0$，$R'_D=1$

对于与非门来说，若输入信号为 1，则不会影响门的输出状态；若输入信号为 0 则不然，只能输出 1。当 $S'_D=0$ 时，G_1 的输出 Q 必定为 1；此时 $R'_D=1$，G_2 的输出 Q' 则为 0，再反馈到 G_1 的输入，保证 G_1 的输出 Q 保持在 1 上，此后，即使 S'_D 不再为 0，也能保证 $Q'=0$，$Q=1$。

也就是说，输入信号 $S'_D=0$，$R'_D=1$ 时，锁存器置位为 1 态：$Q=1$，$Q'=0$。

② $S'_D=1$，$R'_D=0$

电路是对称的，当 $R'_D=0$ 时，G_2 的输出 Q' 必定为 1；此时 $S'_D=1$，G_1 的输出 Q 为 0，再反馈到 G_2 的输入，保证 G_2 的输出 Q' 保持在 1 上，此后，即使 R'_D 不再为 0，也能保证 $Q=0$，$Q'=1$。

也就是说，输入信号 $S'_D=1$，$R'_D=0$ 时，锁存器复位为 0 态：$Q=0$，$Q'=1$。

③ $S'_D=1$，$R'_D=1$

当 $S'_D=1$，$R'_D=1$ 时，G_1 的输出 $Q=(Q')'$，反馈回来使 G_2 的输出保持 Q'。在这种情况下，置位、复位信号全部无效，电路保持原来状态不变，即记住了 $S'_D=1$，$R'_D=1$ 前一时刻 Q 和 Q' 的状态。实际中，电路大部分时间保持这种记忆状态，即置位或复位信号有效，使锁存器置为 1 或 0 后，输入信号就变为无效，直到下一次信号有效，期间，锁存器都处于保持记忆状态。

④ $S'_D=0$，$R'_D=0$

只要有一个输入接 0，不论其他输入是什么，与非门的输出必定强制为 1。此时 Q 和 Q' 都变为 1，与定义的 Q 和 Q' 互反是矛盾的，这时电路的状态既不是 0 态，也不是 1 态。

如果此时两个输入信号不是同时变为 1，则按那个继续保持为 0 的输入信号来确定 Q 和 Q' 的状态。也就是说，如果复位信号 R'_D 变为 0，置位信号 S'_D 继续为 1，则置成 0 态；如果置位信号 S'_D 变为 0，复位信号 R'_D 继续为 1，则置成 1 态。

如果此时两个输入信号同时变为 1，假设门的延时都完全一样，将会同时变为 1，又同时变为 0，如此反复，一直振荡下去，这种情况称为临界竞争。而实际情况则由于电路存在制造误差，门的延时不可能完全一样，这时就按变化慢的那个信号来确定 Q 和 Q' 的状态。如果复位信号变得快，先变为 1，置位信号变化慢继续为 0，则新的状态就置成 1 态；相反，如果置位信号先变为 1，复位信号变得慢继续为 0，新的状态则被置成 0 态。由于实际工作中我们无法确定内部逻辑电路延时的长短，所以两个输入信号同时有效又同时无效后，无法确定锁存器的输出状态，此时称为不定状态。为保证锁存器正常工作，规定两个输入端不能同时有效，对于由与非门构成的 SR 锁存器，要满足约束条件 $S'_D+R'_D=1$ 或 $S_D R_D=0$，即 S'_D 和 R'_D 不可以同时取 0。在使用 SR 锁存器时，一定要严格遵守这个规定。与非门构成的 SR 锁存器真值表如表 6.2.1 所示，Q 和 Q' 表示锁存器此刻的状态，称为现态；Q^* 和 $Q^{*'}$ 表示锁存器在当前状态下，输入信号 S'_D 和 R'_D 起作用后，锁存器所变成的新状态，称为次态。

（2）框图

分析图 6.2.1 可以发现，其能够记忆 1 位二进制数，可以将它封装好在其他电路中作为一个器件使用，即用框图表示出来，工程上一看框图就知道这是一个与非门构成的 SR 锁存器，如图 6.2.2 所示。方框内部的 S 表示置位信号，R 表示复位信号。框外的 S'_D 和 R'_D 表示锁存器实际应用中应该外接的置位、复位信号，可以不写，右上角的撇（非）与框外的小圆圈一起表示低电平有效。Q 和 Q' 为互补的输出，Q' 是 Q 的非，在方框外用小圆圈表示。根据框图就能知道输入、输出的关系及功能。注意，不要按基本逻辑门电路分析那样看到小圆圈就要进行非运算，框图中的小圆圈表示该输入端为低电平有效。

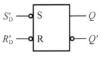

图 6.2.2　与非门构成的 SR 锁存器框图

框图说明

（3）时序图

与非门构成的 SR 锁存器工作波形如图 6.2.3 所示，假设初始状态为 0 态：$Q=0$，$Q'=1$。

表 6.2.1　与非门构成的 SR 锁存器真值表

输入		现态		次态		功能
S'_D	R'_D	Q	Q'	Q^*	$Q^{*'}$	
0	1	0	1	1	0	置1
0	1	1	0	1	0	
1	0	0	1	0	1	置0
1	0	1	0	0	1	
1	1	0	1	0	1	保持
1	1	1	0	1	0	
0	0	0	1	1	1	不定
0	0	1	0	1	1	

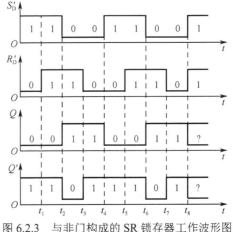

图 6.2.3　与非门构成的 SR 锁存器工作波形图

$t=0$ 时刻，即原点，置位信号 S'_D 无效，复位信号 R'_D 有效，此时锁存器应被置为 0 态：$Q=0$，$Q'=1$，因为假设初始时为 0 态，所以此时刻保持 0 态。

t_1 时刻，S'_D 和 R'_D 都无效，Q 和 Q' 保持 0 态。

t_2 时刻，S'_D 有效，R'_D 无效，此时锁存器应被置为 1 态：Q 变为 1，Q' 变为 0。

t_3 时刻，S'_D 和 R'_D 同时有效，Q 和 Q' 都变为 1。

t_4 时刻，S'_D 无效，R'_D 有效，此时锁存器应被置为 0 态：Q 变为 0，$Q'=1$。

t_5 时刻，S'_D 和 R'_D 都无效，同前，此时 Q 和 Q' 保持 0 态。

t_6 时刻，S'_D 有效，R'_D 无效，此时锁存器应被置为 1 态：Q 变为 1，Q' 变为 0。

t_7 时刻，S'_D 和 R'_D 同时有效，此时 Q 和 Q' 都变为 1。

t_8 时刻，S'_D 和 R'_D 同时无效。由于不知道门的具体延时，此时输出是不定状态，用符号"?"

表示，也有用符号"×"表示的。注意，不定状态发生在两个输入信号同时有效又同时变为无效后，由于我们不能确定电路延时，也就无法确定新的状态，所以称为不定状态。一定要注意"同时"两个字的含义。

初始时，一般假设为 0 态，也可以假设为 1 态。

从输入信号有效到产生相应的输出，门是有延时的，但本书中按理想情况考虑，即不考虑门的延时。

波形图也叫时序图，横坐标是时间，另外，由于数字电路中都是脉冲波形，纵坐标只有 1 和 0 两种情况，所以后续波形图中不再画出坐标轴。

2. 或非门构成的 SR 锁存器

或非门和与非门一样，可以实现其他逻辑门的功能。按照与非门构成 SR 锁存器的方法，两个或非门也可以构成 SR 锁存器，逻辑图及框图如图 6.2.4 所示。

我们知道输入低电平 0 时对或非门不起作用，所以或非门构成的 SR 锁存器的置位、复位信号都为高电平有效。或非门构成的 SR 锁存器真值表如表 6.2.2 所示。除了输入信号的有效电平不一样，其他参数功能基本一致。因为与非门的性能比或非门好，实际中与非门构成的 SR 锁存器更加常见。上述两种基本 SR 锁存器具有置 1、置 0、保持的功能，实现了数据的可控存储。但有两个问题需要解决，一是输入信号一有效就直接作用，马上影响输出的变化；二是两个输入信号不能同时有效，受到约束。

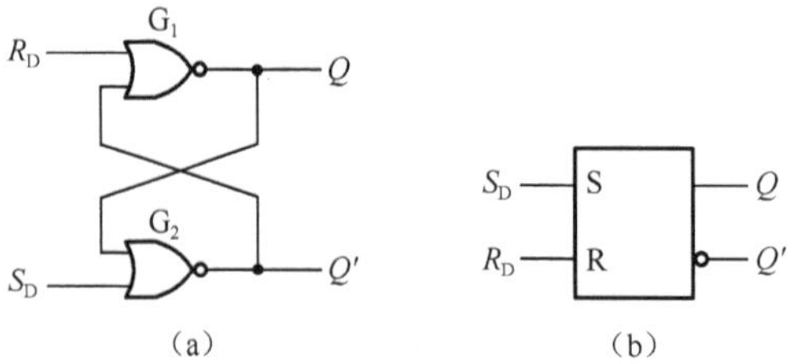

表 6.2.2　或非门构成的 SR 锁存器真值表

输入		现态		次态		功能
S_D	R_D	Q	Q'	Q^*	$Q^{*'}$	
1	0	0	1	1	0	置 1
1	0	1	0	1	0	
0	1	0	1	0	1	置 0
0	1	1	0	0	1	
0	0	0	1	0	1	保持
0	0	1	0	1	0	
1	1	0	1	0	0	不定
1	1	1	0	0	0	

图 6.2.4　或非门构成的 SR 锁存器

6.2.2　门控 SR 锁存器

1. 原理分析

前面介绍的与非门构成的 SR 锁存器和或非门构成的 SR 锁存器，具有置 1、置 0、保持的功能，输入信号一旦有效就直接作用，马上影响到输出的变化。实际应用中，具有一定功能的系统一般都由多个器件构成，这些器件要在系统统一的控制信号作用下，协调一致工作才能完成设定的功能，即系统要求某个器件在某个时间工作时，该器件的输入信号才能起作用，才能产生相应的输出；如果系统没要求，则器件的输入信号即使有效也不能产生相应的输出。系统的控制信号一般为周期性的脉冲信号，每个周期都有一些指定的器件工作，一系列脉冲信号过后，完成系统的相应功能。周期性的脉冲信号一般为时钟信号，与前面讲的使能信号不完全一样。使能信号不是周期性的，是一次性的，就像开关一样，合上后有效，直到再次打开变为无效。

如图 6.2.5（a）所示，虚线右边是由与非门构成的 SR 锁存器，其输入信号 S'_D 和 R'_D 分别接在

虚线左边的与非门 G_3 和 G_4 的输出端上。G_3 和 G_4 的一个输入端分别接外部输入信号 S 和 R，另一端接共同的时钟信号 CLK。时钟信号 CLK=1 期间，S 经 G_3 生成右边的 S'_D 信号；CLK=0 期间，不论 S 是什么信号，G_3 的输出只能为 0，即 S'_D 一直是无效信号。同理可以分析 R 的作用，CLK=1 期间，S 和 R 为有效信号，分别作为置位和复位信号影响 G_1 和 G_2 的输出 Q 和 Q'；CLK=0 期间，G_3 和 G_4 被封锁，S 和 R 不起作用，G_3 和 G_4 输出为 1，使得 G_1 和 G_2 的输入信号无效，输出处于保持状态。

注意，CLK=1 期间，输入信号 S 和 R 依然要受约束，即不能同时有效，或表示为必须满足的条件为 $S \cdot R = 0$。当 CLK=1 时，若 $S=R=1$，则 G_3 和 G_4 的输出都为 0，此刻 G_1 和 G_2 的输出 Q 和 Q' 都为 1。在某一时刻，CLK 变为 0，若 G_3 和 G_4 的传输时间相同，输出同时变为 1，G_1 和 G_2 的输出 Q 和 Q' 都从 1 开始下降，电路进入亚稳态，不能确定最终是 0 态还是 1 态，即依然存在不定状态。该电路中输入信号 S 和 R 只能在 CLK=1 期间作用到 SR 锁存器上，CLK=0 时不起作用，称为门控 SR 锁存器，框图如图 6.2.5（b）所示。

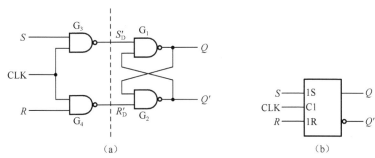

（a）　　　　　　　　　　（b）

图 6.2.5　门控 SR 锁存器

门控 SR 锁存器真值表如表 6.2.3 所示，左边一列加了时钟信号 CLK，表示其门控作用，称为门控信号。

表 6.2.3 中，第 1 行表示 CLK 不是 1 的期间，不论 S 和 R 是什么组合（用×表示），锁存器的状态是不会变化的，保持原来的状态。

接下来 4 行表示门控信号有效，输入信号可以起作用了。

第 2 行是保持功能，因为输入信号无效。

第 3 行 S 无效，R 有效，不论现态是什么，次态都是 0 态，所以叫置 0 功能。

同理，第 4 行是置 1 功能。

表 6.2.3　门控 SR 锁存器真值表

CLK	输入		现态		次态		功能
	S	R	Q	Q'	Q^*	$Q^{*'}$	
非1	×	×	Q	Q'	Q	Q'	保持
1	0	0	Q	Q'	Q	Q'	保持
1	0	1	×	×	0	1	置0
1	1	0	×	×	1	0	置1
1	1	1	×	×	1	1	不定

第 5 行两个输入信号同时有效，两个输出信号都是 1，既不是 0 态，也不是 1 态，此时的功能不定。在实际应用时，不允许两个输入信号同时有效。

门控 SR 锁存器的框图如图 6.2.5（b）所示，外部输入信号 S、R 高电平有效。框内的 C 表示控制信号，数字 1 是控制关联标记，受控制信号控制的输入端之前以数字 1 标记，如输入端 1S、1R。当 C=1 时，门控 SR 锁存器作为一个基本 SR 锁存器；当 C=0 时，基本 SR 锁存器的两个输入端都是无效的，禁止锁存器的置位和复位信号，保持原来的状态不变。

门控 SR 锁存器波形如图 6.2.6 所示，可以看出 S、R 高电平有效，且只有在 CLK=1 期间才能影响输出 Q，仍然存在输入约束问题。

2．抗干扰分析

在 CLK=1 期间，S、R 输入信号可以改变，但如果出现干扰信号，则会发生逻辑错误，如图 6.2.7

所示，假设门控 SR 锁存器初始时处于 0 态。

第 1 个 CLK=1 期间，先是 S 有效，锁存器被置为 1 态，然后保持，接着 R 有效，锁存器被置为 0 态。CLK=1 期间，门控 SR 锁存器与普通 SR 锁存器一样，正常的输入信号 S、R 变化可以作用到输出。如果在输入信号 S 或 R 中有干扰信号进来，如图 6.2.7 所示，第 2 个 CLK=1 期间，一开始 R、S 也为 0 态，锁存器保持原来的 0 态。当 S 中出现一个正的干扰脉冲时，则在 G_3 输出端出现一个负的脉冲，它将使 G_1 和 G_2 构成的基本 RS 锁存器发生一次错误的翻转，即翻转为 Q=1，Q′=0。此后即使 S 中的干扰信号消失之后，也不能使门控 SR 锁存器回到原来正确的状态。为了避免这种错误出现，使用门控 SR 锁存器时，S 和 R 应该只在 CLK=0 期间发生改变，并且等到 R 和 S 稳定之后，才允许 CLK=1。由于这个原因，门控 SR 锁存器很少独立使用，经常用在中、大规模集成电路中以构成触发器或存储器。

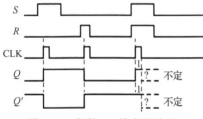

图 6.2.6　门控 SR 锁存器波形

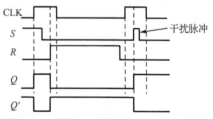

图 6.2.7　门控 SR 锁存器的抗干扰分析

门控 SR 锁存器可以实现记忆功能，常被称为电平触发锁存器。因为门控信号 CLK=1 期间，输入的任何改变都会影响输出，称锁存器为透明的。只有在门控信号的下降沿到来之后，锁存器才表现为记忆功能，保持门控信号下降沿前由最后一个输入信号所设置的状态。

6.2.3　D 锁存器

1. 原理分析

在使用门控 SR 锁存器时，与基本 SR 锁存器一样，必须确保两个输入信号 S 和 R 不能同时有效。一种解决方法是改为一个输入端输入，同时增加一个反相器，如图 6.2.8 所示。将输入信号 D 连接到门控 SR 锁存器的输入端，作为输入信号 S，将 D′作为 R，称为 D 锁存器。

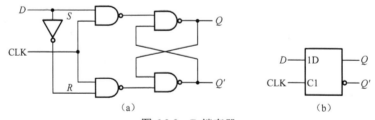

（a）　　　　　　　　　　　　　　　　（b）

图 6.2.8　D 锁存器

因为它只有 D 一个输入信号，通过把 D 和 D′分别当作 S 和 R，可以保证 S 和 R 永远不会同时为 1，解决了门控 SR 锁存器的输入约束问题。当 CLK=1 时，Q 将得到与 D 相同的值，称锁存器为打开状态，Q 跟随 D 的变化而变化。相反，当 CLK=0 时，称锁存器为关闭状态，输出 Q 将保持时钟下降沿前最后确定的 D 值。在 CLK=1 期间，D 是什么，Q 就是什么，D 锁存器也是透明锁存器。之所以叫 D 锁存器，因为其常用于数据传输，D 是英文 Date 的首字母。

D 锁存器的真值表如表 6.2.4 所示。

表 6.2.4　D 锁存器的真值表

CLK	输入	现态		次态		功能
	D	Q	Q′	Q^*	$Q^{*\prime}$	
非 1	×	Q	Q′	Q	Q′	保持
1	0	×	×	0	1	置 0
1	1	×	×	1	0	置 1

2. 空翻问题

因为 D 锁存器是透明的，如果 CLK 长时间有效，D 锁存器的输出一直跟随输入的变化而变化，会使无用信息进入锁存器，称为 D 锁存器的空翻。尽管 D 锁存器解决了 SR 锁存器两个输入信号 S 和 R 不能同时有效的问题，但在 CLK 从 1 变为 0 期间，输入信号 D 一定不能变化，否则输出仍会出现不确定的情况。

如图 6.2.9 所示，将 4 个 D 锁存器的 CLK 连接在一起构成数据寄存器，用于接收外部指令，$D_3D_2D_1D_0$ 用于接收执行指令时的数据。每来一个 CLK，就执行一条指令，比如本章一开始的累加器例子，n 个数据累加需要 n 个 CLK，每来一个 CLK 就加一个数据，依次累加运算。因为透明，如果 CLK=1 的时间比较长，且数据在 CLK=1 期间变化多次，则累加的数据进行完运算又被送回输入端，再次进行累加，导致最后出现错误结果。为避免出现空翻现象，可以缩短 CLK=1 的时间。但由于置位、复位信号的延时不一致，因此实际实现起来比较困难。

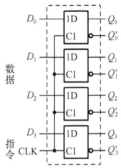

图 6.2.9 D 锁存器构成数据寄存器

6.3 触发器

为解决 D 锁存器的空翻问题，将两个锁存器串联，使两个锁存器交替的工作，两个锁存器分别称为主锁存器和从锁存器。由于主、从锁存器绝不会同时使能，因此整个电路也永远不会透明，电路输出的状态只对时钟信号 CLK 的边沿敏感，即状态更新只会发生在每个时钟信号的上升沿或下降沿这一时刻，其他时间都不会改变，提高了抗干扰性。我们称这种存储电路为触发器，有主从型和边沿型两种。

6.3.1 主从型 SR 触发器

1. 原理分析

主从结构的 SR 触发器也称为主从型 SR 触发器，逻辑图如图 6.3.1（a）所示，三条虚线之间有两个互连的门控 SR 锁存器。门 $G_5 \sim G_8$ 构成主锁存器，输入接外部信号 S 和 R，输出 Q_m 和 Q'_m 只在电路内部作为从锁存器的输入，并没有引到外部；时钟信号接外部信号 CLK。门 $G_1 \sim G_4$ 构成从锁存器，输入信号是 S_S 和 R_S，分别接主锁存器的输出 Q_m 和 Q'_m；输出为 Q 和 Q'，直接接到外部作为整个触发器的输出信号，时钟信号为 CLK′，是主锁存器时钟信号的非。触发器的输入是主锁存器的输入，主锁存器的输出接从锁存器的输入，从锁存器的输出是触发器的输出。在触发器中，主锁存器的时钟信号由 CLK 控制，从锁存器的时钟信号由 CLK′控制，在每个时钟周期内，主、从锁存器均不会同时使能。主从型 SR 触发器框图如图 6.3.1（b）所示。

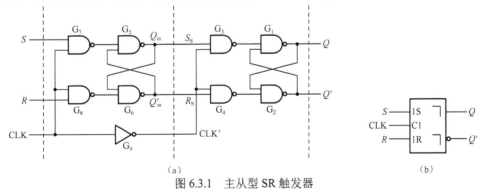

（a）   （b）

图 6.3.1 主从型 SR 触发器

主从型 SR 触发器工作过程如下：

CLK=1 期间,主锁存器的输出 Q_m 和 Q'_m 随输入的变化而改变,从锁存器的输出 Q 和 Q' 保持不变。

CLK 下降沿到来时,从锁存器输出变为 CLK 下降沿到来前一时刻主锁存器的状态。

CLK=0 期间,主锁存器被锁住,输入信号不能作用到电路中,Q_m 和 Q'_m 保持不变;尽管从锁存器的 CLK 一直有效,但因为主锁存器的输出处于保持状态,使得从锁存器的输入保持不变,所以触发器的输出 Q 和 Q' 也保持不变。

当 CLK=1 时,只有主锁存器使能,它的输出 Q_m 跟随输入的变化而变化。注意这个改变并不会通过从锁存器送到输出,因为从锁存器在 CLK=1 期间是被禁止的,输出 Q 保持原来的状态不会改变。直到 CLK 变为 0,主锁存器被禁止,它的内容不再随输入的变化而改变,此时从锁存器被使能,从锁存器的输出 Q 根据主锁存器的输出 Q_m 发生改变,并送到输出端。输出 Q 的这个变化只会在 CLK 从 1 变为 0 的瞬间发生,因为 CLK=0 以后,在下一个 CLK=1 到来之前,从锁存器的输入,即主锁存器的输出 Q_m 是没有变化的。

图 6.3.2 为主从型 SR 触发器时序图,图中给出了时钟信号 CLK、主锁存器的输出 Q_m,以及从锁存器的输出 Q 随时钟脉冲变化的波形。假设初态为 0 态,在第 1 个 CLK=1 时,输入信号 $S=1$,$R=0$,主锁存器的输出 Q_m 被置为 1,此时从锁存器的输出 Q 保持原来状态不变;在 CLK 从 1 变为 0 的下降沿,主锁存器被禁止,从锁存器使能,从锁存器的输出 Q 也即触发器的输出 Q 被置为 1,直到第 2 个 CLK 下降沿到来后,再根据第 2 个 CLK=1 期间主锁存器输出 Q_m 的状态变化而变化。从图中可以看出,每个 CLK=1 期间,主锁存器的输出 Q_m 可以根据外部输入信号的变化而变化,呈现的还是 SR 锁存器的功能;从锁存器保持上一个 CLK 下降沿时被置的状态。第 6 个 CLK=1 期间,输入信号组合 SR 的变化为 $10\to00\to01$,主触发器的输出随输入的变化而变化,Q 的变化为 1 →保持→0,而从触发器的输出没有发生变化。尽管主从型触发器在 CLK=1 时接收数据,但是其输出 Q 和 Q' 也即从锁存器的输出仅仅在每个 CLK 下降沿时根据主锁存器输出的变化而变化,为此,在主从型 SR 触发器框图中的 Q 和 Q' 输出端处标有延时输出符号 "⌐",如图 6.3.1 (b) 所示。

由门控 SR 锁存器真值表不难得出主从型 SR 触发器真值表,如表 6.3.1 所示。

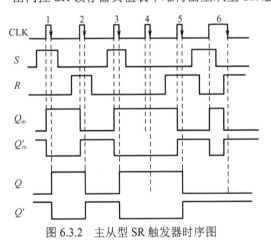

图 6.3.2　主从型 SR 触发器时序图

表 6.3.1　主从型 SR 触发器真值表

CLK	输入		现态		次态		功能
	S	R	Q	Q'	Q^*	$Q^{*'}$	
无脉冲	×	×	Q	Q'	Q	Q'	保持
⊓	0	0	Q	Q'	Q	Q'	保持
⊓	0	1	×	×	0	1	置0
⊓	1	0	×	×	1	0	置1
⊓	1	1	×	×	1	1	不定

2. 抗干扰分析

在 CLK=1 期间,有干扰脉冲的话,主锁存器仍然会发生错误的翻转,并保持这个错误的状态。当 CLK 由 1 变为 0 时,主锁存器的错误状态又传给了从锁存器,造成了永久性的错误。因此,使用主从型 SR 触发器时,在 CLK=1 期间,不允许 R 和 S 发生变化。换句话说,在 CLK=0 期间,允许 R 和 S 发生变化,并在 R 和 S 稳定之后,才允许 CLK 的高电平到来,因此,主从型 SR 触发器又称为脉冲触发型 SR 触发器。

6.3.2　主从型 JK 触发器

1．原理分析

为解决主从型 SR 触发器两个输入信号不能同时有效的问题，在主从型 SR 触发器的基础上增加两根反馈线，一根线把输出 Q 引到 G_8 输入端，与输入 K 相与，相当于 $R=KQ$；另一根线把 Q' 引到 G_7 输入端，与输入端 J 相与，相当于 $S=JQ'$，如图 6.3.3 所示。其简化逻辑图如图 6.3.4 所示。因为 Q 和 Q' 总是互反的，即使 J 和 K 同时有效，即 $J=K=1$，更改后的 S 和 R 也是互反的，解决了两个输入信号不能同时有效的问题。下面在 J 和 K 的 4 种输入组合情况下，分析触发器初始状态分别为 0 态和 1 态时的输出情况。

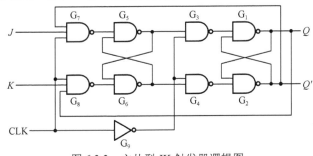

图 6.3.3　主从型 JK 触发器逻辑图　　　图 6.3.4　主从型 JK 触发器简化逻辑图

（1）$J=K=1$

设触发器初始时处于 0 态：$Q=0, Q'=1$。当 CLK 变为 1 后，主锁存器输入相当于 $S=Q'=1, R=Q=0$，主锁存器置 1 态；CLK 下降沿到来时，从锁存器根据主锁存器的状态也置为 1 态；CLK 变为 0 后，从锁存器保持 1 态，直到下一个 CLK 到来。

设触发器初始时处于 1 态：$Q=1, Q'=0$。当 CLK 变为 1 后，主锁存器输入相当于 $S=Q'=0, R=Q=1$，主锁存器置为 0 态；CLK 下降沿到来时，从锁存器根据主锁存器的状态也置为 0 态；CLK 变为 0 后，从锁存器保持 0 态，直到下一个 CLK 到来。

可知，输入 $J=K=1$ 时，触发器实现了反相功能，即次态等于现态的非：$Q^*=Q'$，也称为翻转功能。

（2）$J=1, K=0$

设触发器初始时处于 0 态：$Q=0, Q'=1$。当 CLK 变为 1 后，主锁存器输入相当于 $S=JQ'=Q'=1$，$R=KQ=0$，主锁存器置为 1 态；CLK 下降沿到来时，从锁存器根据主锁存器的状态也置为 1 态；CLK 变为 0 后，从锁存器保持 1 态，直到下一个 CLK 到来。

设触发器初始时处于 1 态：$Q=1, Q'=0$。当 CLK 变为 1 后，主锁存器输入相当于 $S=JQ'=Q'=0$，$R=KQ=0$，输入端无效，主锁存器保持 1 态；CLK 下降沿到来时，从锁存器根据主锁存器的状态也置为 1 态；CLK 变为 0 后，从锁存器保持 1 态，直到下一个 CLK 到来。

可知，输入 $J=1, K=0$ 时，不论现态是 1 态还是 0 态，次态都为 1 态：$Q^*=1$，触发器实现了置 1 功能。

（3）$J=0, K=1$

设触发器初始时处于 0 态：$Q=0, Q'=1$。当 CLK 变为 1 后，主锁存器输入相当于 $S=JQ'=0$，$R=KQ=0$，主锁存器保持为 0 态；CLK 下降沿到来时，从锁存器根据主锁存器的状态也置为 0 态；CLK 变为 0 后，从锁存器保持 0 态，直到下一个 CLK 到来。

设触发器初始时处于 1 态：$Q=1, Q'=0$。当 CLK 变为 1 后，主锁存器输入相当于 $S=JQ'=0$，$R=KQ=1$，主锁存器置为 0 态；CLK 下降沿到来时，从锁存器根据主锁存器的状态也置为 0 态；

CLK 变为 0 后，从锁存器保持 0 态，直到下一个 CLK 到来。

可知，输入 J=0，K=1 时，不论现态是 1 态还是 0 态，次态都为 0 态：Q^*=0，触发器实现了置 0 功能。

（4）J=K=0

不管触发器初始时处于 0 态还是 1 态，S=JQ'=0，R=KQ=0，当 CLK 变为 1 后，主锁存器保持原来状态；CLK 下降沿到来时，从锁存器跟随主锁存器的状态；CLK 变为 0 后，从锁存器继续保持，直到下一个 CLK 到来。

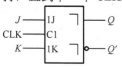

图 6.3.5 主从型 JK 触发器框图

可知，输入 J=K=0 时，若现态是 1，次态就是 1，若现态是 0，次态就是 0，即 Q^*=Q，触发器实现了保持功能。

与主从型 SR 触发器一样，在主从型 JK 触发器框图中，Q 和 Q' 输出端处也标有延时输出符号"⌐"，如图 6.3.5 所示。由主从型 SR 触发器的真值表不难得出主从型 JK 触发器真值表，见表 6.3.2。

2. 主锁存器的一次变化问题

主从型 JK 触发器虽然解决了主从型 SR 触发器两个输入信号不能同时有效的问题，但在 CLK=1 期间，仍不允许输入信号 J 和 K 发生变化。由于增加了两根互为非的反馈线，主从型 JK 触发器主锁存器的状态根据输入信号只能改变一次，这称为主锁存器的一次变化问题。时序图如图 6.3.6 所示，设触发器初始时为 0 态。

第 1 个 CLK=1 期间，主锁存器置为 1，在下降沿到来后，从锁存器也置为 1。

第 2 个 CLK=1 期间，输入信号 J 没有变化，K 来了一个正脉冲，主锁存器先保持原来的 1 态，然后置为 0，再保持，在下降沿到来后，从锁存器也置为 0。这些过程及抗干扰能力与主从型 SR 触发器一样。

第 3 个 CLK=1 期间，主锁存器的输入信号 J 和 K 组合先为 11，主锁存器从 0 翻转为 1；J 和 K 组合变为 01，按照真值表，这时主锁存器应该再从 1 翻转为 0，但是图 6.3.6 中，主锁存器的 Q_m 态从 0 翻转为 1 后不能翻转回 0 了，也即原来是 0 态，就只能从 0 翻转为 1 变化一次，不能再翻转为 0。在下降沿到来后，从锁存器只能置为 1。这是因为两根反馈线令 S=JQ'，R=KQ。

若初始时为 0 态，S=JQ'=J，R=KQ=0，只能接收 J=1，K=× 的信号，即只能置 1，不能置 0。

同理，若初始时为 1 态，S=JQ'=0，R=KQ=1，只能接收 J=×，K=1 的信号，即只能置 0，不能置 1。

表 6.3.2 主从型 JK 触发器真值表

CLK	输入		现态		次态		功能
	J	K	Q	Q'	Q^*	$Q^{*\prime}$	
无脉冲	×	×	Q	Q'	Q	Q'	保持
⎍	0	0	Q	Q'	Q	Q'	保持
⎍	0	1	×	×	0	1	置 0
⎍	1	0	×	×	1	0	置 1
⎍	1	1	Q	Q'	Q'	Q	翻转

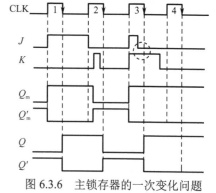

图 6.3.6 主锁存器的一次变化问题

6.3.3 主从型 D 触发器

1. 原理分析

由于 D 锁存器没有一次变化问题，可以用两个 D 锁存器构成主从型 D 触发器，在 CLK=1 期间，输入信号 D 可以多次改变，但考虑到 D 锁存器的空翻问题，必须要保证：① 在 CLK 下降沿到来前必须稳定下来；② 与 CLK 配合使用，例如前面讲到的累加器。

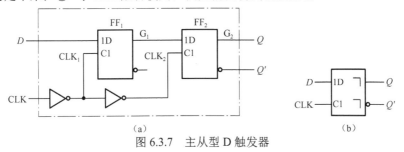

图 6.3.7　主从型 D 触发器

主从型 D 触发器的真值表如表 6.3.3 所示，与 D 锁存器真值表的区别就是时钟信号由电平控制还是由脉冲控制。

2. 抗干扰分析

时序图如图 6.3.8 所示，可以看出，主从型 D 触发器的抗干扰能力大大提高了。在第一个 CLK=1 期间，有干扰信号加在输入信号 D 中，输出 Q 在 CLK 下降沿并没有受到影响。

表 6.3.3　主从型 D 触发器的真值表

CLK	输入	现态		次态		功能
	D	Q	Q'	Q^*	Q'^*	
无脉冲	×	Q	Q'	Q	Q'	保持
⊓	0	×	×	0	1	置 0
⊓	1	×	×	1	0	置 1

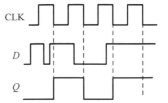

图 6.3.8　主从型 D 触发器抗干扰分析

6.3.4　边沿触发器

为了提高可靠性，增强抗干扰能力，希望触发器的次态仅取决于 CLK 下降沿（或上升沿）到来时的输入信号状态，而与之前、之后输入信号的状态没有关系。

边沿触发器有多种结构，例如，用 CMOS 门的边沿触发器、维持阻塞结构的触发器、用门实现传输延时的边沿触发器。这里介绍维持阻塞结构的 D 触发器。

1. 原理分析

边沿触发器由三个相互连接的 SR 锁存器实现，即置 1 锁存器、置 0 锁存器和输出锁存器，称为维持阻塞结构的 D 触发器，如图 6.3.9 所示。

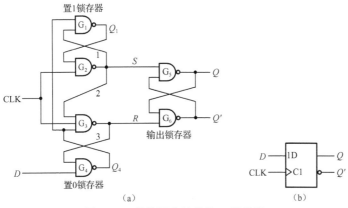

图 6.3.9　维持阻塞结构的 D 触发器

CLK=0 时，G_2 和 G_3 被封锁，输出 S 和 R 都是高电平，使得输出锁存器的输入信号无效，其输出处于保持状态，即 Q 和 Q' 保持当前状态不变。此时，S 和 R 的高电平反馈到 G_1 和 G_4 的输入端，将这两个门打开，使得 $Q_1=D$，$Q_4=D'$，为触发器状态的更新做好准备。换言之，只要 CLK=0，Q_1 和 Q_4 就将随时捕捉 D 的变化。

在 CLK 的上升沿到来时，G_2 和 G_3 被打开，S 和 R 分别是 Q_1（$=D$）和 Q_4（$=D'$）的非，其逻辑值始终是互反的，由 CLK 上升沿到来前一时刻的 D 值决定。

如果 CLK 上升沿到来前时刻 $D=1$，则 $S=0$，$R=1$，将输出锁存器置 1，即触发器状态更新为 $Q^*=1$。在 CLK=1 期间，$S=0$ 通过反馈线 1 和 2 封锁 G_1 和 G_3。S 至 G_1 输入端的反馈线 1 使 $Q_1=1$，起到维持 $S=0$ 的作用，从而维持了触发器的 1 态，称为置 1 维持线，G_1 和 G_2 组成的锁存器称为置 1 锁存器。虽然 D 在 CLK=1 期间可能由 1 跳变为 0，使 $Q_4=1$，但 S 至 G_3 输入端的反馈线 2 将阻止 $R=1$ 的改变，从而阻塞了 D 输入的置 0 信号。故称反馈线 2 为置 0 阻塞线。

而如果在 CLK 上升沿到来时 $D=0$，则复位锁存器跟随时钟信号的变化，$S=1$，$R=0$，触发器状态更新为 $Q^*=0$。在 CLK=1 期间，R 至 G_4 输入端的反馈线 3 上的信号将 G_4 封锁，使 $Q_4=1$，既阻塞了 $D=1$ 信号进入触发器的路径，又通过 R 将触发器维持在 0 态。故反馈线 3 称为置 1 阻塞、置 0 维持线。G_3 和 G_4 组成的锁存器称为置 0 锁存器。

待 CLK=1 结束，电路又回到 CLK=0 的状态。可以看出，触发器只在 CLK 由 0 跳变到 1 瞬间更新状态，其余时间均处于保持状态。

虽然维持阻塞结构的 D 触发器与前述主从型 D 触发器的电路结构完全不同，但这两个电路所实现的逻辑功能是完全相同的，都是在 CLK 上升沿到来时转换输出状态，将输入信号 D 传递给 Q 并保持下去。因此，它们使用同一个逻辑符号和特性方程来表达，并具有十分相似的动态特性。有的教材也将主从型 D 触发器称为边沿 D 触发器。

边沿 D 触发器的真值表如表 6.3.4 所示，与 D 锁存器、主从型 D 触发器的区别是，时钟信号由边沿控制，而不是由电平或脉冲控制。

2. 抗干扰分析

维持阻塞结构的 D 触发器在每个 CLK 的上升沿到来时，由输入信号 D 决定输出 Q 的状态，在一个时钟周期的其他时间都不起作用，如图 6.3.10 所示，这大大提高了触发器的抗干扰能力，在实际中得到广泛使用。

表 6.3.4 边沿 D 触发器的真值表

CLK	输入	现态		次态		功能
	D	Q	Q'	Q^*	$Q^{*'}$	
非↑	×	Q	Q'	Q	Q'	保持
↑	0	×	×	0	1	置 0
↑	1	×	×	1	0	置 1

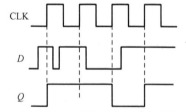

图 6.3.10 维持阻塞结构的 D 触发器抗干扰分析

下降沿触发的 D 触发器

6.4 触发器的逻辑功能描述

触发器次态与现态及输入信号之间的关系可以用逻辑函数描述，称为触发器的逻辑功能。触发器输入信号的个数和不同取值引起的响应是不同的。每种触发器都有一个或两个输入信号，这恰好代表了触发器的逻辑功能特征，以其命名则有 SR、D、JK、T 这 4 种基本类型。

触发器的逻辑功能与电路结构之间没有必然的联系，以某种结构为基础可以构造不同功能的触发器，例如，边沿结构的有边沿 D 触发器、边沿 JK 触发器、边沿 SR 触发器。同一种功能的触发器可以由不同的构造方法实现，如 D 锁存器、边沿 D 触发器。电路结构决定了触发器的动作特点。

图 6.4.1（a）、（b）、（c）、（d）分别是上升沿触发的边沿 SR、JK、D、T 触发器框图。框图内，时钟输入 C1 处的小三角形表示上升沿触发；如果小三角形边框外再加上一个小圆圈，则表示下降沿触发。

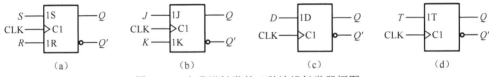

图 6.4.1　上升沿触发的 4 种边沿触发器框图

触发器是构成时序逻辑电路的主要部件，为更好地分析、设计时序逻辑电路，每种触发器的逻辑功能均可以用特性表和特性方程、驱动表、状态转换图描述，描述逻辑功能时不需要描述触发器的动作特点。

6.4.1　SR 触发器的逻辑功能描述

SR 触发器有两个输入信号：S（置位信号）和 R（复位信号），分别用于置位和复位触发器。当 $S=1$，$R=0$ 时，触发器输出被置位为 1 态；当 $S=0$，$R=1$ 时，被复位为 0 态。SR 触发器在使用时必须遵守约束条件 $SR=0$。

1. 特性表和特性方程

特性表是真值表的简略形式，不描述触发器的动作特点，只描述输入所有取值组合情况下对应的次态与现态的关系，即逻辑功能。SR 触发器特性表如表 6.4.1 所示，表中 Q 和 Q^* 分别表示触发器的现态与次态，对上升沿触发的触发器来说，就是每个时钟信号上升沿到来前、后触发器的状态。特性表用于分析时序逻辑电路，根据已知触发器的输入求时钟信号上升沿到来后触发器的输出。在 SR 触发器的特性表中，第 1 行表示当 $S=0$，$R=0$ 时，触发器的次态与现态一样，即保持功能；第 2 行表示当 $S=0$，$R=1$ 时，不论现态是什么，触发器的次态总是 0 态，即置零功能；第 3 行表示置 1 功能；第 4 行与锁存器一样，功能不定。

从特性表可以画出 SR 触发器的卡诺图如图 6.4.2 所示，从卡诺图可以写出特性方程如下：

$$\begin{cases} Q^* = S + R'Q \\ RS = 0 \end{cases}$$

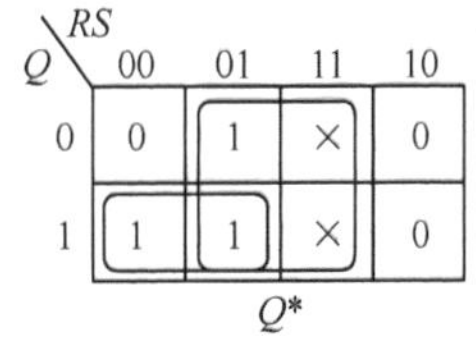

Q \ RS	00	01	11	10
0	0	1	×	0
1	1	1	×	0

Q^*

图 6.4.2　SR 触发器的卡诺图

2. 驱动表

触发器的驱动表给出了为把当前状态变为一个期望状态，触发器输入的值，用于时序逻辑电路的综合设计。SR 触发器驱动表如表 6.4.2 所示，第 1 行表示现态是 0 态，需要的次态也是 0 态，则输入 S 应该为 0，R 为 0 或 1 都可以，R 为 0 则保持现在的 0 态，R 为 1 则不管现态是什么，直接置为 0 态。第 2 行现态是 0 态，需要的次态是 1 态，则只要输入信号 S 为 1，R 为 0 即可。同样道理可以分析另外两行。

3. 状态转换图

触发器功能除了可以用图形符号、特性表和方程描述，也可以唯一地用状态转换图来描述。用圆圈及里面的数字是 0 还是 1 表示两种状态：0 态和 1 态；状态间的转换用箭头指示，箭尾从现态出发，箭头指向次态，箭头中间都标有引起此次状态变化的输入的值。注意，同一个状态可能同时是源状态和目标状态，比如保持功能时。由于每次状态的转换都发生在时钟信号边沿，因此每个状态保持的时间都被默认为两个时钟信号边沿之间的一个时间间隔。

$Q=1$ 时，称触发器处于置位状态；$Q=0$ 时，称触发器处于复位状态。触发器能从一个状态变为另一个状态，或重新回到同一个状态。时序逻辑电路设计中将应用这些状态转换图定义有限状态机。SR 触发器的状态转换图如图 6.4.3 所示。

表 6.4.1　SR 触发器特性表

S	R	Q^*
0	0	Q
0	1	0
1	0	1
1	1	不定

表 6.4.2　SR 触发器驱动表

Q	Q^*	S	R
0	0	0	×
0	1	1	0
1	0	0	1
1	1	×	1

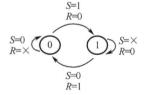

图 6.4.3　SR 触发器的状态转换图

6.4.2　D 触发器的逻辑功能描述

1．特性表和特性方程

正如前面提到的，D 触发器只有一个输入 D（数据），当 $D=1$ 时触发器置位，当 $D=0$ 时触发器复位。D 触发器特性表如表 6.4.3 所示，特性方程：$Q^* = D$。

2．驱动表

由 D 触发器特性表可知，输入 D 是什么，次态就是什么。D 触发器驱动表如表 6.4.4 所示。想要触发器是什么状态，不用管现态是什么，只需要控制输入 D 为相应的状态即可。

3．状态转换图

D 触发器的状态转换图如图 6.4.4 所示。从 0 态到 1 态只需 $D=1$，从 1 态到 0 态只需 $D=0$；保持 0 态只需 $D=0$，保持 1 态只需 $D=1$。

由特性表、特性方程、状态转换图可以知道，时钟信号边沿到来后，$D=0$ 时，D 触发器的新状态将被置为 0；$D=1$ 时，新状态将被置为 1。在非时钟信号边沿的其他时间里，保持不变。D 触发器实现了存储 1 位二进制数的功能。

表 6.4.3　D 触发器特性表

D	Q^*
0	0
1	1

表 6.4.4　D 触发器驱动表

Q	Q^*	D
0	0	0
0	1	1
1	0	0
1	1	1

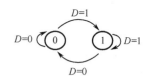

图 6.4.4　D 触发器的状态转换图

6.4.3　JK 触发器的逻辑功能描述

1．特性表和特性方程

与 SR 触发器类似，JK 触发器也有两个输入信号：J 和 K，分别用于置位和复位触发器。JK 触发器特性表如表 6.4.5 所示，当 $J=K=0$ 时，JK 触发器状态保持不变（$Q^*=Q$）；当 $J=0$，$K=1$ 时，触发器的下一个状态将被置为 0 态（$Q^*=0$）；$J=1$，$K=0$ 时，将被置 1 态（$Q^*=1$）。与 SR 触发器不同的是，当 J 和 K 同时有效，即 $J=K=1$ 时，触发器的次态等于现态的非（$Q^*=Q'$）：若现态是 0，则次态为 1；当现态是 1，次态则为 0，实现了翻转功能。特性方程：$Q^* = JQ' + K'Q$。

2. 驱动表

JK 触发器驱动表如表 6.4.6 所示，要保持在 0 态，只需令 $J=0$；要保持在 1 态，只需令 $K=0$。从 0 态到 1 态只需令 $J=1$，从 1 态到 0 态只需令 $K=1$。

3. 状态转换图

JK 触发器的状态转换图如图 6.4.5 所示。在所有逻辑类型的触发器中，JK 触发器具有的逻辑功能最全，在外部 J、K 信号控制下，它具有保持、置 0、置 1 和翻转 4 种功能，附加简单电路则可以转换为其他功能的触发器。

表 6.4.5　JK 触发器特性表

J	K	Q^*
0	0	Q
0	1	0
1	0	1
1	1	Q'

表 6.4.6　JK 触发器驱动表

Q	Q^*	J	K
0	0	0	×
0	1	1	×
1	0	×	1
1	1	×	0

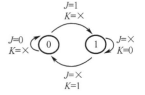

图 6.4.5　JK 触发器的状态转换图

6.4.4　T 和 T′触发器的逻辑功能描述

1. 特性表和特性方程

T 触发器只有一个输入信号 T，只有保持和翻转两种功能。当 $T=0$ 时，触发器保持当前状态，$Q^*=Q$；当 $T=1$ 时，触发器次态为当前状态的非，$Q^*=Q'$。特性表如表 6.4.7 所示。特性方程：$Q^* = TQ' + T'Q$。

2. 驱动表

T 触发器驱动表如表 6.4.8 所示，要保持在 0 态或 1 态，只需 $T=0$ 即可；要想从 0 到 1 或从 1 到 0 翻转，只需 $T=1$ 即可。

3. 状态转换图

T 触发器的状态转换图如图 6.4.6 所示，上升沿和下降沿触发的 T 触发器框图分别如图 6.4.7（a）和（b）所示。

表 6.4.7　T 触发器特性表

T	Q^*
0	Q
1	Q'

表 6.4.8　T 触发器驱动表

Q	Q^*	T
0	0	0
0	1	1
1	0	1
1	1	0

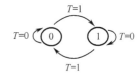

图 6.4.6　T 触发器的状态转换图

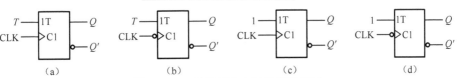

图 6.4.7　T 触发器和 T′触发器的框图

与 JK 触发器的特性方程比较可知，只要将 JK 触发器的 J、K 连接在一起作为输入 T，就可实现 T 触发器的功能，因此，在小规模集成电路产品中没有专门的 T 触发器，如果需要，可用 JK 触发器、D 触发器进行转换。

4．T′触发器

当 T 触发器的输入 T 固定接高电平（即 $T=1$）时，则触发器只有翻转功能，不需要输入信号，特性方程变为 $Q^*=Q'$。

图 6.4.8　T′触发器的状态转换图

也就是说，每来一个时钟信号，触发器的状态就翻转一次，状态转换图如图 6.4.8 所示，这种特定的 T 触发器常在集成电路内部逻辑图中出现，其输入只有时钟信号，称为 T′触发器。上升沿和下降沿触发的 T′触发器框图分别如图 6.4.7（c）和（d）所示。

6.4.5　触发器功能转换

D 触发器和 JK 触发器具有较完善的功能，有很多独立的中、小规模集成电路产品，而 T 触发器和 SR 触发器可以很容易用 D 触发器或 JK 触发器转换而成。下面将讨论如何用 JK、D 触发器转换为其他逻辑功能的触发器。

1．JK 触发器转换为其他逻辑功能的触发器

（1）转换为 SR 触发器。根据 JK 触发器的构成原理，令 $J=S$，$K=R$，便可由 JK 触发器实现 SR 触发器的全部功能，如图 6.4.9（a）所示。

（2）转换为 D 触发器。令 JK 触发器的 $J=D$，$K=D'$，便可构成 D 触发器，如图 6.4.9（b）所示。D 触发器的特性方程：

$$Q^* = JQ' + K'Q = DQ' + DQ = D$$

D 触发器仿真

（3）转换为 T 触发器。比较 JK、T 触发器的特性方程：

$$Q^* = JQ' + K'Q$$
$$Q^* = TQ' + T'Q$$

可知，令 JK 触发器的 J、K 接在一起再接 T，便可构成 T 触发器，如图 6.4.9（c）所示。

（4）转换为 T′触发器。JK 触发器的 J、K 接在一起再接高电平 1，便可构成 T′触发器，如图 6.4.9（d）所示。

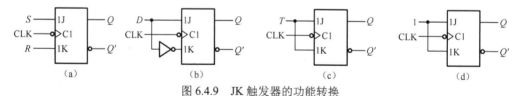

图 6.4.9　JK 触发器的功能转换

2．D 触发器转换为其他功能的触发器

（1）转换为 T 触发器。令 D 触发器的特性方程等于 T 触发器的特性方程：

$$Q^* = D = TQ' + T'Q = T \oplus Q$$

可知，令 $D = T \oplus Q$，即可实现 T 触发器，如图 6.4.10（a）所示。

（2）转换为 T′触发器。把 Q' 引回输入 D 就实现了 T′触发器的功能，如图 6.4.10（b）所示。

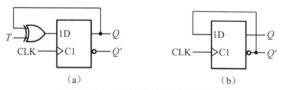

图 6.4.10　D 触发器的功能转换

6.4.6 带有异步置位、复位端的触发器

每个触发器的状态在刚刚上电时都是未知的，但在开始同步操作之前需要知道其确定的状态，这就需要提前正确地设置触发器的状态，即触发器具有异步置位、复位功能。之所以称为异步，是因为其优先于所有其他操作，当异步输入端有效时，触发器的其他输入端，包括时钟信号都将被忽略。

如图 6.4.11（a）所示，带有异步输入端的门控 D 锁存器增加了另外两个输入端：S'_D 和 R'_D，下标 D 表示直接作用。只当异步置位输入 S'_D 等于 0 时，输出 $Q=1$，$Q'=0$。相反，当异步复位输入 R'_D 等于 0 时，输出 $Q=0$，$Q'=1$。当 S'_D 和 R'_D 输入都无效时，触发器的状态有两种情况：一种是其他输入都无效时保持当前状态；另一种是其他输入都有效，就由当前输入确定。带有异步置位、复位端的门控 SR 锁存器框图如图 6.4.11（b）所示。框内的 S、R 前没有数字 1，表示不受时钟信号控制。注意，异步置位、复位信号依然不能同时有效。

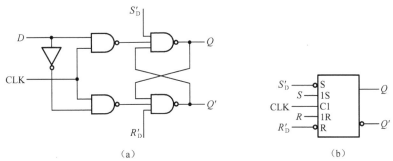

（a） （b）

图 6.4.11　带有异步置位、复位端的门控 SR 锁存器

与门控 SR 锁存器相对照，图 6.4.12（a）所示的边沿 D 触发器，在 $S'_D=0$ 时进行异步预置，在 $R'_D=0$ 时进行异步清零。其框图如图 6.4.12（b）所示，框外的小圆圈表示对触发器产生影响的异步信号为低电平有效。当然异步信号也可以高电平有效，如图 6.4.13 所示，但低电平有效的信号在实际中更常用。

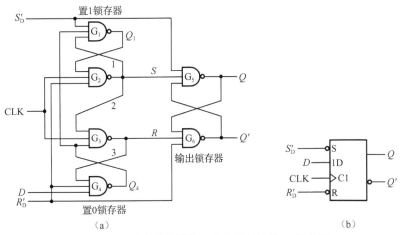

（a） （b）

图 6.4.12　带有异步置位、复位端的边沿 D 触发器

例 6.4.1　画出图 6.4.14 中 JK 触发器的输出 Q_1 以及 D 触发器的输出 Q_2 随 CLK 变化的波形，假设初态都为 0。

解： 画波形图需要把握两点：① 状态什么时候发生变化，这由触发器的动作特点决定，要根据触发器的框图确定是电平型、脉冲型还是边沿型；② 变成什么状态，这要依据触发器的特性表根据输入情况一一确定。更方便快捷的方法是依据触发器的状态方程。状态方程描述的是次态与现态及输入的关系，把触发器的输入代入特性方程可以得到。

图 6.4.14 中 JK 触发器的 J 接现态 Q'，K 接高电平 1，代入 JK 触发器的特性方程：$Q^*=JQ'+K'Q$，得状态方程：$Q_1^*=Q_1'$，即新的状态等于现态的非。

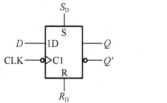
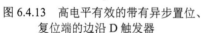

图 6.4.13　高电平有效的带有异步置位、
复位端的边沿 D 触发器

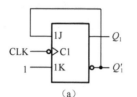

（a）

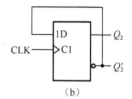

（b）

图 6.4.14　例 6.4.1 的图

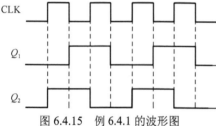

图 6.4.15　例 6.4.1 的波形图

由图 6.4.14（a）可知，这是一个下降沿触发的 JK 触发器，所以在每个 CLK 的下降沿，Q_1 的状态进行一次翻转，如图 6.4.15 所示。

图 6.4.14（b）中 D 触发器的输入 D 接现态 Q'，代入 D 触发器的特性方程：$Q^*=D$，得状态方程：$Q_2^*=Q_2'$。

由图 6.4.14（b）可知，这是一个上升沿触发的 D 触发器，所以在每个 CLK 的上升沿，Q_2 的状态进行一次翻转，如图 6.4.15 所示。

例 6.4.2　画出图 6.4.16 中 JK 触发器的输出 Q_1 以及 D 触发器的输出 Q_2 随 CLK 变化的波形，假设初态都为 0。

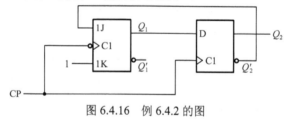

图 6.4.16　例 6.4.2 的图

解：图 6.4.16 中，JK 触发器的 J 接 D 触发器的现态 Q_2'，K 接高电平 1，代入 JK 触发器的特性方程：$Q^*=JQ'+K'Q$，得 JK 触发器的状态方程：$Q_1^*=Q_2'Q_1'$。

由图 6.4.16 可知，这是一个下降沿触发的 JK 触发器，所以在每个 CLK 的下降沿，Q_1 的状态根据此刻 $Q_2'Q_1'$ 的状态进行一次翻转。

D 触发器的 D 接 JK 触发器的现态 Q_1，代入 D 触发器的特性方程：$Q^*=D$，得 D 触发器的状态方程：$Q_2^*=Q_1$。

由图 6.4.16 可知，这是一个上升沿触发的 D 触发器，所以在每个 CLK 的上升沿，Q_2 的状态根据此刻 Q_1 的状态进行一次翻转。

如图 6.4.17 所示，第 1 个 CLK 上升沿，Q_1 保持初态 0，Q_2 根据此刻的 Q_1 置为 0；第 1 个 CLK 下降沿，Q_2 保持 0 态，Q_1 根据此刻 $Q_2'Q_1'$ 置为 1。

第 2 个 CLK 上升沿，Q_1 保持刚才的 1，Q_2 根据此刻的 Q_1 置为 1；第 2 个 CLK 下降沿，Q_2 保持 1，Q_1 根据此刻 $Q_2'Q_1'$ 置为 0；后续依次分析，波形如图 6.4.17 所示。

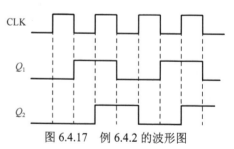

图 6.4.17　例 6.4.2 的波形图

从例子可知，在分析时序逻辑电路时，需要用到状态方程，这也是用数学抽象符号描述的好处。在第 8 章时序逻辑设计时还会仔细讲解。

6.5 存储器

存储器从字面意思讲是存储信息的器件，存储器的应用非常广泛，例如，通用计算机是基于冯·诺依曼原理的，又称存储程序计算机，程序预先存入存储器中，计算机在工作中能够自动地从存储器中取出程序并加以执行。此外，存储器的应用不仅仅是数字系统，在现代化音频/图像设备中，用存储器暂存数字化信号，以便进行数字信号处理。前面介绍的一个触发器或锁存器可以存储 1 位二进制信息，但如果有海量的信息需要存储，例如，MP3 文件录制声音的比特率一般为 128kbit/s，则时长为 1h（小时）的 MP3 文件的大小一般为 $1 \times 3600 \times 128 \times 1000/8=57.6$MB，当然可以用 57.6×8M 个触发器来存储，但考虑到性价比，就需要研究存储器。现代数字设计中的基本构件 CPLD（Complex Programmable Logic Device，复杂可编程逻辑器件）和 FPGA（Field Programmable Gate Array，现场可编程门阵列）器件能够快速开发和实现各种逻辑功能，也是在存储器的基础上实现的。

根据存储器的读/写功能可分为只读存储器（Read-Only-Memory，ROM）和随机存储器（Random-Access-Memory，RAM）。

既然要存储海量信息，对存储器的指标要求当然是价格低、容量大、速度快。

存储器的容量由字数×位数表示。字数就是存储单元的个数，位数是指一个存储单元可以存多少个二进制位，也即进行一次读/写操作的数据位数。如图 6.5.1 所示为 1024×8 位的 ROM，其中 1024 是字数，8 是位数。10 个地址输入端 $A_9 \sim A_0$ 对应有 $2^{10}=1024$ 种组合，对应指定了 1024 个连续存储单元的地址。8 个数据输出端 $D_0 \sim D_7$ 对应一个地址中存储的二进制数据。CS 是片选端，EN 是输出使能端，便于扩展和级联。

2048×4 位的 RAM，有 11 根地址线，对应 2048 个存储单元，RAM 中的数据是双向的，所以用 I/O 表示，还有片选端 CS 和读/写控制端 R/W。

表 6.5.1 是一个 4×4 的 ROM 内各个地址的存储内容。可见，地址是连续的，地址里的数据则是根据用户需要存储的。给定一个地址，当片选、输出使能端有效时，就从数据输出端输出该地址存储的数据。

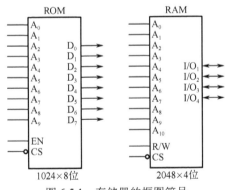

图 6.5.1 存储器的框图符号

表 6.5.1 4×4 的 ROM

A_1A_0	$D_3D_2D_1D_0$
00	0 1 0 1
01	1 0 1 1
10	0 1 0 0
11	1 1 1 0

6.5.1 只读存储器（ROM）

ROM 在工作时，只能进行读出操作，不能进行写入操作。在地址输入端输入一个指定地址，便可在数据输出端得到一个事先存在其内的数据。ROM 是一种组合逻辑电路，保密性强，存的信息掉电后不丢失。ROM 由地址译码、存储矩阵、输出缓冲三部分组成，结构示意图如图 6.5.2 所示。

1. ROM 内部结构原理

以 4×4 的 ROM 为例讲解其内部结构原理，如图 6.5.3 所示，地址译码的输出高电平有效，因为其中一根输出线选择 ROM 存储表中的一行或一个字，因此称为字线。从地址输入端 A_1A_0 输入一个地址，则 W_3、W_2、W_1、W_0 这 4 根字线中有一根为高电平，如果此时 A_1A_0 为 01，则字线 W_1 为高电平，W_0、W_2、W_3 为低电平。

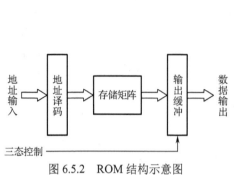

图 6.5.2　ROM 结构示意图

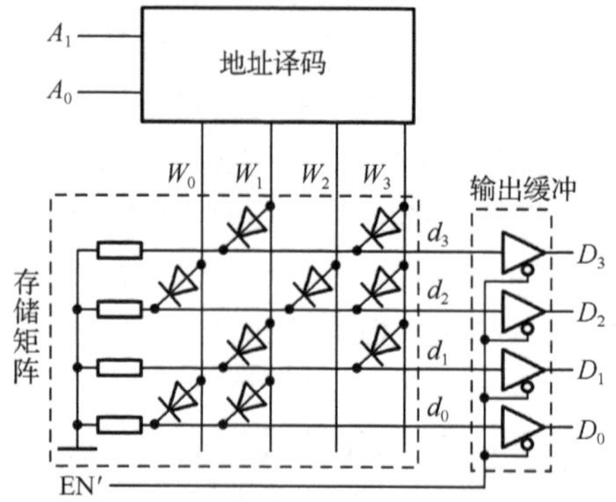

图 6.5.3　4×4 的 ROM 内部结构图

存储矩阵中的横线称为位线，如图 6.5.3 中的 d_3、d_2、d_1、d_0，一根位线对应 ROM 存储单元中的一个二进制位。如果选中的字线和位线之间焊接有一个二极管，则选中的字线把位线拉为高电平，例如，W_1 字线与位线 d_3、d_1、d_0 之间对应有二极管，对应的位线拉为高电平，$d_3d_1d_0$=111；其余没有二极管的位线 d_2 则为低电平，经缓冲器输出 $D_3D_2D_1D_0$=1011。这样就存储了相应信息。

地址译码也可由分离二极管构成，如图 6.5.4 所示，字线 W_0、W_1、W_2、W_3 与地址输入 A_1、A_0 的关系对应就是第 2 章中二极管构成的与门，如图 6.5.5 所示，逻辑式如下：

$$W_0=A_1'A_0', \quad W_1=A_1'A_0, \quad W_2=A_1A_0', \quad W_3=A_1A_0$$

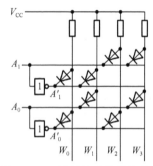

图 6.5.4　二极管构成的地址译码

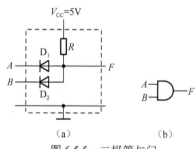

（a）　　　　　　（b）

图 6.5.5　二极管与门

根据逻辑式，列出真值表如表 6.5.2 所示，实现了 2-4 线译码。

输出缓冲由三态门构成，控制端 EN′=0 时，输出等于输入，$D_i=d_i$（i=0,1,2,3）；EN′=1 时，输出呈高阻态。

为了便于表达和设计，通常用简化的点阵图表示存储矩阵，如图 6.5.6 所示，竖线表示字线，横线表示位线，交叉处有"码点"的存储单元表示存 1，无"码点"的存储单元表示存 0。这种点阵法为可编程逻辑器件的发明起到了启发作用。

表 6.5.2　二极管与门真值表

A_1A_0	$W_3W_2W_1W_0$
00	1 0 0 0
01	0 1 0 0
10	0 0 1 0
11	0 0 0 1

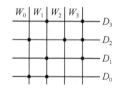

图 6.5.6　存储矩阵点阵图

2．ROM 的分类

ROM 中数据的存入过程称为编程，根据编程的过程将其分为掩模 ROM、PROM、EPROM、EEPROM，以及快闪存储器。

（1）掩模 ROM

早期的 ROM 都是掩模 ROM。掩模是 IC 制造过程中的一种工艺，将连接/不连接模式写进去，即字线、位线的交叉位置放/不放二极管。厂商根据用户提供的存储内容清单，定制专门的掩模 ROM，一般需要几千美元的费用和 4 周的时间。生产后，掩模 ROM 的内容不能改变。其适用于成熟、量大的产品，如汉字库、函数表等。

（2）PROM（Programmable ROM）

厂商生产 PROM 时，在所有字线、位线的交叉位置都放上二极管或晶体管，即都是连接的，相当于全部存 1。用户使用编程器可以将需要的位改写为 0。图 6.5.7 采用的是熔丝工艺。对每个输出位，用三极管的发射结代替二极管，发射极与位线之间接有熔丝,相当于全部存 1。熔丝就是小到要用显微镜才能看得见的保险丝，一有大电流、大电压就会断开，相当于存 0。熔丝烧断后不能再接上，故 PROM 是一次性编程 ROM（One Time Programmable ROM，OTP-ROM）。有时点阵图也称为熔丝图。

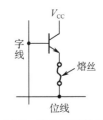

图 6.5.7　熔丝工艺的 ROM

对应熔丝工艺，还有反熔丝工艺，也称熔通编程技术。反熔丝最开始的时候连接两个金属连线的是微型非晶体硅，在未编程状态下，非晶体硅就是一个绝缘体，也就意味着断开，当遇到大电流、大电压时，就会变成电阻很小的导体，几乎就是通路了。

后来使用的肖特基二极管，出厂时其中的二极管处于反向截止状态，编程时用大电流的方法将反向电压加在二极管两端，造成其永久性击穿即可。不管是熔丝还是反熔丝工艺，都相当于开关，只不过熔丝的编程操作是将需要的逻辑断开，而反熔丝的编程操作是将需要的逻辑接上。熔丝、反熔丝编程都是一次性编程。

（3）EPROM（Erasable Programmable ROM）

EPROM 是可编程的，不同的是，其可以通过紫外线照射将所有的 1 状态擦除。

EPROM 总体结构与掩模 ROM 基本一样，不同之处在于其存储单元，如图 6.5.8（a）所示。字线与位线之间接的器件是叠栅 MOS 管（SIMOS 管），如图 6.5.8（b）所示，用户可以控制其和地之间的通断以实现 1、0 的存储。关键是 MOS 管的通断是可以重复设置的，这解决了擦除、重写的问题。出厂时，所有 MOS 管都是导通的，所有数据全为 0。

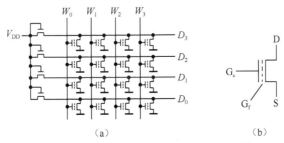

图 6.5.8　叠栅 MOS 管与 EPROM 总体结构

叠栅 MOS 管有两个栅极，浮栅 G_f 和控制栅 G_c，浮栅被高阻抗材料包围与其他部分没有连接。初始状态下，浮栅上没有电子，当在控制栅上加正向电压时会在衬底表面感应出大量的电子，形成导电沟道使得漏极 D、源极 S 之间导通，相当于写数据 0；当浮栅上有电子时，在控制栅上加正电压，由于该电压与浮栅上的电子有抵消作用，导致衬底表面感应出的电子数量减少，不能够形成导电沟道，漏极、源极之间不可导通，相当于写数据 1。

浮栅上电子注入的过程：在 MOS 管漏极与衬底之间加高电压（如 25V），使 PN 结被雪崩击穿，产生大量的高能自由电子。同时在控制栅上加正高压脉冲（25V，50ms），此强电场使电子穿过很薄的 SiO_2，堆积到浮栅上。将高压脉冲撤掉后，电子没有放电通道，只能待在浮栅上，70% 以上的电荷能保存 10 年以上。

浮栅上电子消失的过程：紫外线照射 10～30 分钟，浮栅上的电子获得能量，返回 PN 结。

（4）EEPROM（Electrically Erasable Programmable ROM）

图 6.5.9　Flotox 管

EEPROM 与 EPROM 用紫外线擦除的过程不同，每个存储位用电方式擦除。EEPROM 中的浮栅被更薄的绝缘层包围，存储单元采用浮栅隧道氧化层 MOS 管（Flotox 管），如图 6.5.9 所示。浮栅和漏极之间的氧化层非常薄，称为隧道区。当控制栅与漏极之间加高电压时（可正可负），薄氧化层被击穿，形成导电隧道，漏极电子可以到达浮栅（正电压），浮栅电子也可以到达漏极（负电压），因此写入和擦除都可以通过电信号来实现。

由于擦除和写入时也需要加高电压，擦、写时间仍较长，而且绝缘层太薄，反复编写操作的磨耗导致编程次数受限，所以一般用于掉电下必须保存但又不经常改变的场合，如计算机的默认配置，即工作在读出状态下作为 ROM 使用。

（5）快闪存储器（Flash Memory）

Flash Memory 是新型的 ROM，采用与 EPROM 中的叠栅 MOS 管相似的结构，同时保留了 EEPROM 用导电隧道擦除的快捷特性。其理论上属于 ROM，功能上相当于 RAM。Flash Memory 是单管结构，集成度高、容量大；擦、写电压小，时间短，工作时只需 5V 电压；不需要编程器，可在系统改写。其使用方便，故应用广泛，如常用的 U 盘、手机存储卡等。

ROM 总结和
隧道效应

6.5.2　随机存储器（RAM）

读写存储器是指可以随时对存储器进行读操作和写操作，实际数字系统应用的读写存储器大多是随机存储器（RAM）。与串行存取存储器不同，RAM 读或写 1 位所花的时间与存储位置无关的。RAM 根据数据是否需要刷新分为静态存储器（Static RAM，SRAM）和动态存储器（Dynamic RAM，DRAM）两种。根据底层的晶体管类型，RAM 又可分为 CMOS 型和双极型。CMOS 型功耗低，可由备用电池供电保存数据，但制造工艺复杂。双极型速度快，但功耗大。RAM 的结构和 ROM 类似，只是多了一个写输入信号。

1．静态存储器（SRAM）

（1）SRAM 结构

静态存储器的每个存储位都是由记忆电路构成的。一旦将数据写入 SRAM 中，只要不掉电，存储内容就不变，直到重新写入数据。

SRAM 中的存储阵列由一系列存储位组成。每个存储位用一个小方块表示，可以存储 1 位二进制数据，由一根字线加上一根或两根互反的位线与外部相连。如图 6.5.10 所示是一个 $2^2×4$ 的 SRAM 结构图，有 2 个地址输入端 A_1 和 A_0，4 根 I/O 线，16 个存储位。A_1 和 A_0 经地址译码后选中一根字线，与这根字线相连的 4 个存储位被选中。只有被字线选中的存储位才可以进行数据的读/写操作，未选中的则处于保持状态。图 6.5.10 中，每个存储位有两根互反的位线，经读/写控制与外部的 I/O 线相连。

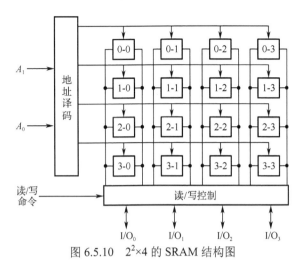

图 6.5.10　$2^2 \times 4$ 的 SRAM 结构图

图 6.5.10 中的地址译码是单译码结构，缺点是存储容量大时会受到局限，例如，要构成 1M×1 位的 RAM，需要 20-1048576 线译码器，且不说有没有这样的译码器，若不采取任何手段，该 SRAM 将有 1048576 根字线，1 根位线，版图形状为一个细长条。在实际制造芯片时，会非常困难。存储位排列成细长条除了形状奇异和面积大的缺点，还有一个缺点就是，连线会变得很长，连线越长，线上的延时就越大，就会导致读/写速度的降低。一种能够降低成本的方法是将存储位排列成正方形。

二维译码及三维结构

（2）存储位的原理

与 ROM 不同的是，存储矩阵中的每个存储位均由记忆电路构成，如图 6.5.11（a）所示，所以掉电后数据会丢失。存储位的内部电路可以由 D 触发器构成，逻辑图如图 6.5.11（b）所示，门级的逻辑图如图 6.5.11（c）所示，底层的晶体管级逻辑图如图 6.5.11（d）所示。由于单译码结构和二维译码结构不同，图 6.5.11 中存储位的连线也稍有不同，其中，图（a）、（b）、（c）是单译码结构，图（d）是二维译码结构。

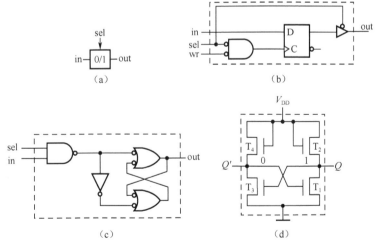

图 6.5.11　存储位的各级原理图

图 6.5.12 是二维译码结构的读/写控制电路，MOS 管 $T_1 \sim T_4$ 构成基本 SR 触发器，Q 和 Q' 存储 0、1。行地址译码选中行 X_i，列地址译码选中列 Y_j，使得管子 T_5、T_6、T_7 和 T_8 导通，选中存储位。片选 CS′有效时，可以对芯片进行读/写操作。

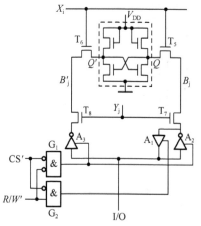

图 6.5.12　二维译码结构的读/写控制电路

$R/W'=0$ 时，执行写操作，门 G_1 输出高电平令三态缓冲门 A_2 和 A_3 导通、A_1 断开，数据经 I/O 口输入到存储位的 Q、Q'，进行写操作并保持。

$$\begin{cases} Q=B_j=\text{I/O} \\ Q'=B_j'=\text{I/O}' \end{cases}$$

$R/W'=1$ 时，执行读操作，门 G_2 输出高电平令 A_2 和 A_3 断开、A_1 导通，数据输出到 I/O 口，I/O=$B_j=Q$。

$CS'=1$ 时，片选无效，G_1、G_2 输出低电平，A_3、A_2 和 A_1 断开，数据不能读出或写入，I/O 呈高阻态。

电路掉电时整个电路无法工作，数据全部丢失。

2. 动态存储器（DRAM）

DRAM 每个存储位只用一个微小的电容 C_S 存储数据，通过一个 MOS 管 T 来对数据进行存取，如图 6.5.13 所示。

（1）写操作

DRAM 中，存储电容上有足够的电荷相当于存 1，电荷不够相当于存 0。写 1 就是给存储电容充电，写 0 就是放电。通过地址译码（这里译码输出为高电平）选中字线，则与字线连接的 MOS 管就会导通，若要写 1，可在相应位线上加高电平，经 MOS 管给存储电容充电；若要写 0，可在位线上加低电平，存储电容经 MOS 管放电。

（2）读操作

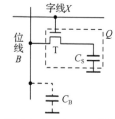

图 6.5.13　DRAM 原理

为了读取 1 位 DRAM 的数据，位线首先被预充电到高电平与低电平之间的中间电平，接着将字线设置为高电平。根据存储电容上是高电平还是低电平，决定预充的位线被推高一点或推低一点。还有一个读出放大器来检测这一微小变化，并将其恢复成为相应的 1 或 0。存储电容的容量很小，但是存取它的 MOS 管却具有很高的阻抗，因此需要相对很长的时间（许多毫秒）才能使高电平放电到低电平的程度。在这个期间，电容存储着 1 位数据。

C_B 为分布电容，比存储电容 C_S 大。读操作时 $X=1$，令 T 导通，Q 与位线接通，若 $Q=0$ 则 $B=0$；若 $Q=1$，C_S 上原来存有正电荷，V_{C_S} 为高电平，位线上的电位 $V_B=0$，则 C_S 对 C_B 充电。由于 $C_B \gg C_S$，得下面的分压：

$$V_B = \frac{C_S}{C_S+C_B} V_{C_S} \approx \frac{C_S}{C_B} V_{C_S} < V_{C_S}$$

由于分布电容的存在，读操作后使得 C_S 上存储的电荷不够高电平了，即 DRAM 的读出为破坏性读出。需要对存储的数据进行读出和重写操作，进行周期性刷新，否则数据会消失。

基于 DRAM 的存储器系统需要周期性地更新每个存储位，在早期 DRAM 中，每 4ms 刷新一次。刷新过程包括：顺序地将每个存储位中电平有点下降的内容读入 D 锁存器中，然后写入一个来自 D 锁存器的固定低电平或高电平值。二维阵列结构的 DRAM 中，每次可以刷新阵列中的一个整行。虽然刷新需要时间，但 CPU 还是有足够时间用于有效的读操作和写操作。

（3）SRAM 与 DRAM 的比较

SRAM 的速度非常快，通常能以 20ns 或更快的速度工作。不需要刷新，但停机或断电时，它们同 DRAM 一样，会丢掉数据。一个 DRAM 存储位仅需一个晶体管和一个小电容，而每个 SRAM 存储位需要 4～6 个晶体管和其他零件。除了价格较贵，SRAM 芯片在外形上也较大，与 DRAM 相比要占用更多的空间。由于外形和电气上的差别，SRAM 和 DRAM 是不能互换的。一般用小容量的 SRAM 作为更高速 CPU 和较低速 DRAM 之间的缓存（Cache）。

常用的存储器芯片有很多，在实际安装焊接中使用引脚图，在理论设计中则使用框图，并且通常隐藏电源端、接地端。如图 6.5.14 所示为 RAM2114 的引脚图和框图。

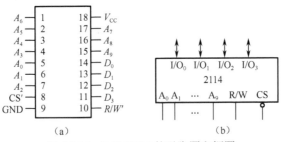

图 6.5.14　RAM2114 的引脚图和框图

6.5.3　存储器容量的扩展

一个存储芯片的存储容量有限，有时不能满足实际存储系统的要求，这就需要使用多个芯片组成更大的存储器。一个存储器的容量是由它的字线和位线的乘积决定的，所需芯片数 d 的计算公式如下：

d＝设计要求的存储容量/现有芯片每片的存储容量

1．位扩展

若给定芯片的数据位数不够，不满足字长要求，要进行位扩展。位扩展的关键就是将两个芯片当成一个芯片来用，让两个芯片同时工作，同时被选中，同时做读/写操作。要想保证"同时"，就要把两个芯片的片选、读/写信号并连在一起由外部的片选、读/写信号控制。数据线分别引出即可。图 6.5.15 为用两个 1K×4 位的 RAM2114 扩展成一个1K×8 位的存储器。

2．字扩展

当给定芯片字长满足要求，但字数不够时，需要对地址线扩展，称为字扩展。字扩展的关键就是多个芯片分时工作，每个芯片提供一部分字数。将待扩展的地址线对应进行译码，一一选中各芯片以实现多个芯片分时工作。图 6.5.16 为用 4 个 1K×4位的 RAM2114 芯片扩展成一个 4K×4 位的存储器。

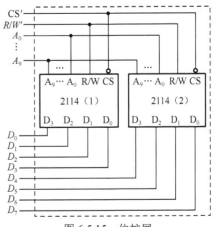

图 6.5.15　位扩展

RAM2114 字数为 1K，有 10 根地址线 A_9～A_0，要构成的存储器字数为 4K，有 12 根地址线 A_{11}～A_0，因此需要扩展两根地址线 A_{11}、A_{10}。将 A_{11}、A_{10} 地址线接 2-4 线译码器的输入，输出分别接 4 个 RAM2114 的片选信号。

当 $A_{11}A_{10}$＝00 时，选中第 1 片，其他芯片不工作；

当 $A_{11}A_{10}$＝01 时，选中第 2 片，其他芯片不工作；

当 $A_{11}A_{10}$＝10 时，选中第 3 片，其他芯片不工作；

当 $A_{11}A_{10}$＝11 时，选中第 4 片，其他芯片不工作。

从外部来看，A_{11}～A_0 就是 0～4096 共 4K 个存储位的地址线，每个存储地址存放 4 位的二进制代码，地址扩展与芯片片选对照情况如表 6.5.3 所示。

表 6.5.3　地址扩展与芯片片选

$A_{11}A_{10}$	$A_9A_8A_7A_6A_5A_4A_3A_2A_1A_0$	芯片编号
0　0	0 0 0 0 0 0 0 0 0 0	1
	...	
	1 1 1 1 1 1 1 1 1 1	
0　1	0 0 0 0 0 0 0 0 0 0	2
	...	
	1 1 1 1 1 1 1 1 1 1	
1　0	0 0 0 0 0 0 0 0 0 0	3
	...	
	1 1 1 1 1 1 1 1 1 1	
1　1	0 0 0 0 0 0 0 0 0 0	4
	...	
	1 1 1 1 1 1 1 1 1 1	

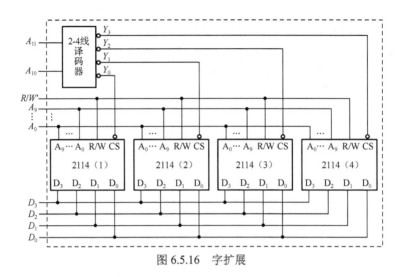

图 6.5.16　字扩展

3. 字位扩展

当字长、字数都不满足要求时，位和字都需要进行扩展，将上述两种方法进行综合，先进行位扩展，再进行字扩展；当然也可以反过来。

例 6.5.1　用 4 个 1K×4 位（10 根地址线、4 根数据线）的 RAM2114 扩展为 2K×8 位（11 根地址线、8 根数据线）的存储器。

解：① 先位扩展再字扩展。

把 4 片分成两组，第 1、2 片为一组，第 3、4 片为一组。每组中的两片先位扩展为 1K×8 位的存储器，将它们的地址、片选、读/写信号连接在一起，数据线分别引出；再对这两个 1K×8 位的存储器进行字扩展，用扩展的地址线 A_{10} 接第 1、2 片的片选信号，A'_{10} 接第 3、4 片的片选信号。因为只需扩展一根地址线，所以用一个反相器就可以了，如图 6.5.17 所示。

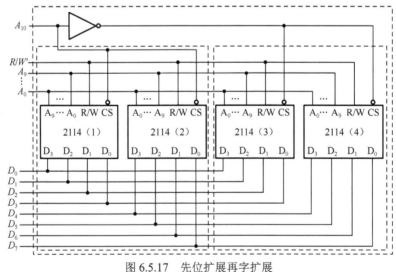

图 6.5.17　先位扩展再字扩展

② 先字扩展再位扩展。

把 4 片分成两组，第 1、2 片为一组，第 3、4 片为一组。每组中的两片先字扩展为 2K×4 位的存储器，将芯片本身的地址、读/写信号连接在一起，用扩展的地址线 A_{10} 接第 1、3 片的片选信号，A'_{10} 接第 2、4 片的片选信号，片选、数据线连接在一起；再对这两个 2K×4 位的存储器进行位扩展，如图 6.5.18 所示。

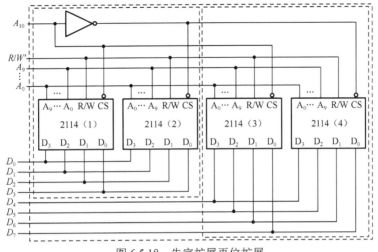

图 6.5.18　先字扩展再位扩展

4．内存条

内存条如图 6.5.19 所示，就是 RAM，是与 CPU 直接交换数据的内部存储器。最初计算机中使用的内存是由一块块 IC 组成的，必须把它们焊接到主板上才能正常使用；后来将多块内存集成在一个模块上，即内存条，同时在主板上设计了可随意拆卸的内存插槽，如图 6.5.20 所示，内存的维修和扩充都变得非常方便。

图 6.5.19　内存条

图 6.5.20　内存插槽

6.5.4　存储器应用

1．单片机中的程序存储器

2764 为 Intel 公司的 EPROM27 系列产品，存储容量为 8K×8 位。如图 6.5.21 所示为单片机中用 8 片 2764 构成的 $2^{16}×8$ 位程序存储器，有 16 根地址线 $A_{15}～A_0$，8 根数据线 $O_7～O_0$，存储地址范围为 0000H～FFFFH，其对应关系见表 6.5.4。用单片机的输出信号 PSEN 接 2764 的输出使能端。

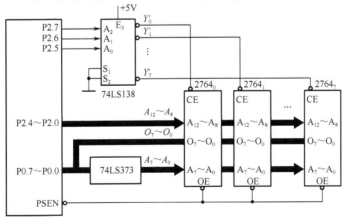

图 6.5.21　单片机中的程序存储器

单片机的 P0 口复用，一方面接 2764 的输出线 $O_7 \sim O_0$，另一方面经一个锁存器 74LS373 接 2764 的地址线 $A_7 \sim A_0$，用 P2 口的 P2.4~P2.0 接 2764 的地址线 $A_{12} \sim A_8$，P2 口的 P2.7、P2.6、P2.5 对应地址线 $A_{15}A_{14}A_{13}$，接 74LS138 译码器的三个输入端，74LS138 译码器的 8 个输出端接 8 片 2764 的片选信号，实现字扩展。

表 6.5.4 8 片 2764 构成 $2^{16} \times 8$ 位程序存储器地址对应关系

芯片编号	二进制地址范围	十六进制地址范围
0	000 00000 0000 0000～000 11111 1111 1111	0000H～1FFFH
1	001 00000 0000 0000～001 11111 1111 1111	2000H～3FFFH
2	010 00000 0000 0000～010 11111 1111 1111	4000H～5FFFH
3	011 00000 0000 0000～011 11111 1111 1111	6000H～7FFFH
4	100 00000 0000 0000～100 11111 1111 1111	8000H～9FFFH
5	101 00000 0000 0000～101 11111 1111 1111	A000H～BFFFH
6	110 00000 0000 0000～110 11111 1111 1111	C000H～DFFFH
7	111 00000 0000 0000～111 11111 1111 1111	E000H～FFFFH

2. ROM 实现逻辑函数

表 6.5.5 是 $2^2 \times 4$ 的 ROM 中存储的数据，其存储矩阵如图 6.5.22 所示。表 6.5.5 也可以看作输入变量为 A_1 和 A_0，输出变量为 D_3、D_2、D_1 和 D_0 的二输入、四输出组合逻辑函数的真值表，可以写出逻辑式如下：

表 6.5.5 数据存储表

A_1A_0	$D_3D_2D_1D_0$
00	0 1 0 1
01	1 0 1 1
10	0 1 0 0
11	1 1 1 0

$$D_3 = A'_1A_0 + A_1A_0$$
$$D_2 = A'_1A'_0 + A_1A'_0 + A_1A_0$$
$$D_1 = A'_1A_0 + A_1A_0$$
$$D_0 = A'_1A'_0 + A'_1A_0$$

画出用分离门电路实现的逻辑图如图 6.5.23 所示。

也就是说，ROM 可以实现组合逻辑函数。具体要根据组合逻辑函数中输入变量、输出变量的个数选择 ROM 的容量，ROM 地址线数大于输入变量的个数，ROM 数据线数大于输出变量的个数。可见，用 ROM 物理实现组合逻辑函数的结果不唯一。

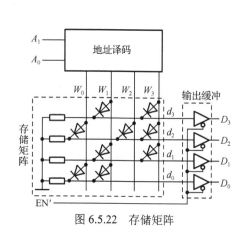

图 6.5.22 存储矩阵

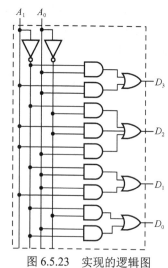

图 6.5.23 实现的逻辑图

例 6.5.2 画出用 ROM 设计实现半加器的存储矩阵。

解: 已知半加器的逻辑式:

$$\begin{cases} S=A'B+AB' \\ C_0=AB \end{cases}$$

列出数据存储表如表 6.5.6 所示。可知,ROM 需要有 2 根地址线和 2 根数据线。本例选择 $2^2 \times 4$ 的 ROM,A 和 B 分别接地址线 A_1 和 A_0,S 和 C_0 分别接数据线 D_3 和 D_2,存储矩阵如图 6.5.24 所示。

表 6.5.6　数据存储表

AB	SC_0
00	00
01	10
10	10
11	01

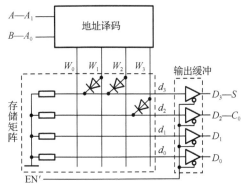

图 6.5.24　半加器的存储矩阵

3. RAM 实现堆栈

堆栈在计算机中是一个重要的概念,在数据结构中会讲到。从硬件上讲,其是一块具有访问限制的内存空间。与存储在 RAM 中的数据可以随机访问不同,堆栈中的数据只能通过栈顶访问。最后一个放入堆栈中的数据总是被最先取出来,这个特性称为后进先出(Last In First Out,LIFO)。堆栈中两个最重要的操作是 PUSH 和 POP:PUSH 操作在栈顶加入一个元素;POP 操作相反,从栈顶移去一个元素,并将堆栈的大小减 1。

实现堆栈需要移位寄存器和加减计数器。但大容量的堆栈需要的移位寄存器数量很多,性价比不高,实际通常用 RAM 实现堆栈。如图 6.5.25 所示是用 1K×1 位的 RAM 实现堆栈原理图。

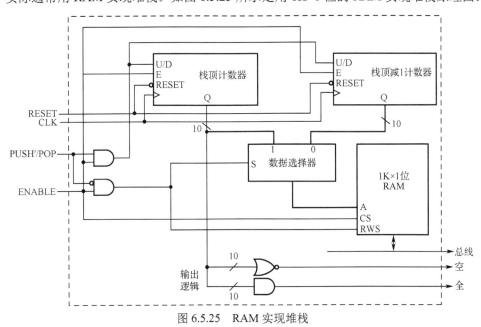

图 6.5.25　RAM 实现堆栈

用 RAM 实现的大型堆栈是通过改变栈顶的位置实现压入和弹出操作的,每次向堆栈中压入数据时，栈顶的地址都增大；相反，每次弹出时，栈顶地址都减小。栈顶永远是一个空的位置，当有一个新数据压入时，新数据将写入栈顶；当进行弹出操作时，数据从栈顶的下一个位置读出，即栈顶-1。例如，一个 1K×1 位的 RAM，栈顶地址为 0 表示堆栈为空，栈顶的地址随着每次的压入操作而增大，当栈顶地址达到 $2^{10}-1$ 时，表示堆栈满。也就是说，地址为 $2^{10}-1$ 的位置永远不会存储数据，只是用来决定堆栈是否满。

栈顶计数器和栈顶减 1 计数器均采用 10 位的加/减法计数器，分别表示栈顶地址和栈顶下一个位置的地址。两个计数器中的数只有一位不同，操作是相同的，即在压入时它们都增大，弹出时都减小。当压入时，栈顶计数器中的数被选作 RAM 的地址，而在弹出时，栈顶减 1 计数器中的数被选作 RAM 地址，这由 10 位的数据选择器控制。

输出逻辑由两个门组成，分别表示堆栈为空和满的时刻。由于当栈顶计数器的值为 0 时，堆栈为空。栈顶计数器的 10 位输出连接一个 10 输入的或非门，以检测堆栈是否为空。类似地，栈顶减 1 计数器的输出连接一个 10 输入的与门，全 1 时，与门输出为 1，表示堆栈满。

PUSH'/POP 为 0，执行压入操作；为 1，执行弹出操作。

4．RAM 实现 FIFO 队列

队列是计算机中常用的另一种数据结构，它的物理实现与堆栈一样，是一块具有访问限制的内存空间，与堆栈的后进先出（LIFO）不同，它是先进先出（First In First Out，FIFO）。队列就像我们平常排队买票一样，先来的先买。在计算机中，队列常用于处理多个请求服务。

图 6.5.26 是由两个 11 位的计数器和一个 1K×1 位的 RAM 实现队列的原理图。两个计数器用于指示队首和队尾。队首计数器中包含最早写入数据的地址。当进行读操作时，从队首计数器读取地址的数据，同时计数器减 1。队尾计数器包含队列中第一个空位置的地址，当进行写操作时，数据写入由队尾计数器指定地址的空位置，同时计数器增 1。如果从队列中读取数据的频率高于将数据写入队列的频率，那么队首计数器将与队尾计数器指向同一位置，这表示队列是空的。如果写数据的频率高于读数据的频率，那么队尾计数器将一直递增，最终与队首计数器指向同一位置，在这种情况下，队列是满的。为了进行区别，我们使用 11 位（模 2048）计数器，当两个计数器有相同值时，它表示队列为空，而当它们的值中只有最高位不同时，表示队列为满。

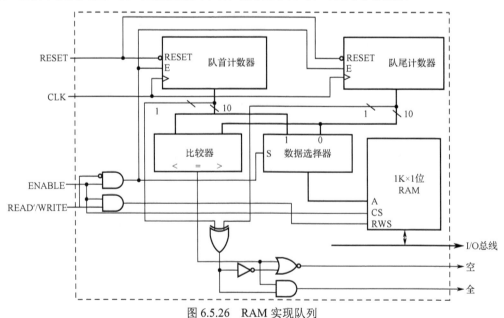

图 6.5.26　RAM 实现队列

6.6　可编程逻辑器件（PLD）

数字电路的发展经历了分立器件、小规模标准化集成电路、可编程逻辑器件（Programmable Logic Device，PLD）等阶段。固定逻辑器件的内部逻辑在出厂前就已经固定，出厂后无法再次改变。而 PLD 的内部逻辑在出厂后也可以重新规划，即 PLD 先按通用集成电路生产，之后由用户通过编程来确定其逻辑功能。

任何组合逻辑函数都可以写成最小项之和的形式，可以用与门、或门两级电路实现；任何时序逻辑电路可以由组合逻辑电路加上记忆器件构成。基于这个理念，20 世纪 70 年代初期的 EPROM 和 EEPROM 就是最简单的可编程逻辑器件。PROM 采用固定的与阵列和可编程的或阵列，输入变量个数 n 的增加会使存储容量上升 2^n 倍，因此用 PROM 只能实现简单的组合逻辑函数。70 年代中期出现的与阵列和或阵列都可编程的可编程逻辑阵列（PLA），克服了 PROM 的缺点，但软件算法复杂，编程后运行速度慢，所以也只用于小规模电路设计。70 年代末，AMD 公司对 PLA 进行改进，推出了或阵列固定、与阵列可编程的可编程阵列逻辑（PAL），简化了算法，提高了运行速度，适用于中小规模电路的设计，缺点是对应有多种 I/O 结构，造成生产使用的不便。直到 80 年代中期，在 PAL 基础发展起来的通用阵列逻辑（GAL）采用 EECMOS 工艺，实现了电可擦除、电可改写，方便编程，另外，其输出采用逻辑宏单元（Output Logic Macro Cell，OLMC）结构，使得电路的逻辑设计更加灵活。这些早期 PLD 的共同特点是可以实现速度特性较好的逻辑功能，但其结构过于简单，只能实现规模较小的电路。

20 世纪 80 年代中期，Altera（已被 Intel 收购）和 Xilinx（已被 AMD 收购）公司分别推出了类似于 PAL 结构的扩展型 CPLD 和与标准门阵列类似的 FPGA，兼容了 PLD 和 GAL 的优点。同以往的 PAL/GAL 等相比，一个 FPGA/CPLD 可以替代几十甚至几千个通用 IC 芯片，编程也更灵活。实际上，一个 FPGA/CPLD 就是一个子系统，因此受到世界范围内电子工程设计人员的广泛关注和普遍欢迎。与专用集成电路（Application Specific IC，ASIC）相比，它们具有设计开发周期短、设计制造成本低、开发工具先进、标准产品无须测试、质量稳定以及可实时在线检验等优点，因此被广泛应用于产品的原型设计和产品生产（一般在 10000 件以下）之中。几乎所有应用门阵列、PLD 和中小规模通用数字集成电路的场合均可应用 FPGA/CPLD 实现。

PLD 是数字集成电路的一种，数字集成电路的分类如图 6.6.1 所示。

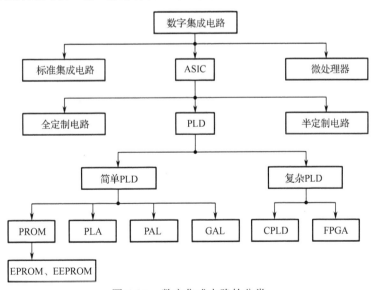

图 6.6.1　数字集成电路的分类

6.6.1 简单 PLD 的原理

PLD 中的基本逻辑单元与、或、非（互补输出）的表示方法如图 6.6.2 所示，其中，非采用缓冲器互补输出实现。阵列交叉点的逻辑含义有不可编程的硬连接、可编程连接、无连接三种，如图 6.6.3 所示。

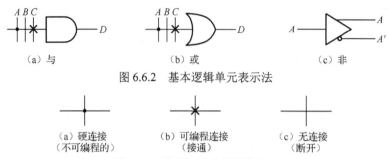

（a）与　　　　　　　（b）或　　　　　　　（c）非

图 6.6.2　基本逻辑单元表示法

（a）硬连接　　　　　（b）可编程连接　　　　（c）无连接
（不可编程的）　　　　（接通）　　　　　　（断开）

图 6.6.3　阵列交叉点的逻辑表示

下面以四输入、四输出的组合逻辑函数用 $2^4 \times 4$ 的 PROM 实现的过程来理解 PROM 的原理。

例 6.6.1　四输入、四输出的组合逻辑函数 Y_1, Y_2, Y_3, Y_4 如下所示，画出 $2^4 \times 4$ 的 PROM 实现点阵图。

$$Y_1(A,B,C,D) = A'BC + A'B'C$$
$$Y_2(A,B,C,D) = AB'CD' + BCD' + A'BC$$
$$Y_3(A,B,C,D) = ABCD' + A'BC'D'$$
$$Y_4(A,B,C,D) = A'B'CD' + ABCD$$

解： 写成最小项之和的形式为

$$Y_1(A,B,C,D) = m_2 + m_3 + m_6 + m_7$$
$$Y_2(A,B,C,D) = m_6 + m_7 + m_{10} + m_{14}$$
$$Y_3(A,B,C,D) = m_4 + m_{14}$$
$$Y_4(A,B,C,D) = m_2 + m_{15}$$

有 4 个输入变量，要求 PROM 至少有 4 根地址线；有 4 个输出变量，要求 PROM 至少有 4 根位线，因此选择 $2^4 \times 4$ 的 PROM。

4 个输入变量 A、B、C 和 D 按顺序分别连接到 PROM 的地址输入端 A_3、A_2、A_1 和 A_0，地址译码相当于与阵列，译出 16 根字线 $W_0 \sim W_{15}$，对应 4 个输入变量的 16 个最小项 $m_0 \sim m_{15}$。存储矩阵相当于或阵列，根据逻辑式，确定存储单元所应存的数据。例如，根据逻辑式 $Y_1(A,B,C,D) = m_2 + m_3 + m_6 + m_7$，在或阵列与字线 W_2、W_3、W_6、W_7 的交叉处编程（×），如图 6.6.4 所示。分别在数据端得到 4 个逻辑函数的输出。

把该例推广到一般情况，如图 6.6.5（a）所示，$A_0 \sim A_{n-1}$ 是 PROM 的 n 个地址输入端，经地址译码后输出 $W_0 \sim W_{p-1}$ 共 2^n 根字线，即对应 n 个地址输入端的 2^n 个最小项。

$$\begin{cases} W_0 = A_{n-1}'A_{n-2}' \cdots A_1'A_0' \\ W_1 = A_{n-1}'A_{n-2}' \cdots A_1'A_0 \\ \cdots \\ W_{p-1} = A_{n-1}A_{n-2} \cdots A_1A_0 \end{cases}$$

对应存储阵列的内容则根据输出逻辑函数 $F_0 \sim F_{m-1}$ 确定。地址译码与与阵列相对应，存储矩阵与或阵列相对应，组合逻辑函数的标准与或式结构如图 6.6.5（b）所示，与图 6.6.5（a）是对应的。

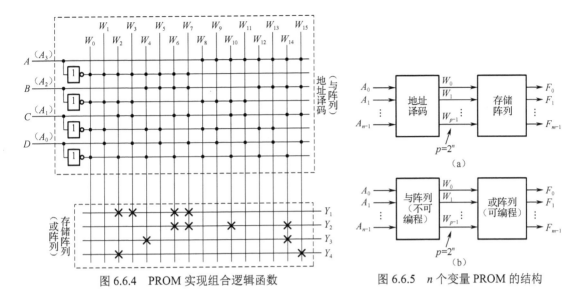

图 6.6.4 PROM 实现组合逻辑函数

图 6.6.5 n 个变量 PROM 的结构

例 6.6.2 分别以 PROM、PLA、PAL 实现以下三输入、三输出组合逻辑函数的原理图（见图 6.6.6）来理解三者的不同原理。

$$Q_0 = I_0' I_1' I_2' + I_0' I_1' I_2 + I_0 I_1 I_2' + I_0 I_1 I_2$$
$$Q_1 = I_0' I_1 I_2 + I_0 I_1' I_2 + I_0 I_1' I_2' + I_0 I_1' I_2$$
$$Q_2 = I_0' I_1' I_2' + I_0' I_1 I_2' + I_0 I_1 I_2$$

解： PROM 的与阵列固定，列出输入变量的全部最小项。

$$Q_0 = I_0' I_1' I_2' + I_0' I_1' I_2 + I_0 I_1 I_2' + I_0 I_1 I_2 = I_0' I_1' + I_0 I_1$$
$$Q_1 = I_0' I_1 I_2 + I_0 I_1' I_2' + I_0 I_1' I_2' + I_0 I_1' I_2 = I_0' I_1 + I_0 I_1'$$
$$Q_2 = I_0' I_1' I_2' + I_0' I_1 I_2' + I_0 I_1 I_2 = I_0' I_2' + I_0 I_1 I_2$$

根据逻辑式对或阵列编程，如图 6.6.6（a）所示。PLA 的或阵列固定，对与阵列可编程，如图 6.6.6（b）所示。PAL 的与阵列、或阵列都可编程，如图 6.6.6（c）所示。

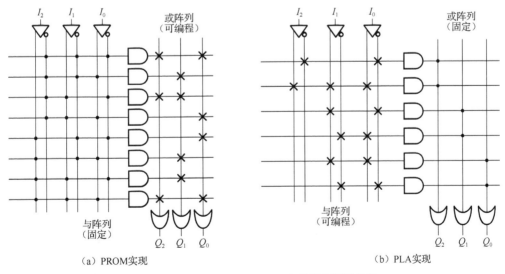

（a）PROM实现

（b）PLA实现

图 6.6.6 PROM、PLA、PAL 实现组合逻辑函数

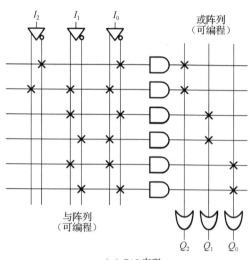

（c）PAL实现

图 6.6.6　PROM、PLA、PAL 实现组合逻辑函数（续）

GAL 按门阵列的可编程性分为两大类：一类是普通型，与 PLA 相似，其与阵列可编程，或阵列固定，典型芯片为 20 引脚的 GAL16V8；另一类与 PAL 相似，其与阵列、或阵列都可编程，称为新一代的 GAL。GAL 与 PLA、PAL 一样，仍属于低密度器件，由于阵列规模较小、片内寄存器资源不足、I/O 不够灵活以及编程不便，且加密功能不够理想等缺点，限制了其应用。目前其已被复杂 CPLD 代替。

6.6.2　复杂 PLD 的原理

PLD 到 GAL 这一代才有产品化的芯片 GAL16V8（简称 16V8），而到复杂 PLD 又经历了几年时间。复杂 PLD 的体系结构并不是在简单 PLD 体系结构上的简单扩充。厂商并不会按比例改变

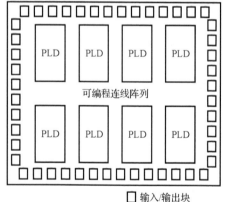

图 6.6.7　PLD 通用体系结构

16V8，以构造出规模更大的芯片，如 GAL128V64（简称128V64），其功能相当于 8 片 16V8，但是性价比不高。16V8 的每个与项都有 32 个输入（16 个信号的原变量及反变量），而 128V64 将具有 256 个输入。由于电容效应、漏电流等因素影响，若采用这样一个大型的线与连接结构，其操作速度与 16V8 相比，最快为 16V8 的 1/8。更糟的是，128V64 使用的芯片面积将大约是 16V8 的 64 倍，但是只提供与 8 个 16V8 相同数目的输入和输出。

如果设计具有同样数量输入、输出的 128V64，不是将 16V8 成比例扩大，而是使用 8 个 16V8 实现，如图 6.6.7所示，这就是复杂 PLD 想法的缘由，即一个复杂 PLD 连同可编程连线阵列一起，只是集成在单块芯片上的若干 PLD 的集合。该结构允许片内的 PLD 之间以相同方式互连，这跟前面学习的中规模集成电路扩展构成更大规模集成电路思想是一致的，这里的扩展互连是在芯片内部可编程，更加方便，性价比更高。

复杂 PLD 分为 CPLD（复杂可编程逻辑器件）和 FPGA（现场可编程门阵列）。早期的 CPLD 与 FPGA 产品是不同的，如 Altera 公司的典型 CPLD 是 MAX700 系列。随着技术的发展，在 2004 年以后，新产品的推出模糊了 CPLD 和 FPGA 的区别，例如，Altera 公司的 MAX10 系列，这是一种基于 FPGA（LUT）结构、集成配置芯片的 CPLD，在本质上它就是一种在内部集成了配置芯片

的 FPGA，但由于配置时间极短，上电就可以工作，所以对用户来说，感觉不到配置过程，可以像传统的 PLD 一样使用，加上容量和传统 PLD 类似，所以把它归为 PLD。还有 Lattice 公司的 XP 系列 FPGA，也是使用了同样的原理，将配置芯片集成到内部，在使用方法上和 PLD 类似，但是因为容量大，性能和传统 FPGA 相同，采用 LUT 架构，所以 Lattice 公司仍把它归为 FPGA。

6.6.3 CPLD 的结构与原理

1．CPLD 的结构

早期的 CPLD 结构是从 GAL 扩展来的，它基于乘积项（Product-Term）技术，属于阵列型 PLD，大多采用 EEPROM 和 Flash 工艺制造，一上电就可以工作，无须其他芯片配合。这里以 MAX7000 系列为例介绍 CPLD 的总体结构，如图 6.6.8 所示，包括可编程逻辑阵列（LAB）、可编程 I/O 控制块（IOC）和可编程连线阵列（PIA）。LAB 又由若干个可编程逻辑宏单元（LMC）组成。

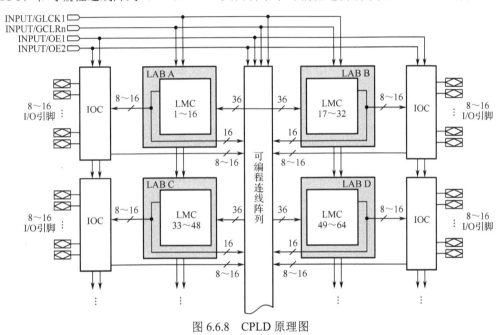

图 6.6.8 CPLD 原理图

LMC 是 PLD 的基本结构，由它来实现基本的逻辑功能。LMC 由三个功能块组成：乘积项逻辑阵列、乘积项选择矩阵和可编程寄存器。如图 6.6.9 所示，各部分可以被独自配置为时序逻辑和组合逻辑工作方式。其中，逻辑阵列实现组合逻辑，可以为每个 LMC 提供 5 个乘积项。乘积项选择矩阵分配这些乘积项作为到或门和异或门的主要逻辑输入，以实现组合逻辑函数，或者把这些乘积项作为 LMC 中寄存器的辅助输入，如清零、置位、时钟和时钟使能控制信号。每个 LMC 中的可编程寄存器可以单独地编程为由可编程时钟控制的 D、T、JK 或 SR 触发器的工作方式。触发器的时钟、清零输入可以通过编程选择使用专用的全局清零和全局时钟信号，或使用内部逻辑（乘积项逻辑阵列）产生的时钟和清零信号。触发器支持异步清零和异步置位功能，乘积项选择矩阵分配乘积项来控制这些操作。如果不需要触发器，可以将此触发器旁路，信号直接输出给 PIA 或输出到 I/O 引脚，以实现组合逻辑工作方式。

PIA 负责信号传递，连接所有的 LMC。通过 PIA 阵列可将各 LAB 相互连接，构成所需的逻辑。所有 MAX7000 系列的专用输入、I/O 引脚和 LMC 输出均馈送到 PIA，PIA 可把这些信号送到整个器件内的各个地方。只有每个 LAB 所需的信号才真正给它布置从 PIA 到该 LAB 的连线，如图 6.6.10 所示是 PIA 信号布线到 LAB 的方式。

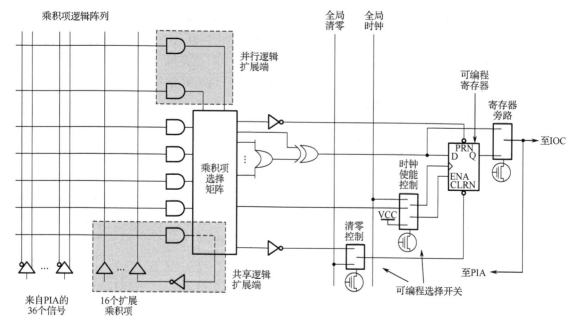

图 6.6.9　LMC 结构图

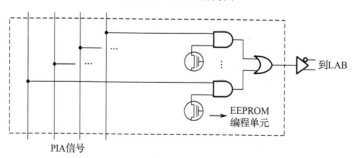

图 6.6.10　PIA 信号布线到 LAB 的方式

　　IOC 负责控制输入/输出端口的电气特性，比如可以设定集电极开路输出、摆率控制、三态输出等。IOC 允许每个 I/O 引脚单独地配置成输入/输出和双向工作方式。所有 I/O 引脚都有一个三态缓冲器，它能由全局输出使能信号中的一个进行控制，或者把使能端直接连接到地（GND）或电源（VCC）上。MAX7000 系列有 6 个全局输出使能信号，它们可以由以下信号驱动：两个输出使能信号、一个 I/O 引脚的集合、一个 LMC 的集合，或者是它"反相"后的信号。当三态缓冲器的控制端接地时，其输出为高阻态，而且 I/O 引脚可作为专用输入引脚；当三态缓冲器的控制端接电源时，输出使能有效。

　　由于 CPLD 内部采用固定长度的金属线进行各逻辑块的互连，因此设计的逻辑电路具有时间可预测性，避免了分段式互连结构时序不完全预测的缺点。到 20 世纪 90 年代，CPLD 的发展更为迅速，不仅具有电擦除特性，而且出现了边缘扫描及在线可编程等高级特性。

2. CPLD 实现原理

　　例 6.6.3　由 CPLD 实现图 6.6.11 所示的组合逻辑电路，并通过该过程理解 CPLD 的实现原理。

　　解：图 6.6.11 中的组合逻辑函数（AND3 的输出）为

$$F(A,B,C,D)=(A+B)CD'=ACD'+BCD'$$

　　PLD 将以图 6.6.12 的方式来实现组合逻辑函数 F。A、B、C、D 由 PLD 的引脚输入后进入 PIA，在内部会产生 A、A'、B、B'、C、C'、D、D' 这 8 个信号。图中"×"表示相连（可编程熔丝导通），

所以得到

$$F=F_1+F_2=ACD'+BCD'$$

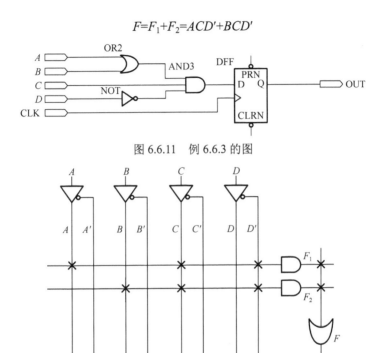

图 6.6.11 例 6.6.3 的图

图 6.6.12 CPLD 实现原理

这样组合逻辑就实现了。图 6.6.11 中 D 触发器的实现比较简单，直接利用 LMC 中的可编程 D 触发器来实现。时钟信号 CLK 由 I/O 引脚输入后进入芯片内部的全局时钟专用通道，直接连接到可编程 D 触发器的时钟端。可编程 D 触发器的输出与 I/O 引脚相连，把结果输出到芯片引脚。这样 PLD 就完成了图 6.6.11 电路的功能（以上这些步骤都是由软件自动完成的，不需要人为干预）。图 6.6.11 电路是一个很简单的例子，只需要一个 LMC 就可以完成。但对一个复杂的电路，一个 LMC 是不能实现的，这时就需要通过并联逻辑扩展项和共享逻辑扩展项将多个 LMC 相连，LMC 的输出也可以连接到 PIA，再作为另一个 LMC 的输入。这样 PLD 就可以实现更复杂逻辑。

6.6.4　FPGA 的结构与原理

1. FPGA 的结构

FPGA（Field Programmable Gate Array，现场可编程门阵列）是在 PAL、GAL、CPLD 等可编程器件的基础上进一步发展出来的。Xilinx（赛灵思）公司于 1985 年推出了世界上第一块 FPGA 芯片。FPGA 采用了逻辑单元阵列（Logic Cell Array，LCA）这样一个新概念，内部包括可配置逻辑模块（Configurable Logic Block，CLB）、输出/输入模块（Input Output Block，IOB）和可编程互连线，如图 6.6.13 所示。与传统逻辑电路和门阵列（如 PAL、GAL 及 CPLD）相比，FPGA 具有不同的结构，FPGA 利用小型查找表来实现组合逻辑，每个查找表连接到一个 D 触发器的输入端，触发器再驱动其他逻辑电路或 I/O 接口，由此构成了既可实现组合逻辑功能又可实现时序逻辑功能的基本逻辑模块，这些模块间利用金属连线互相连接或连接到 I/O 模块。

FPGA 的逻辑是通过向内部静态存储单元加载编程数据来实现的，存储在存储单元中的值决定了 CLB 的逻辑功能以及各模块之间或模块与 IOB 间的连接方式，并最终决定了 FPGA 所能实现的功能。FPGA 允许无限次的编程。

CLB 是实现逻辑功能的基本单元，它们通常规则地排列成一个阵列，散布于整个芯片中；IOB

是芯片上的逻辑与外部引脚的接口，通常排列在芯片的四周；可编程互连线包括各种长度的连线和一些可编程连接开关，它们将各 CLB 或 CLB 与 IOB 以及各 IOB 连接起来，构成特定功能。

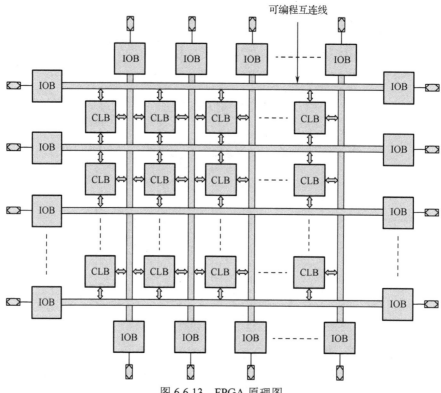

图 6.6.13　FPGA 原理图

2．FPGA 实现原理

绝大部分 FPGA 都采用查找表（LUT）技术，如 Intel 公司的 ACEX、APEX、Cyclone、Stratix 系列，Xilinx 公司的 Spartan、Virtex 系列等。这些 FPGA 中的最基本逻辑单元都是由 LUT 和触发器组成的。LUT 本质上就是一个 RAM。目前 FPGA 中多使用 4 输入或 6 输入的 LUT，所以每个 4 输入的 LUT 可以看成一个有 4 位地址线的 16×1 位的 RAM，结构如图 6.6.14 所示。当用户通过逻辑图或 HDL 语言描述了一个逻辑电路以后，FPGA 开发软件会自动计算逻辑电路所有可能的结果，并把结果事先写入 RAM。这样，输入一个信号并进行逻辑运算就等于输入一个地址进行查表，找出该地址对应的内容，然后输出即可。

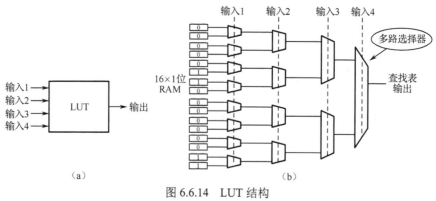

图 6.6.14　LUT 结构

例 6.6.3 中逻辑函数 $F(A,B,C,D)=(A+B)CD'$ 由 LUT 的实现见表 6.6.1。这些步骤都是由软件自动完成的，不需要人为干预。

这个电路是一个很简单的例子，只需要一个 LUT 加上一个 D 触发器就可以完成。对于仅使用一个 LUT 无法完成的电路，就需要通过进位逻辑将多个 LUT 相连，这样 FPGA 就可以实现复杂的逻辑。

3. FPGA 编程方式

FPGA 的硬件体系结构和软件开发工具在不断完善，日趋成熟。

FPGA 器件由片内 RAM 中的程序来设置其工作状态，因此，工作时需要对片内 RAM 进行编程。用户可以根据不同的配置模式，采用不同的编程方式。

加电时，FPGA 器件将 EPROM 中的数据读入片内 RAM，配置完成后，进入工作状态。掉电后，FPGA 器件恢复成初始状态，内部逻辑关系消失，因此，FPGA 器件能够反复使用。FPGA 的编程无须专用的编程器，只需用通用的 EPROM、PROM 编程器即可。当需要修改 FPGA 功能时，只需换一个 EPROM 即可。这样，同一个 FPGA 器件，不同的编程数据，可以实现不同的逻辑功能。因此，FPGA 的使用非常灵活。

市场上有三种基本的 FPGA 编程技术：SRAM、反熔丝、Flash。

（1）基于 SRAM 的 FPGA 器件。这类器件是基于 SRAM 结构的可再配置型器件，上电时要将配置数据读入片内 SRAM 中，配置完成就可进入工作状态。掉电后，SRAM 中的配置数据丢失，FPGA 内部逻辑关系随之消失。这类器件可以反复使用。

（2）反熔丝 FPGA 器件。采用反熔丝编程技术的 FPGA 器件内部具有反熔丝阵列结构，其由专用编程器根据设计实现所给出的数据文件对其内部的反熔丝阵列进行烧录，从而使器件实现相应的逻辑功能。这类器件的缺点是只能一次性编程；优点是具有高抗干扰能力和低功耗，适用于要求高可靠性、高保密性的定型产品。

（3）基于 Flash 的 FPGA 器件。在这类 FPGA 器件中集成了 SRAM 和非易失性 EEPROM 两类存储结构。其中 SRAM 用于在器件正常工作时对系统进行控制，而 EEPROM 则用来装载 SRAM。由于这类 FPGA 器件将 EEPROM 集成在基于 SRAM 工艺的现场可编程器件中，因此可以充分发挥 EEPROM 的非易失特性和 SRAM 的重配置性。掉电后，配置信息保存在片内的 EEPROM 中，因此不需要片外的配置芯片，有助于降低系统成本，提高设计的安全性。

表 6.6.1 LUT 的实现

实际电路		LUT 实现	
ABCD	输出	地址	RAM
0000	0	0000	0
0001	0	0001	0
0010	0	0010	0
0011	0	0011	0
0100	0	0100	0
0101	0	0101	0
0110	1	0110	1
0111	0	0111	0
1000	0	1000	0
1001	0	1001	0
1010	1	1010	1
1011	0	1011	0
1100	0	1100	0
1101	0	1101	0
1110	1	1110	1
1111	0	1111	0

本章小结

本章讲述了三方面内容：触发器、存储器和可编程逻辑器件（PLD）。

先介绍不可控的双稳态器件到基本锁存器、门控 SR 锁存器、D 锁存器，再介绍触发器。然后从逻辑功能上描述 SR、D、JK、T 和 T'触发器。描述触发器特性的方法有特性表和特性方程、驱动表、状态转换图。触发器是构成时序逻辑电路的基本器件，需牢记各种触发器的框图，根据框图就可以知道其功能及动作特点。

存储器是存储海量信息的部件，先介绍了 ROM、PROM、EPROM、EEPROM、Flash 的发展及原理，接着介绍了 RAM 的结构，以及 SRAM 和 DRAM，最后介绍了存储器容量的扩展及存储器应用。

PLD 是现代数字电子技术的硬件基础，可以由用户在工作现场进行编程，本章介绍了简单 PLD、复杂 PLD（CPLD 及 FPGA）的原理。

习题 6

6-1 由或非门组成的 SR 锁存器电路结构以及输入端 S_D 和 R_D 的波形如图 T6-1 所示，试画出输出端 Q 和 Q' 的波形。

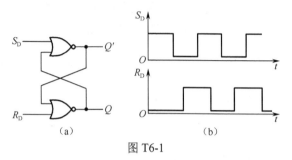

图 T6-1

6-2 由与非门组成的 SR 锁存器电路结构以及输入端 S'_D 和 R'_D 的波形如图 T6-2 所示，试画出输出端 Q 和 Q' 的波形。

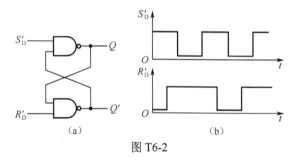

图 T6-2

6-3 边沿触发的 D 触发器框图以及 CLK 和 D 的波形如图 T6-3 所示，假定触发器的初始状态为 $Q=0$，试画出输出端 Q 和 Q' 的波形。

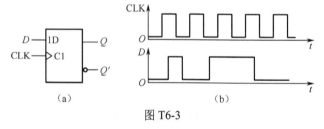

图 T6-3

6-4 主从型 JK 触发器框图以及 J、K、CLK 的波形如图 T6-4 所示，假定触发器的初始状态为 $Q=0$，试画出输出端 Q 和 Q' 的波形。

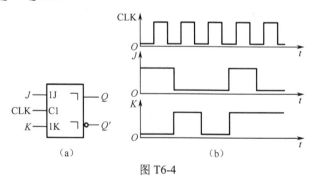

图 T6-4

6-5 边沿触发的 T 触发器框图以及 CLK 和 *T* 的波形如图 T6-5 所示，假定触发器的初始状态为 *Q*=0，试画出输出端 *Q* 和 *Q′*的波形。

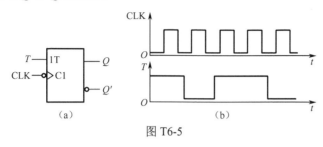

图 T6-5

6-6 分别写出 SR 触发器、JK 触发器、D 触发器、T 触发器的特性方程和特性表。

6-7 图 T6-6（a）～（d）中各触发器的初始状态均为 *Q*=0，CLK 的波形如图 T6-6（e）所示，试画出在 CLK 作用下，各触发器输出端的波形。

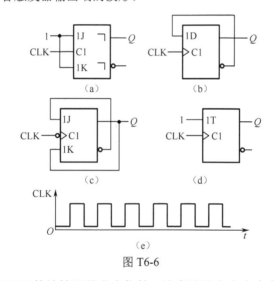

图 T6-6

6-8 8192×32 位的 ROM 的地址码是多少位的？该存储器有多少个存储单元？

6-9 试用两个存储容量为 2K×8 位的 ROM 芯片组成 4K×8 位的存储系统。

6-10 试用 1K×4 位的 RAM 芯片组成 4K×8 位的存储系统。

6-11 试用 ROM 产生如下组合逻辑函数：

$$\begin{cases} Y_1 = A'BC + A'B'C \\ Y_2 = AB'CD' + BCD' + A'BCD \\ Y_3 = ABCD' + A'BC'D' \\ Y_4 = A'B'CD' + ABCD \end{cases}$$

6-12 用 16×4 位的 ROM 设计可以将两个 2 位二进制数相乘的乘法器电路，列出 ROM 中的数据表，画出存储矩阵的点阵图。

6-13 用 16×3 位的 ROM 设计可以将两个 2 位二进制数相加的加法器电路，列出 ROM 中的数据表，画出存储矩阵的点阵图。

第7章　常用时序逻辑电路

编码器、数据选择器等组合逻辑电路某一时刻的输出完全取决于当前电路的输入，电路没有记忆功能。还有一种电路即时序逻辑电路，其某一时刻的输出不仅仅与当前电路的输入有关，还与当前电路的状态有关。例如，某包装生产线上的计数器是一个加 1 计数器，每箱从 0 开始计数，每来一件就加 1 计数，状态从 0 依次变为 $1,2,3,\cdots,10$，计到 11 够一箱时输出一个信号，计数值重新回到 0，开始下一个计数周期，如图 7.0.1 所示。这里需要记住 12 个数，计数器每次只进行简单的加 1 运算，但是，当前是 5 还是 6，加 1 后结果是不一样的。因此时序逻辑电路必须要有带记忆功能的器件，以记住以前的输入对电路产生的影响。

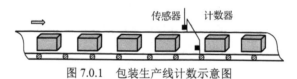

图 7.0.1　包装生产线计数示意图

实际生活中使用的大多是时序逻辑电路，例如，串行加法器、电梯控制器、自动售货机等。寄存器和计数器是最基本、最常用的时序逻辑电路，用来对数据进行存储和转换。本章主要介绍寄存器和计数器，所讲的存储器件只限由基本门和触发器构成的。

7.1　寄存器

在数字电路中，最简单的存储器件是寄存器，用来存放一组二进制数据或代码，有普通寄存器和移位寄存器两种。

7.1.1　普通寄存器

寄存器由公共时钟信号驱动的多个触发器构成。一个触发器可以存储 1 位二进制代码，要存储 n 位二进制代码就需要 n 个触发器来构成寄存器。如图 7.1.1 所示的 4 位寄存器由 4 个 D 触发器构成，在公共时钟信号 CLK 上升沿到来时，4 个 D 触发器同时把数据 $D_3D_2D_1D_0$ 存入 $Q_3Q_2Q_1Q_0$。可以知道，一个最简单的 n 位寄存器除了时钟信号，至少有 n 个输入和 n 个输出信号。

可以通过增加控制信号来增强基本寄存器的功能，例如，在寄存器中添加异步复位信号，就可以不依赖时钟信号对寄存器进行清零，可异步复位的 4 位寄存器如图 7.1.2 所示。

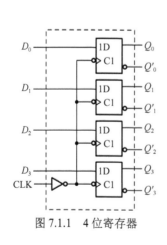

图 7.1.1　4 位寄存器

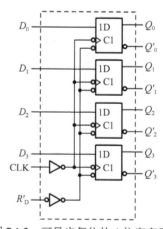

图 7.1.2　可异步复位的 4 位寄存器

普通寄存器在 CLK 的每个边沿自动存储新的数据，但在实际数字系统中，数据在改写之前需要存储几个时钟周期，这就需要控制数据何时输入寄存器。图 7.1.3 为实现这一功能的寄存器单元，其中 2 选 1 数据选择器用于对输入数据或寄存器中的现存数据进行选择。LOAD 信号连接数据选择器的地址选择输入端，在每个 CLK 的下降沿，当 LOAD 为 1 时，新的数据 D_i 输入经数据选择器存到 D 触发器的 Q_i；当 LOAD 为 0 时，则把触发器的输出重新存入 Q_i，实现记忆保持功能。

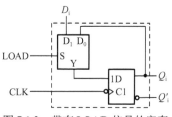

图 7.1.3 带有 LOAD 信号的寄存器单元

7.1.2 移位寄存器

移位寄存器中的数据可以在时钟信号控制下进行左移或右移，实现了移位和寄存功能。其不仅可以用来存储数据，还可以用来实现数据格式的串并、并串转换，数据格式由并行转为串行便于被发送或存储，由串行转为并行便于被处理和显示。数字电话系统就是最常用的串行数据传输。

1. 单向移位寄存器

单向移位寄存器有右移移位寄存器和左移移位寄存器，就是在移位脉冲作用下将其寄存的数据依次向左或向右移动一位。如图 7.1.4 所示为 4 位右移移位寄存器，由 4 个 D 触发器构成，从左到右为 FF_0、FF_1、FF_2、FF_3，最左边的触发器数据输入 D 接外部串行输入 D_I，其余各触发器的输入 D 依次连接左侧相邻的触发器的输出 Q，最右边的触发器的输出 Q 直接引出作为串行输出 D_O。如果同时引出每个触发器的输出 Q，则构成并行输出 $Q_3Q_2Q_1Q_0$，将各触发器的时钟信号端连在一起接外部移位时钟信号 CLK。

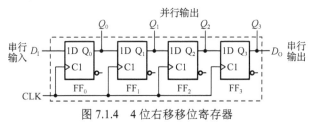

图 7.1.4 4 位右移移位寄存器

各触发器的特性方程：$Q_0^*=D_0$，$Q_1^*=D_1$，$Q_2^*=D_2$，$Q_3^*=D_3$。

各触发器的驱动方程：$D_0=D_I$，$D_1=Q_0$，$D_2=Q_1$，$D_3=Q_2$。

将驱动方程代入特性方程，得到各触发器的状态方程：$Q_0^*=D_I$，$Q_1^*=Q_0$，$Q_2^*=Q_1$，$Q_3^*=Q_2$。

假设 4 个触发器的初始状态均为 0 态，t_1 时刻 CLK 上升沿到来，4 个 D 触发器的状态都要变化，Q_0 根据输入 D_I 的值变为 1，Q_1 根据 t_1 时刻前 Q_0 的值变为 0，Q_2 根据 t_1 时刻前 Q_1 的值变为 0，Q_3 根据 t_1 时刻前 Q_2 的值变为 0，即 $Q_3Q_2Q_1Q_0$ 变为 0001，保持到 t_2 时刻。同理，分析 t_2、t_3、t_4 时刻的情况。D_I 依次输入为 1011，经过 4 个时钟脉冲，并行输出 $Q_3Q_2Q_1Q_0$ 变为 1011，实现了串行输入-并行输出的转换，再经过 4 个时钟脉冲，串行输出 D_O 依次输出 1011，实现了串行输入-串行输出，移位时序图如图 7.1.5 所示，功能表如表 7.1.1 所示。

从 4 位右移移位寄存器可知，n 位右移移位寄存器的构成也非常简单。注意，必须使用没有空翻问题的触发器来构成移位寄存器，还要考虑串行输入的二进制数是"高位在先，低位在后"，还是"低位在先，高位在后"。

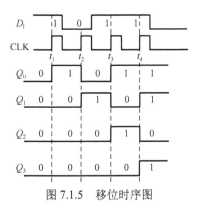

图 7.1.5 移位时序图

如图 7.1.6 所示，用同样的方法构成左移移位寄存器，4 个 D 触发器从自左向右为 FF_0、FF_1、FF_2、FF_3。将最右边触发器的输入 D 接串行输入 D_I，依次将其余各触发器的输入 D 连接其右边相邻触发器的输出 Q，最左边触发器的输出直接引出作为串行输出 D_O。

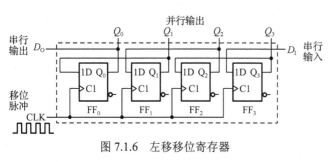

图 7.1.6　左移移位寄存器

表 7.1.1　移位寄存器功能表

CLK	D_I	$Q_0Q_1Q_2Q_3$
0	0	0　0　0　0
1	1	1　0　0　0
2	0	0　1　0　0
3	1	0　0　1　0
4	1	0　0　0　1

关于触发器的编号问题，图 7.1.6 和本书后面的例子都是从左向右编号为 0、1、2、3 的，也可以从左向右编号为 3、2、1、0。但是需要注意的是，我们读 4 位二进制数一般按自左向右的顺序，最左边是最高位，书写时也按 $Q_3Q_2Q_1Q_0$ 这样的顺序。所以移位寄存器实现的左移实际就是除 2 操作，右移则是乘 2 操作。

2．双向移位寄存器

实际中常采用中规模通用移位寄存器，即将若干触发器和门集成在一个芯片上，使用一个 4 选 1 数据选择器，既可以左移、右移，也可以输入新的数据或保持现有数据。

双向移位寄存器如图 7.1.7 所示，4 选 1 数据选择器 MUX 可以根据 S_1S_0 的值选择是左移串行输入信号 D_L、右移串行输入 D_R 和并行输入 $D_3D_2D_1D_0$，还是把自我保持数据 $Q_3Q_2Q_1Q_0$ 送入 D 触发器的 $D_3D_2D_1D_0$。根据图写出 D 触发器的驱动方程：

$$D_0=S_1S_0D_R+S_1S_0'Q_1+S_1'S_0D_0+S_1'S_0'Q_0$$
$$D_1=S_1S_0Q_0+S_1S_0'Q_2+S_1'S_0D_1+S_1'S_0'Q_1$$
$$D_2=S_1S_0Q_1+S_1S_0'Q_3+S_1'S_0D_2+S_1'S_0'Q_2$$
$$D_3=S_1S_0Q_2+S_1S_0'D_L+S_1'S_0D_3+S_1'S_0'Q_3$$

根据方程写出功能表如表 7.1.2 所示。

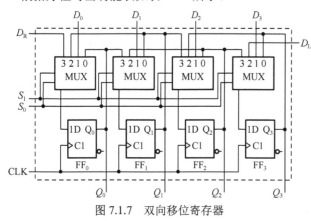

图 7.1.7　双向移位寄存器

表 7.1.2　双向移位寄存器功能表

S_1S_0	功能	$Q_3^*Q_2^*Q_1^*Q_0^*$
00	保持	$Q_3Q_2Q_1Q_0$
01	并入	$D_3D_2D_1D_0$
10	左移	$D_LQ_3Q_2Q_1$
11	右移	$Q_2Q_1Q_0D_R$

3．中规模双向移位寄存器

通用双向移位寄存器为 74LS194，原理图如图 7.1.8（a）所示，其内部的 4 选 1 数据选择器由基本门构成，内部电路可分为 4 个基本相同的部分。以 FF_1 为例，由 SR 触发器的特性方程：$Q^*=S+R'Q$，可得状态方程如下：

$$Q_1^* = S_1'S_0'Q_1 + S_1'S_0Q_0 + S_1S_0'Q_2 + S_1S_0D_1$$

同理，可以得出 FF_0、FF_2、FF_3 的状态方程如下：

$$Q_0^* = S_1'S_0'Q_0 + S_1'S_0D_{IR} + S_1S_0'Q_1 + S_1S_0D_0$$

$$Q_2^* = S_1'S_0'Q_2 + S_1'S_0Q_1 + S_1S_0'Q_3 + S_1S_0D_2$$

$$Q_3^* = S_1'S_0'Q_3 + S_1'S_0Q_2 + S_1S_0'D_{IL} + S_1S_0D_3$$

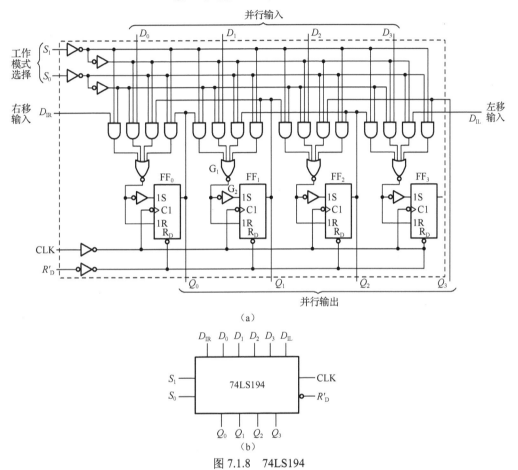

（a）

（b）

图 7.1.8　74LS194

内部所有触发器的异步清零端连在一起接外部的异步清零端 R_D'。由状态方程得到 74LS194 功能表，如表 7.1.3 所示，理解内部电路原理后，在使用时只画框图即可，封装后的框图如图 7.1.8（b）所示。中规模芯片使用方便，成本低，可以灵活地扩展成其他位数的双向移位寄存器。

表 7.1.3　74LS194 功能表

复位	CLK	输入	现态	次态	功能
R_D'		S_1S_0	$Q_3Q_2Q_1Q_0$	$Q_3^*Q_2^*Q_1^*Q_0^*$	
0	×	××	$Q_3Q_2Q_1Q_0$	0 0 0 0	异步清零
1	↑	0　0	$Q_3Q_2Q_1Q_0$	$Q_3Q_2Q_1Q_0$	保持
1	↑	0　1	$Q_3Q_2Q_1Q_0$	$Q_2Q_1Q_0D_{IR}$	右移
1	↑	1　0	$Q_3Q_2Q_1Q_0$	$D_{IL}Q_3Q_2Q_1$	左移
1	↑	1　1	$Q_3Q_2Q_1Q_0$	$D_3D_2D_1D_0$	同步置数

7.2 二进制计数器

计数器可以说是寄存器的一种特殊形式,是由若干个触发器构成的一种时序逻辑电路,它按预定的顺序改变其内部各触发器的状态,能够记忆输入脉冲信号的个数。输入脉冲信号可以是周期性的脉冲信号,也可以是随机的信号。计数器广泛应用于数字系统中,可以实现计数、定时、分频等功能。

计数器按进位基数分为二进制计数器(n 位二进制计数器的模为 2^n)、十进制计数器(模为 10)、任意进制计数器(模为 N)。按计数规律分为加法计数器、减法计数器、可逆计数器。按电路中各触发器的时钟是否使用同一个触发信号分为同步计数器、异步计数器。

7.2.1 同步二进制计数器

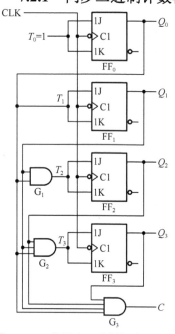

图 7.2.1 4 位同步二进制加法计数器

1. 同步二进制加法计数器

根据二进制加法运算规则可知,在对多位二进制数进行加 1 运算时,最低位的值总是需要翻转的。第 i 位的值则有两种情况:若比第 i 位低的各位皆为 1,则第 i 位应翻转;否则第 i 位的值应保持不变。7 位二进制数加到 1011011 时再加 1 时,因为低 2 位都为 1,所以低位第 3 位从 0 变为 1,而高 4 位因为低 3 位不全是 1,所以保持不变:

$$
\begin{array}{cccccccc}
 & 1 & 0 & 1 & 1 & 0 & 1 & 1 \\
+ & & & & & & & 1 \\
\hline
 & 1 & 0 & 1 & 1 & 1 & 0 & 0 \\
\end{array}
$$

图 7.2.1 为 4 位同步二进制加法计数器。可以看到,触发器 FF$_0$ 的 $T_0=1$,即接成了 T′触发器,只要有 CLK 下降沿到来,Q_0 的状态就发生翻转;而触发器 FF$_1$、FF$_2$、FF$_3$ 都接成了 T 触发器,驱动方程如下:

$$
\begin{cases}
T_1 = Q_0 \\
T_2 = Q_1 Q_0 \\
T_3 = Q_2 Q_1 Q_0
\end{cases}
$$

Q_1 根据 Q_0 为 0 或 1 来确定是保持还是翻转;Q_2 根据 $Q_1 Q_0$ 是否同时为 1,即 11,来确定是保持还是翻转;Q_3 则根据 $Q_2 Q_1 Q_0$ 是否为 111 来确定是保持还是翻转。假设所有触发器的初态 $Q_3 Q_2 Q_1 Q_0$ 为 0000,第 0 个 CLK 下降沿到来后,$Q_3 Q_2 Q_1 Q_0$ 变为 0001,第 1 个到来后变为 0010……第 14 个 CLK 下降沿到来后,$Q_3 Q_2 Q_1 Q_0$ 变为 1111,进位输出信号 C 变为 1,第 15 个 CLK 下降沿到来后,$Q_3 Q_2 Q_1 Q_0$ 变为 0000,C 变为 0,C 用下降沿表示一个计数周期结束,开始下一个计数周期。根据状态方程画出其时序图如图 7.2.2 所示。

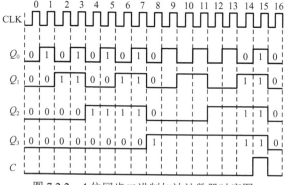

图 7.2.2 4 位同步二进制加法计数器时序图

4 个触发器的状态 $Q_3 Q_2 Q_1 Q_0$ 与 CLK 的关系也可以用表格表示,如表 7.2.1 所示,称为 4 位同步二进制计数器状态转换表。状态转换表与真值表类似,每来一个 CLK,由现态得出次态,在一系列 CLK 的控制下，4 位二进制数共有 16 个状态，从 0000 到 1111，一个计数周期结束。用图表示状态转换表更形象，每个状态用一个圆圈表示，圈内写上当前状态对应的二进制数，状态的转移用箭头表示，箭尾从现态离开，箭头指向下一个状态，上方"/"两侧为输入、输出的值。4 位同步二进制加法计数器的状态转换图如图 7.2.3 所示。

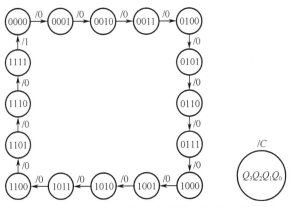

图 7.2.3 4 位同步二进制加法计数器的状态转换图

表 7.2.1 4 位同步二进制加法计数器状态转换表

CLK	$Q_3Q_2Q_1Q_0$	$Q_3^*Q_2^*Q_1^*Q_0^*$	C
0	0 0 0 0	0 0 0 1	0
1	0 0 0 1	0 0 1 0	0
2	0 0 1 0	0 0 1 1	0
3	0 0 1 1	0 1 0 0	0
4	0 1 0 0	0 1 0 1	0
5	0 1 0 1	0 1 1 0	0
6	0 1 1 0	0 1 1 1	0
7	0 1 1 1	1 0 0 0	0
8	1 0 0 0	1 0 0 1	0
9	1 0 0 1	1 0 1 0	0
10	1 0 1 0	1 0 1 1	0
11	1 0 1 1	1 1 0 0	0
12	1 1 0 0	1 1 0 1	0
13	1 1 0 1	1 1 1 0	0
14	1 1 1 0	1 1 1 1	0
15	1 1 1 1	0 0 0 0	1
16	0 0 0 0	0 0 0 1	0

数字电路中，计数器也常用于分频，时序图如图 7.2.4 所示，如果 CLK 为周期性信号，周期为 T，从时序图中可以看出，Q_0 的周期是 CLK 的 2 倍，则频率为 CLK 的 1/2，称为二分频；Q_1 的频率是 CLK 的 1/4，称为四分频；Q_2 的频率是 CLK 的 1/8，称为八分频；Q_3 的频率是 CLK 的 1/16，称为 16 分频。因此计数器的输出又可以用作产生 50%占空比的 2^n 分频的分频器。

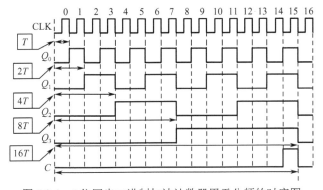

图 7.2.4 4 位同步二进制加法计数器用于分频的时序图

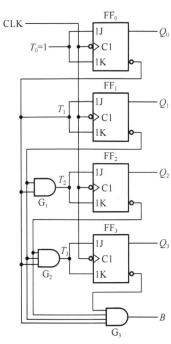

图 7.2.5 4 位同步二进制减法计数器

2．同步二进制减法计数器

按加法计数器的构成方法，同样可以构成减法计数器。

在对多位二进制数进行减 1 运算时，最低位的值总是需要翻转的。若比第 i 位低的各位皆为 0，则第 i 位的值应翻转；否则第 i 位的值应保持不变。如图 7.2.5 所示为 4 位同步二进制减法计数器，可以看到，触发器 FF_0 的 $T_0=1$，接成了 T'触发器，只要有 CLK 下降沿到来，Q_0 的状态就翻转；触发器 FF_1、FF_2、FF_3 接成了 T 触发器，驱动方程如下：

$$\begin{cases} T_1 = Q'_0 \\ T_2 = Q'_1 Q'_0 \\ T_3 = Q'_2 Q'_1 Q'_0 \end{cases}$$

Q_1 根据 Q'_0 为 0 或 1 来确定是保持还是翻转；Q_2 根据 $Q'_2 Q'_1$ 是否为 11 来确定是保持还是翻转；Q_3 根据 $Q'_2 Q'_1 Q'_0$ 是否为 111 来确定是保持还是翻转。假设所有触发器 $Q_3 Q_2 Q_1 Q_0$ 的初态为 0000，在第 1 个 CLK 下降沿到来时变为 1111，随着一系列 CLK 下降沿的到来，将会从 1111 到 0000 循环。时序图、状态转换图可以自行分析。

可以把加法与减法计数器组合构成同步可逆计数器，也可以构成模为 2^n（n 为正整数）的计数器。但是随着 n 的增大，电路会比较复杂。后面会讲到用中规模芯片扩展的方法搭建任意进制计数器，所以理解 4 位同步二进制计数器的原理就可以了。

7.2.2 异步二进制计数器

前面介绍的同步二进制计数器中所有触发器使用同一个时钟信号，所以需要一个递增或递减电路，实现同步计数，这增加了电路的成本。不用递增或递减电路也可以实现计数，这就是异步二进制计数器。异步计数器中的所有触发器不需要使用同一个时钟信号，每个触发器的时钟信号为低一位触发器的输出信号，即按其低一位触发器频率的 1/2 为频率来改变状态。

1. 异步二进制加法计数器

3 位异步二进制加法计数器如图 7.2.6 所示，所有的 JK 触发器都接成了 T'触发器，T'触发器在时钟信号的每个下降沿都会进行状态翻转，若初始为 0，则翻转为 1，反之亦然，如此循环。图 7.2.6 中三个触发器的时钟信号是不同的，FF_0 的 CLK_0 来自外部，FF_1 的 CLK_1 来自 FF_0 的输出 Q_0，FF_2 的 CLK_2 来自 FF_1 的输出 Q_1。

假设三个触发器 $Q_2 Q_1 Q_0$ 的初态为 000，不用写状态方程就可以很方便地画出其时序图，先根据 CLK_0 的每个下降沿，画出 Q_0 的波形。再根据 Q_0 的每个下降沿画出 Q_1 的波形。最后根据 Q_1 的每个下降沿画出 Q_2 的波形，如图 7.2.7 所示。

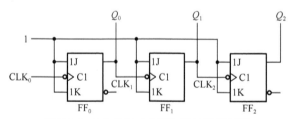

图 7.2.6 3 位异步二进制加法计数器原理

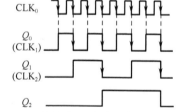

图 7.2.7 3 位异步二进制加法计数器的时序图

对应 CLK_0 的每个时钟周期，给用 $Q_2 Q_1 Q_0$ 状态组合表示的二进制数赋予一定的含义，这样经过 8 个时钟周期，$Q_2 Q_1 Q_0$ 按照 000→001→010→011→100→101→110→111→000 的规律变化，可以理解为实现了 3 位异步二进制加法计数器，共 8 个状态，也称为异步八进制加法计数器。

2. 异步二进制减法计数器

把图 7.2.6 中的触发器换为上升沿触发，其他不变，如图 7.2.8 所示，同样按 CLK_0 可以画出时序图如图 7.2.9 所示，此时 $Q_2 Q_1 Q_0$ 按照 000→111→110→101→100→011→010→001→000 的规律变化，可以理解为实现了 3 位异步二进制减法计数器，共 8 个状态，也称为异步八进制减法计数器。

3. 异步二进制计数器的构成总结

当然用下降沿触发的触发器也可以构成减法计数器。只需修改图 7.2.6 中 FF_1、FF_2 的时钟信号即可。FF$_1$ 的 CLK$_1$ 来自 FF$_0$ 的输出 Q'_0，FF$_2$ 的 CLK$_2$ 来自 FF$_1$ 的输出 Q'_1，如图 7.2.10 所示。

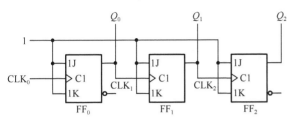

图 7.2.8　3 位异步二进制减法计数器原理

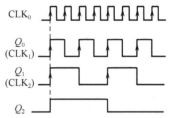

图 7.2.9　3 位异步二进制减法计数时序图

同样，用上升沿触发的触发器也可以构成加法计数器，修改图 7.2.8 中 FF$_1$、FF$_2$ 的时钟信号，即可用上升沿触发的触发器构成加法计数器，如图 7.2.11 所示。

从用三个触发器构成 3 位异步二进制计数器可知，很容易构成异步 n 位二进制计数器。

异步计数器电路简单，但触发器从时钟信号边沿到来到输出 Q 发生变化是需要时间的，即

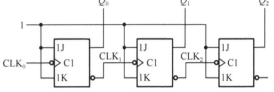

图 7.2.10　下降沿触发的触发器构成减法计数器

异步计数器会有延时。例如，图 7.2.11 中的加法计数器从 111 计到 000 时，触发器 FF$_0$ 的 Q_0 在 CLK$_0$ 的下降沿翻转，假设延时为 Δ，则 Q_1 经 2Δ 延时后翻转，Q_2 经 3Δ 延时后翻转。图 7.2.12 中只画了第 8 个时钟到来的延时情况，可以知道，异步计数器比同步计数器慢得多，如果时钟信号频率高，延时可能会造成错误计数。所以同步计数器在实际中使用较多。

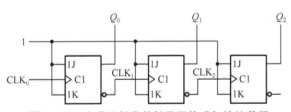

图 7.2.11　上升沿触发的触发器构成加法计数器

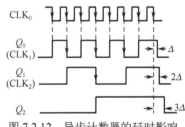

图 7.2.12　异步计数器的延时影响

7.2.3　移位寄存型计数器

移位寄存器除了像寄存器一样寄存数据，还可以实现数据的串/并转换，和加法器一起完成算术运算，此外，还可以实现具有循环状态的计数器，因此又称为移位寄存型计数器。与二进制计数器不同，移位寄存型计数器的计数顺序既不是升序，也不是降序。

1. 环形计数器

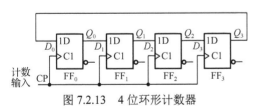

图 7.2.13　4 位环形计数器

将一个 n 位的右移移位寄存器首尾相接即构成最简单的有 n 个状态的环形计数器。4 位环形计数器的原理图如图 7.2.13 所示。设初态为 $Q_0Q_1Q_2Q_3$= 0001，每来一个时钟信号，就向右移一位。最右边的 Q_3 移入 Q_0，即状态依次为 1000→0100→0010→0001→1000。计数器在这 4 个有效状态中重复循环。也就是说，n 位环形计数器在一个循环中会依次经历 n 个有效状态。

环形计数器能够用电路的不同状态表示输入时钟信号的数目，每个有效状态中只有一个触发器的输出为 1，其不需要译码电路便可直接用于数字显示器和数字系统的控制器中。并且不同于二进

制计数器和译码器，其输出的都是无尖峰脉冲。

4 个触发器有 16 个状态，如果初始状态为 0001，在时钟信号的控制下只能在 4 个有效状态之间循环，称为有效循环，如图 7.2.14（a）所示。由于有效状态中只能有一个 1，若出现干扰使得 1 暂时变为 0，计数器就会进入 0000 状态且永远停留在 0000 这个状态，不能再进入有效循环，即不能自启动。同样，如果输出中的一个 0 被干扰为 1，比如变为 0101 状态，计数器会进入无效循环，且永远停留在其中，也称为不能自启动。状态转换图如图 7.2.14 所示，可知 4 个触发器有 16 个状态，而环形计数器的有效状态只有 4 个，没有充分利用电路的状态，n 位移位寄存器只能构成 n 进制计数器。如果初始状态不是 0001，则可能出现如图 7.2.14（b）～（f）所示的 5 种情况，称为无效循环。

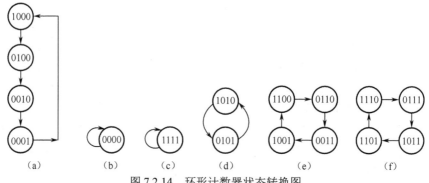

图 7.2.14　环形计数器状态转换图

自启动，又叫自校正，所谓可自启动就是使所有的无效状态经过一个或几个时钟后能够进入有效循环。即使发生了意外情况，计数器也能够进入正常状态。可以修改电路设计，增加硬件电路达到自行启动，如图 7.2.15 所示为自启动环形计数器。自启动环形计数器的状态转换图如图 7.2.16 所示。

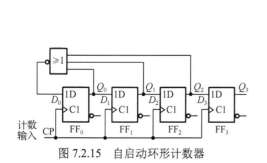

图 7.2.15　自启动环形计数器

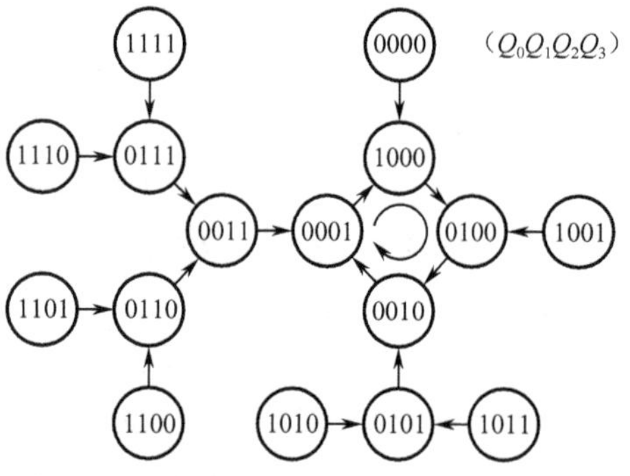

图 7.2.16　自启动环形计数器的状态转换图

环形计数器解决了自启动问题，但还有一个缺点：n 位移位寄存器只能构成 n 位环形计数器，即只有 n 个有效状态，却有 2^n-n 个无效状态，状态得不到充分利用。

2. 扭环形计数器

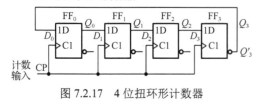

图 7.2.17　4 位扭环形计数器

扭环形计数器也叫约翰逊计数器，通过将一个 n 位的右移移位寄存器的最后一级输出 Q' 引回到第一级的输入端，构成有 $2n$ 个状态的计数器。4 位扭环形计数器如图 7.2.17 所示，假设初始状态为 0000，可以得到其状态转换如图 7.2.18 所示。

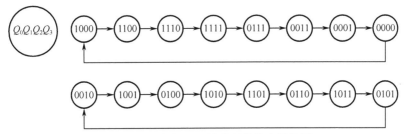

图 7.2.18　4 位扭环形计数器的状态转换图

扭环形计数器是按照一种循环码的计数顺序计数的，相邻码中仅有一位不同，所以译码输出不会产生毛刺。常作为分频器使用，最高位触发器的输出波形为方波。缺点是 2^n 个状态中只用了 $2n$ 个，而且与环形计数器一样存在自启动问题。

3. 最大长度移位寄存型计数器

环形计数器、扭环形计数器的有效状态数目都远小于最大值 2^n，最大长度移位寄存型计数器的有效状态为 2^n-1，几乎就是有效状态的最大数，如图 7.2.19 所示。

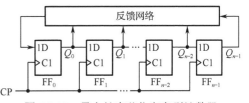

图 7.2.19　最大长度移位寄存型计数器

其根据有限域理论找到一种方程，将移位寄存器的部分输出 Q 进行异或运算再经反馈网络反馈到串行输入端，使得计数循环包含所有的 2^n-1 个非零状态。这些状态不是按照二进制计数顺序循环的，也叫伪随机数发生器，在通信领域、密码学等方面都有很广泛的应用，而不仅仅用于计数器。

7.3　十进制计数器

十进制计数是人们习惯的计数方式，生活中，十进制计数器也就必不可少。十进制计数器有 10 个状态，就是每当计数器计到 9 后，下一个时钟到来时，计数回 0，同时令进位输出为 1。十进制计数器可以按时序逻辑电路设计步骤进行设计，也可在 4 位二进制计数器的基础上进行简单修改而得到。

十六进制和十进制计数器状态转换表如表 7.3.1 所示，4 位二进制计数器可以理解为 1 位十六进制计数器，其状态 $Q_3Q_2Q_1Q_0$ 计到 1001 时产生一个信号，控制下一个时钟上升沿到来时，状态能够返回到 0000，而不是继续原来的 1010；状态回到 0000 后，控制信号则变成无效，状态又像十六进制计数器一样从 0000 开始加 1 计数，一到 1001 就变为 0000，这样就实现了十进制计数。要实现这个目的需要修改电路，观察各触发器的状态，发现 Q_1 由原来的翻转变为不翻转，Q_3 由原来的保持状态变为翻转，而 Q_2、Q_0 则按原规律变化。只需要修改触发器 FF_1、FF_3 的驱动信号 T_3 和 T_1 就可以。

分析 FF_1 的驱动信号 T_1：

二进制计数时，$T_1=Q_0$，只要 $Q_0=1$，则当 CLK 到来时，Q_1 就翻转；

表 7.3.1　状态转换表

十六进制计数器		时钟	十进制计数器	
C	$Q_3Q_2Q_1Q_0$	CLK	$Q_3Q_2Q_1Q_0$	C
0	0　0　0　0	0	0　0　0　0	0
0	0　0　0　1	1	0　0　0　1	0
0	0　0　1　0	2	0　0　1　0	0
0	0　0　1　1	3	0　0　1　1	0
0	0　1　0　0	4	0　1　0　0	0
0	0　1　0　1	5	0　1　0　1	0
0	0　1　1　0	6	0　1　1　0	0
0	0　1　1　1	7	0　1　1　1	0
0	1　0　0　0	8	1　0　0　0	0
0	1　0　0　1	9	1　0　0　1	1
0	1　0　1　0	10	0　0　0　0	0
0	1　0　1　1	11		
0	1　1　0　0	12		
0	1　1　0　1	13		
0	1　1　1　0	14		
1	1　1　1　1	15		

十进制计数时有两种情况：$Q_3=0$ 时，只要 $Q_0=1$，当 CLK 到来时 Q_1 就翻转；$Q_3=1$ 时，即使 $Q_0=1$，当 CLK 到来时，Q_1 也不翻转。

所以综合上述两种情况，FF_1 的驱动改为 $T_1=Q_0Q_3'$。

分析 FF_3 的驱动信号 T_3：

二进制计数时，$T_3=Q_2Q_1Q_0$，当 $Q_2Q_1Q_0=111$，且 CLK 到来时，Q_3 翻转；

十进制计数时只有 10 个状态，不仅 $Q_2Q_1Q_0=111$ 时 Q_3 需翻转，若状态变为 1001，即 $Q_3Q_0=11$，CLK 到来时，Q_3 也需翻转。

所以令 $T_3=Q_2Q_1Q_0+Q_3Q_0$ 即可。

当计够 10 个数时进位输出信号为 1，即 $Q_3Q_0=11$ 时有进位，故修改为 $C=Q_3Q_0$。

综上所述，各触发器的驱动方程修改如下：

$T_0=1$，$T_1=Q_0Q_3'$，$T_2=Q_1Q_0$，$T_3=Q_2Q_1Q_0+Q_3Q_0$

同步十进制加法计数器如图 7.3.1 所示。

十进制加法计数器中有 0000～1001 共 10 个有效状态，构成十进制计数的有效循环。这里，0000～1001 为有效状态，1010、1011、1100、1101、1110 和 1111 为无效状态。为检测是否可以自启动，把各个无效状态代入状态方程进行计算，得到完整的状态转换图如图 7.3.2 所示，表明该电路可以自启动。利用类似的原理可以构成同步十进制减法计数器及异步十进制计数器。

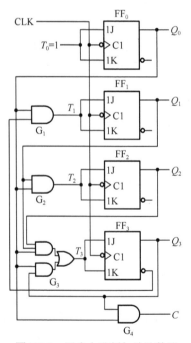

图 7.3.1　同步十进制加法计数器

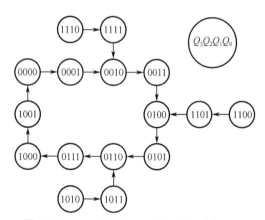

图 7.3.2　同步十进制加法计数器状态转换图

7.4　中规模集成计数器

计数器芯片应用广泛，因应用环境和功能的不同，芯片的种类非常多。

中规模集成（Medium Scale Integration，MSI）电路是指集成度为 100～1000 个/片的电路，其体积小、功耗低、速度快、可靠性高、抗干扰能力强。数字系统采用以功能部件为核心的模块设计方法，每个芯片都有一个独立的功能，有接口可以自扩展或与其他芯片组合起来完成更加复杂的功能。本节介绍常用的中规模集成计数器。

7.4.1 同步二进制计数器

常用的同步二进制计数器有多种，都能实现 4 位二进制计数，区别主要是置数、清零端的有效状态不同，以及与时钟同步还是异步。74LS161 是带有低电平有效同步置数端和异步清零端的 4 位同步二进制加法计数器，因为其有 0000~1111 共 16 个状态，也常称之为十六进制加法计数器。其引脚图和框图如图 7.4.1 所示，内部原理图如图 7.4.2 所示。

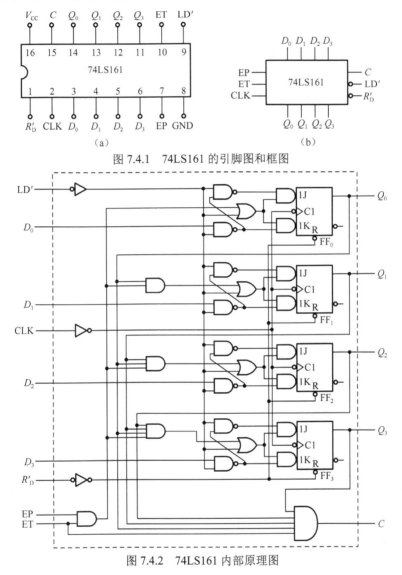

图 7.4.1　74LS161 的引脚图和框图

图 7.4.2　74LS161 内部原理图

由内部原理图可知，74LS161 是在图 7.2.1 所示的 4 位同步二进制加法计数器基础上得到的中规模芯片，更具有通用性，其内部采用 JK 触发器，增加了使能端和控制端，便于实现自扩展及与其他芯片的连接。

74LS161 与图 7.2.1 相同的部分：时钟信号 CLK；4 个触发器的输出 $Q_3Q_2Q_1Q_0$，用于表示 4 位二进制计数的状态；C 是进位输出信号。新增加的部分：数据输入 $D_3D_2D_1D_0$，置数信号 LD′，清零信号 R'_D，使能信号 EP 和 ET。

LD′有效时把 $D_3D_2D_1D_0$ 的数据送 $Q_3Q_2Q_1Q_0$；只要 R'_D 有效，就把 $Q_3Q_2Q_1Q_0$ 清零；当 LD′、R'_D 都无效时，如果 EP、ET 同时为 1，则计数器处于计数状态。

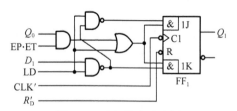

图 7.4.3 FF$_1$ 的电路分析

从 D_3 到 Q_3、从 D_2 到 Q_2、从 D_1 到 Q_1、从 D_0 到 Q_0 都是同样的原理，下面以从 D_1 到 Q_1 为例分析电路原理，如图 7.4.3 所示。

（1）异步清零功能

R'_D 直接接到 4 个触发器的清零端，只要清零信号有效，即 R'_D =0，不需要等待时钟信号上升沿到来，立即令 $Q^*_3 Q^*_2 Q^*_1 Q^*_0$=0000。R'_D 优先级最高，只要它有效，输出 $Q^*_3 Q^*_2 Q^*_1 Q^*_0$ 就是 0000；只有 R'_D=1 时，才看其他功能端。

（2）同步置数功能

当清零信号无效即 R'_D =1 时，如果 LD′=0，根据图 7.4.3 可以写出 FF$_1$ 的驱动信号：

$$J_1 = K'_1 = D_1$$

同理，可得 FF$_0$、FF$_2$、FF$_3$ 的驱动信号：

$$J_0 = K'_0 = D_0, \quad J_2 = K'_2 = D_2, \quad J_3 = K'_3 = D_3$$

可知此时 JK 触发器实现了 D 触发器的功能，当 CLK 上升沿到来时，有

$$Q^*_3 Q^*_2 Q^*_1 Q^*_0 = D_3 D_2 D_1 D_0$$

可知，实现了同步置数功能。

（3）加法计数功能

当清零、置数信号都无效，即 R'_D=LD′=1 时，如果 EP=ET=1，根据图 7.4.3 可以写出 FF$_1$ 的驱动信号：

$$J_1 = K_1 = Q_0$$

同理，可得 FF$_0$、FF$_2$、FF$_3$ 的驱动信号：

$$J_0 = K_0 = 1, \quad J_2 = K_2 = Q_1 Q_0, \quad J_3 = K_3 = Q_2 Q_1 Q_0$$

当 CLK 上升沿到来时，$Q^*_3 Q^*_2 Q^*_1 Q^*_0 = Q_3 Q_2 Q_1 Q_0 + 1$，可知，构成了同步二进制加法计数器。

（4）保持功能

当清零、置数信号都无效，即 R'_D=LD′=1 时，如果 EP=ET=0，根据图 7.4.3 可以写出 FF$_1$ 的驱动信号：

$$J_1 = K_1 = 0$$

同理，可得 FF$_0$、FF$_2$、FF$_3$ 的驱动信号：

$$J_0 = K_0 = 0, \quad J_2 = K_2 = 0, \quad J_3 = K_3 = 0$$

可知触发器处于保持功能，即当 CLK 上升沿到来时，有 $Q^*_3 Q^*_2 Q^*_1 Q^*_0 = Q_3 Q_2 Q_1 Q_0$。

总结得到 74LS161 状态转换表如表 7.4.1 所示。

EP、ET 共有以下 4 种情况：

EP=ET=1 时，为计数功能，每来一个 CLK 上升沿，$Q_3 Q_2 Q_1 Q_0$ 加 1 计数；

EP=ET=0 时，为保持功能，每来一个 CLK 上升沿，$Q_3 Q_2 Q_1 Q_0$ 保持不变；

EP=0，ET=1 时，每来一个 CLK 上升沿，$Q_3 Q_2 Q_1 Q_0$ 和输出进位 C 保持不变，这在实际芯片级联构成任意进制计数器时非常有用；

EP=1，ET=0 时，每来一个 CLK 上升沿，$Q_3 Q_2 Q_1 Q_0$ 保持不变，输出进位 C=0。

表 7.4.1　74LS161 状态转换表

CLK	R'_D	LD′	EP	ET	功能	$Q_3 Q_2 Q_1 Q_0$	$Q^*_3 Q^*_2 Q^*_1 Q^*_0$	C
×	0	×	×	×	异步清零	× × × ×	0 0 0 0	0
↑	1	0	×	×	同步置数	× × × ×	$D_3 D_2 D_1 D_0$	0
↑	1	1	1	1		0 0 0 0	0 0 0 1	0
↑	1	1	1	1		0 0 0 1	0 0 1 0	0
↑	1	1	1	1		0 0 1 0	0 0 1 1	0
↑	1	1	1	1		0 0 1 1	0 1 0 0	0
↑	1	1	1	1		0 1 0 0	0 1 0 1	0
↑	1	1	1	1		0 1 0 1	0 1 1 0	0
↑	1	1	1	1		0 1 1 0	0 1 1 1	0
↑	1	1	1	1	加法计数	0 1 1 1	1 0 0 0	0
↑	1	1	1	1		1 0 0 0	1 0 0 1	0
↑	1	1	1	1		1 0 0 1	1 0 1 0	0
↑	1	1	1	1		1 0 1 0	1 0 1 1	0
↑	1	1	1	1		1 0 1 1	1 1 0 0	0
↑	1	1	1	1		1 1 0 0	1 1 0 1	0
↑	1	1	1	1		1 1 0 1	1 1 1 0	0
↑	1	1	1	1		1 1 1 0	1 1 1 1	0
↑	1	1	1	1		1 1 1 1	0 0 0 0	1
↑	1	1	0	1	保持	× × × ×	$Q_3 Q_2 Q_1 Q_0$	保持
↑	1	1	×	0	保持	× × × ×	$Q_3 Q_2 Q_1 Q_0$	0

由图 7.4.4 可以看出，清零信号 R'_D 优先级最高，只要它有效，不论有无 CLK 上升沿，也不论其他信号如何，$Q_3Q_2Q_1Q_0$ 就立即变为 0000。只有清零信号无效时，再看置数信号是否有效，所以称为异步清零，有的教材也称为直接清零。

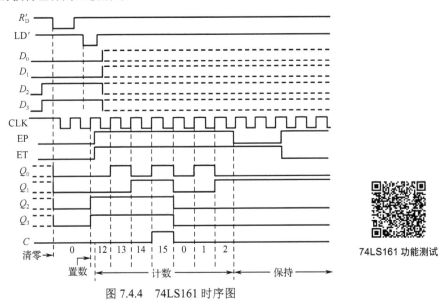

图 7.4.4　74LS161 时序图

清零信号无效时再看置数信号，如果置数信号有效，则等 CLK 上升沿到来时，把待输入的数据 $D_3D_2D_1D_0$ 送入 $Q_3Q_2Q_1Q_0$。图 7.4.4 中把 1100 置入。同步置数是指置数信号有效的同时，还必须等待 CLK 上升沿的到来，才能把数置进去。如果清零信号和置数信号都无效，再看 EP、ET 信号是否同时是 1，若是，则每来一个时钟上升沿，计数器加 1 计数，计到 15 后，结束一个计数周期，同时进位输出信号 C 输出一个时钟周期的高电平，其下降沿可以用来驱动其他设备，表示计数周期结束，每个新的计数周期将从 0 重新开始。

如图 7.4.4 所示，先清零，然后置入 1100，接着加 1 计数，即 $Q_3Q_2Q_1Q_0$ 从 1100 开始，依次变为 1101、1110、1111、0000、0001、0010。在计数过程中，计到 1111 时，令 C 为 1，再来一个 CLK 上升沿，则 $Q_3Q_2Q_1Q_0$ 回到 0000，C 为 0，开始下一个计数循环。计数过程中只要 EP 和 ET 不同时为 1，则计数器的 $Q_3Q_2Q_1Q_0$ 处于保持状态，不进行加 1 计数。

7.4.2　同步十进制计数器

74LS160 是带有低电平有效同步置数端和异步清零端的同步十进制计数器，功能表见表 7.4.2。74LS160 是在 74LS161 的基础上修改得到的，其引脚安排与 74LS161 相同，框图如图 7.4.5 所示，只是计数的模不一样，74LS161 是 4 位二进制计数器，74LS160 是十进制计数。

根据图 7.4.6 可以看出，74LS160 的时序图与 74LS161 的相似。

先是清零信号 R'_D 有效，将 $Q_3Q_2Q_1Q_0$ 置为 0000。

表 7.4.2　74LS160 功能表

CLK	R'_D	LD'	EP	ET	功能	$Q_3Q_2Q_1Q_0$	$Q_3^*Q_2^*Q_1^*Q_0^*$	C
×	0	×	×	×	异步清零	× × × ×	0 0 0 0	0
↑	1	0	×	×	同步置数	× × × ×	$D_3D_2D_1D_0$	0
↑	1	1	1	1		0 0 0 0	0 0 0 1	0
↑	1	1	1	1		0 0 0 1	0 0 1 0	0
↑	1	1	1	1		0 0 1 0	0 0 1 1	0
↑	1	1	1	1		0 0 1 1	0 1 0 0	0
↑	1	1	1	1	加法	0 1 0 0	0 1 0 1	0
↑	1	1	1	1	计数	0 1 0 1	0 1 1 0	0
↑	1	1	1	1		0 1 1 0	0 1 1 1	0
↑	1	1	1	1		0 1 1 1	1 0 0 0	0
↑	1	1	1	1		1 0 0 0	1 0 0 1	0
↑	1	1	1	1		1 0 0 1	0 0 0 0	1
↑	1	1	0	1	保持	× × × ×	$Q_3Q_2Q_1Q_0$	保持
↑	1	1	×	0	保持	× × × ×	$Q_3Q_2Q_1Q_0$	0

74LS161 功能测试

然后 R'_D 无效，置数信号 LD' 有效，等 CLK 上升沿到来时，把待输入的数据 $D_3 D_2 D_1 D_0$ 送入，将 $Q_3 Q_2 Q_1 Q_0$ 置为 0111。

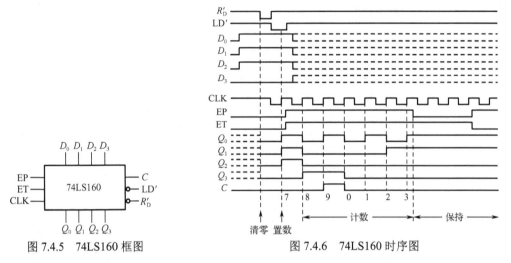

图 7.4.5　74LS160 框图　　　　　　　图 7.4.6　74LS160 时序图

再就是清零信号和置数信号都无效，当 EP、ET 信号同时为 1 时，每来一个 CLK 上升沿，计数器就会加 1 计数，$Q_3 Q_2 Q_1 Q_0$ 从 0111 依次变为 1000、1001、0000、0001、0010、0011，计数到 9 时，C 有一个时钟周期的高电平，C 的下降沿表示一个计数周期结束，可以用来驱动其他设备。每个新的计数周期将从 0 开始。计数过程中，只要 EP、ET 不同时为 1，计数器就处于保持状态，不进行加 1 计数。对于十进制计数器，输出 Q_3 和进位输出信号 C 的频率是 CLK 频率的 1/10，但占空比不是 50%。

7.4.3　异步计数器

常用异步计数器为 74LS290，为异步二-五-十进制计数器，框图如图 7.4.7（a）所示，原理图如图 7.4.7（b）所示。图中 JK 触发器为 TTL 型，输入引脚 J、K 悬空相当于接高电平，FF_0、FF_2 相当于 T'触发器，具有翻转功能。FF_0 的输出 Q_0 对 CLK_0 进行二分频，相当于二进制计数器；FF_1、FF_2、FF_3 接成了异步五进制计数器，时钟为 CLK_1，输出为 $Q_3 Q_2 Q_1$。异步清零端 R_{01} 和 R_{02}、异步置数（9）端 S_{91} 和 S_{92} 都是高电平有效。其功能表如表 7.4.3 所示。

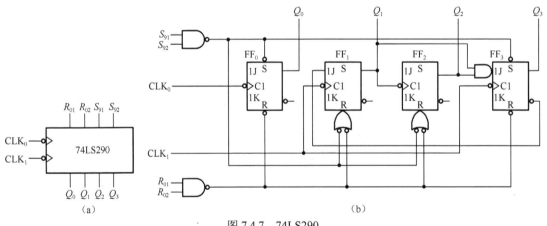

图 7.4.7　74LS290

74LS290 有两个时钟输入端 CLK_0、CLK_1，若计数时钟信号由 CLK_0 输入，输出由 Q_0 引出，则为二进制计数器；若计数时钟信号由 CLK_1 输入，输出由 $Q_1 \sim Q_3$ 引出，则为五进制计数器；若

将 CLK_1 与 Q_0 相连，由 CLK_0 输入，输出由 $Q_0 \sim Q_3$ 引出，则为十进制计数器。置数信号优先级最高，若 S_{91}、S_{92} 同时为 1，则将 $Q_3 Q_2 Q_1 Q_0$ 置为 1001；置数信号无效时，若 R_{01}、R_{02} 同时为 1，则将 $Q_3 Q_2 Q_1 Q_0$ 置为 0000。置数、清零信号不需要与时钟信号同步，即异步置数、异步清零。

表 7.4.3　74LS290 功能表

清零/置 9 信号		时钟信号		现态	次态	功能
$R_{01} \cdot R_{02}$	$S_{91} \cdot S_{92}$	CLK_0	CLK_1	$Q_3 Q_2 Q_1 Q_0$	$Q_3^* Q_2^* Q_1^* Q_0^*$	
1	0	×	×	× × × ×	0 0 0 0	异步清零
×	1	×	×	× × × ×	1 0 0 1	异步置数（9）
0	0	CLK	0	$Q_3 Q_2 Q_1 Q_0$	二进制计数	计数
0	0	0	CLK	$Q_3 Q_2 Q_1 Q_0$	五进制计数	
0	0	CLK	Q_0	$Q_3 Q_2 Q_1 Q_0$	十进制计数	

7.4.4　其他计数器

与 74LS161 相似，74LS163 也是同步十六进制计数器，其置数端和清零端都是低电平有效。所不同的是，74LS163 是完全同步器件，即数和清零都是同步的，内部触发器选用的是 D 触发器。其框图如图 7.4.8（a）所示，功能表如表 7.4.4 所示，时序图如图 7.4.9 所示。

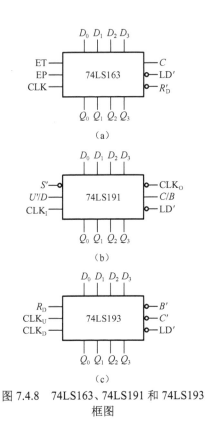

图 7.4.8　74LS163、74LS191 和 74LS193 框图

表 7.4.4　74LS163 功能表

CLK	R'_D	LD'	EP	ET	功能	$Q_3 Q_2 Q_1 Q_0$	$Q_3^* Q_2^* Q_1^* Q_0^*$	C
↑	0	×	×	×	同步清零	× × × ×	0 0 0 0	0
↑	1	0	×	×	同步置数	× × × ×	$D_3 D_2 D_1 D_0$	0
↑	1	1	0	×	保持	× × × ×	$Q_3 Q_2 Q_1 Q_0$	0
↑	1	1	×	0	保持	× × × ×	$Q_3 Q_2 Q_1 Q_0$	0
↑	1	1	1	1	加法计数	0 0 0 0	0 0 0 1	0
↑	1	1	1	1		0 0 0 1	0 0 1 0	0
↑	1	1	1	1		0 0 1 0	0 0 1 1	0
↑	1	1	1	1		0 0 1 1	0 1 0 0	0
↑	1	1	1	1		0 1 0 0	0 1 0 1	0
↑	1	1	1	1		0 1 0 1	0 1 1 0	0
↑	1	1	1	1		0 1 1 0	0 1 1 1	0
↑	1	1	1	1		0 1 1 1	1 0 0 0	0
↑	1	1	1	1		1 0 0 0	1 0 0 1	0
↑	1	1	1	1		1 0 0 1	1 0 1 0	0
↑	1	1	1	1		1 0 1 0	1 0 1 1	0
↑	1	1	1	1		1 0 1 1	1 1 0 0	0
↑	1	1	1	1		1 1 0 0	1 1 0 1	0
↑	1	1	1	1		1 1 0 1	1 1 1 0	0
↑	1	1	1	1		1 1 1 0	1 1 1 1	0
↑	1	1	1	1		1 1 1 1	0 0 0 0	1

常用 MSI 计数器芯片

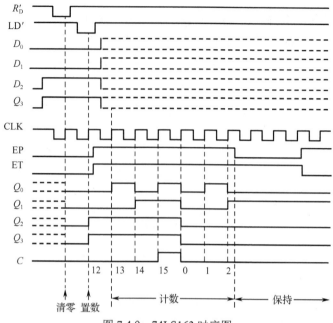

图 7.4.9　74LS163 时序图

74LS162 也是十进制计数器，与 74LS160 不同的是，74LS162 是完全同步器件，即同步置数和同步清零。

可逆计数器既可以进行加法计数也可以进行减法计数，分为单时钟可逆计数器和双时钟可逆计数器。单时钟计数只有一个时钟信号输入端，另有 U'/D 控制进行加法计数还是减法计数，低电平时为加法计数，高电平时为减法计数。双时钟可逆计数器，有两个时钟信号输入端 CLK_U 和 CLK_D，对 CLK_U 进行加法计数，对 CLK_D 进行减法计数。

常用的 4 位二进制可逆计数器是 74LS191 和 74LS193。74LS191 是单时钟可逆计数器，框图如图 7.4.8（b）所示，功能表如表 7.4.5 所示。LD' 为异步置数信号，低电平有效；S' 为计数使能信号，低电平有效。在进位输出信号 C/B 为高电平期间，将时钟信号 CLK_O 串行输出。

74LS193 是双时钟可逆计数器，框图如图 7.4.8（c）所示，功能表如表 7.4.6 所示。其清零和置数信号都是异步的。

表 7.4.5　74LS191 功能表

CLK_I	LD'	S'	U'/D	功能	$Q_3Q_2Q_1Q_0$	$Q_3^*Q_2^*Q_1^*Q_0^*$	C/B[①]
×	0	×	×	异步置数	××××	$D_3D_2D_1D_0$	0
×	1	1	×	保持	××××	$Q_3Q_2Q_1Q_0$	0
↑	1	0	0	加法计数	$Q_3Q_2Q_1Q_0$	$Q_3Q_2Q_1Q_0+1$	1
↑	1	0	1	减法计数	$Q_3Q_2Q_1Q_0$	$Q_3Q_2Q_1Q_0-1$	1

注：① C/B 为进位/借位输出信号，加法计数到 1111 时输出 1 表示进位输出，减法计数到 0000 时输出 1 表示借位输出。

表 7.4.6　74LS193 功能表

CLK_U	CLK_D	R_D	LD'	功能	$Q_3Q_2Q_1Q_0$	$Q_3^*Q_2^*Q_1^*Q_0^*$	B'	C'[①]
×	×	1	×	异步清零	××××	0 0 0 0	1	1
×	×	0	0	异步置数	××××	$D_3D_2D_1D_0$	1	1
↑	1	0	1	加法计数	$Q_3Q_2Q_1Q_0$	$Q_3Q_2Q_1Q_0+1$	1	0
1	↑	0	1	减法计数	$Q_3Q_2Q_1Q_0$	$Q_3Q_2Q_1Q_0-1$	0	1

注：① B' 和 C' 分别为借位和进位输出信号，无进位、借位时为高电平，加法计数到 1111 时，$C'=0$，减法计数到 0000 时，$B'=0$。

74LS190 是与 74LS191 对应的十进制可逆计数器，其时序图如图 7.4.10 所示。先是 LD' 有效，异步置数，将 $Q_3Q_2Q_1Q_0$ 置为 7。

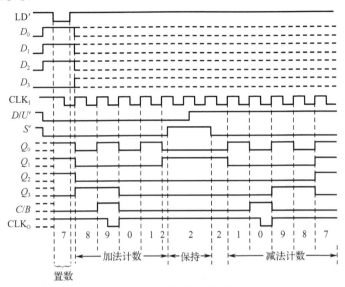

图 7.4.10　74LS190 时序图

D/U' 为低电平，加法计数，S' 低电平有效。$Q_3Q_2Q_1Q_0$ 从 7 开始加 1 计数，计到 9 时，进位输出信号 C 为高电平，此时 CLK_O 串行输出时钟信号 CLK_I。下一个时钟信号到来时开始下一个计数循环。

S' 变为高电平，无效，$Q_3Q_2Q_1Q_0$ 保持刚刚计到的 2 不变。

S' 变为低电平，有效，此时 D/U' 为高电平，计数器改为减法计数，$Q_3Q_2Q_1Q_0$ 从 2 减 1，计到 0 时，借位输出 B 为高电平，此时 CLK_O 将输出一个周期的时钟信号 CLK_I。下一个时钟信号到来时开始下一个计数循环。

74LS161 对应有 74LS163，74LS160 对应有 74LS162，74LS191 对应有 74LS193，74LS190 对应有 74LS192，它们的框图及功能表都对应相同，只是计数器的模数不同。可见，中规模计数器有 4 位二进制和十进制计数两种，按清零、置数功能又分同步、异步，可用于不同场合。理解其内部原理，掌握框图和功能表，就可以进行逻辑电路的理论设计了。

7.5　任意进制计数器

N 进制计数器是指计数器的状态每经过 N 个计数脉冲循环一次，即每输入 N 个计数脉冲，计数器就有一个进位输出信号。N 进制计数器也可以当作 N 分频器。

生活实际中需要各种模数的计数器，例如，制药厂计数可以是 6 片、12 片、20 片、50 片、100 片等。不需要用触发器重新设计这些计数器，用已有的计数器芯片经外电路的连接可以经济方便地实现任意进制计数器。用 N 进制计数器芯片实现 M 进制计数器，有两种情况：$M<N$ 和 $M>N$。下面以常用的十进制计数器 74xx160（简称 160）和十六进制计数器 74xx161（简称 161）为例进行分析。

7.5.1　$M<N$

若 $M<N$，只需一个 N 进制计数器即可。

1. 置零法

N 进制计数器的 N 个状态构成一个简单的环，从状态 0 开始，逐次加 1 直到状态 N-1，最后回到状态 0 结束一个循环。回想由 4 位二进制计数器实现十进制计数器的思路，每次计数到状态 9 后，在下一个时钟到来时回到状态 0，也就是在状态 9 处断开原来的环改为回到状态 0，重新组成一个状态 0~9 的环，就实现了十进制计数器。因为中规模芯片已经封装好，我们不可能从内部修改使其电路回零。但中规模芯片都设有置数端、清零端，我们只要在外面检测现在是否计数到状态 M-1，然后通过外增电路令置数端或清零端有效来实现下一个状态回到状态 0 就可以了。如图 7.5.1（a）所示为十进制计数器 160 用置零法实现六进制计数器的原始状态环，在状态 0101 处断开。当检测到 $Q_3Q_2Q_1Q_0$ 为状态 5 时，在下一个时钟到来时改为回到状态 0，如图 7.5.1（b）所示。变成状态 0 后，清零信号无效，在下一个时钟到来时，开始新的计数循环，$Q_3Q_2Q_1Q_0$ 又从 0 开始加 1，这样就构成了六进制计数器。

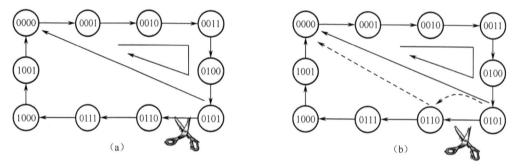

图 7.5.1　用置零法实现六进制计数器的状态环

计数器的状态变化由检测电路根据 $Q_3Q_2Q_1Q_0$ 的状态令清零端有效，使 $Q_3Q_2Q_1Q_0$ 变为状态 0。这里要解决以下三个问题。

问题 1：把哪个状态送给检测电路？

置零法设计任意进制计数器，每次计数从状态 0 开始，直到状态 M-1 回零，共 M 个状态，就构成了 M 进制计数器。要设计 M 进制计数器，需要检测到状态 M-1 并用它产生清零信号。

问题 2：怎样产生清零信号？

对清零信号的要求是，仅仅在状态 M-1 时用该状态的信息产生一个信号，令芯片的清零端有

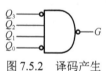

图 7.5.2　译码产生
清零信号

效，当下一个时钟到来时，回到状态 0；在其他状态时，清零端应全部无效。$Q_3Q_2Q_1Q_0$ 共有 16 个状态，找出一个状态令其与其他 15 个状态不同，这就是译码。根据前面学过的内容知道，一个简单的 4 输入与非门就可以实现状态检测及清零信号的产生。如图 7.5.2 所示。当 $Q_3Q_2Q_1Q_0$ 为 0110 时，输出 G 为 0，其他 15 种取值组合都输出 1。

问题 3：同步清零与异步清零的区别？

160 是异步清零的，即一到状态 M-1，不需要等时钟信号到来，就立即回到状态 0，状态 M-1 存在的时间很短，可以说是"转瞬即逝"。根据状态的定义，一个有效的状态至少应保持一个时钟周期。所以要实现 M 进制计数器，需用状态 M 产生异步清零信号。如图 7.5.1（b）所示，M=6，用 0110 这个状态产生清零信号，但 0110 不算有效状态，所以用虚线表示。当然如果中规模芯片是同步清零的，如 74LS163，要实现 M 进制计数器用状态 M-1 产生清零信号就可以了。

以异步清零为例，考虑 N 进制计数器状态变化：状态 0→状态 M-1→状态 M→状态 N-1→状态 0，要产生 M 进制计数器，需要在状态 M 且也仅在状态 M 时产生低电平，在其他 N-1 个状态时产生高电平。如图 7.5.3 所示，160 的输出接与非门构成译码电路，同时 CLK 接计数脉冲，计数使能信号 EP、ET 有效，置数信号 LD′无效，用置零法实现了六进制计数器。时序图如图 7.5.4 所示。

由于十进制计数器正常的状态只包含状态 0~9，只有 1001 时，Q_3、Q_0 才会同时是 1，因此，只需要二输入的与非门就可以实现译码，即只需把 0110 中取值为 1 的位相与非就可以。

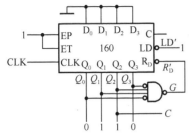

图 7.5.3 用置零法实现六进制计数器

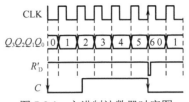

图 7.5.4 六进制计数器时序图

接成六进制计数器后，状态变化范围为 0～6，不会到状态 9，所以 160 自带的进位输出信号就没有用途了，需要另外引出一个进位输出信号。当然可以用译码输出信号 G，但该信号太窄，不可靠。如图 7.5.3 所示，进位输出信号 C 从 Q_2 引出，简单、经济又可靠。因为计数器用进位输出信号的下降沿表示一个计数周期的结束，与进位输出信号的占空比无关。

因为 160 是在 161 的基础上修改的，所以构成的六进制计数器状态转换图如图 7.5.5 所示。中间的环为有效循环，有效状态为 0000～0101。可以知道，从其他无效状态出发，上电后经过一个或多个状态都能进入有效循环，该电路可以自启动。

2. 置数法

根据计数器状态转换图的特点知道，实际中的计数器不一定要从 0 开始计数，更常用的是从 1 开始。当然也可以从随便一个数开始到某个数结束，例如，从 3 到 9，从 5 到 11 等都是七进制计数器。实现这个要求并不难，因为 160 除了清零端，还有置数端，可以根据需要到某个状态产生信号让芯片的置数端有效，下一个时钟到来后就将数据输入端置为所需的状态，然后进入循环。与置零法一样，置数法也要考虑是同步置数还是异步置数。

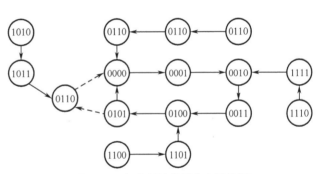

图 7.5.5 六进制计数器状态转换图

如图 7.5.6 所示，六进制计数器可以从 0 到 5 计数，也可以从 9 到 4，从 1 到 6 计数等，方法就是根据计数器的模及需要从几开始计数，找出用哪个状态译码产生置数信号。例如，六进制计数器从 0 到 5 计数，则用状态 5 产生置数信号，数据输入端提前接好 0000；从 9 到 4 计数，用状态 4 产生置数信号，数据输入端提前接好 1001；从 1 到 6 计数，用状态 6 产生置数信号，数据输入端提前接好 0001。与置零法只有唯一一个答案不同，置数法有 N 种答案。如果把表示计数器状态的二进制数转换为十进制数，按所置数的大小可以分为三类：最小数、最大数和其他数。同样以实现六进制计数器为例进行说明。

（1）置最小数法

顾名思义，置最小数法就是在置数端有效时，将状态置为 0，即 $Q_3Q_2Q_1Q_0$=0000。与置零法不同的是，160 的置数端是同步置数的。所以用状态 5 译码产生置数信号，数据输入端提前接好 0000。原理图如图 7.5.7 所示，时序图如图 7.5.8 所示，当 $Q_3Q_2Q_1Q_0$=0101 时，置数端有效，LD′=0，等下一个 CLK 上升沿到来时将状态置为 0，即 $Q_3Q_2Q_1Q_0$=0000。因为同步置数，状态 5 能够保持一个时钟周期，是有效状态。160 自带的进位输出信号仍然没有用途。进位输出信号从 Q_2 引出。

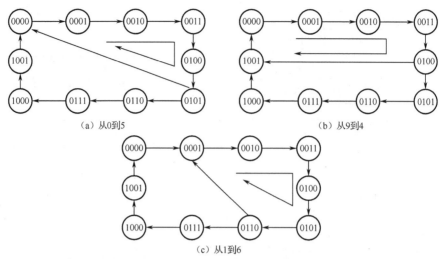

（a）从0到5 （b）从9到4

（c）从1到6

图 7.5.6 用置数法实现六进制计数器状态环

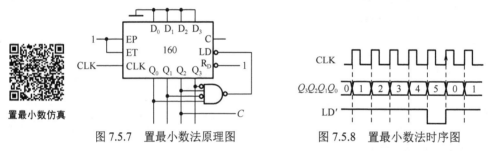

置最小数仿真

图 7.5.7 置最小数法原理图　　　　图 7.5.8 置最小数法时序图

（2）置最大数法

置最大数法就是在置数端有效时，将状态置为所有状态中最大的数，对 160 来说就是 $Q_3Q_2Q_1Q_0$=1001。所以用状态 4 译码产生置数信号，数据输入端提前接好 1001。原理图如图 7.5.9 所示，时序图如图 7.5.10 所示，当 $Q_3Q_2Q_1Q_0$=0100 时，译码输出，令 LD′=0，等下一个 CLK 上升沿到来时，令 $Q_3Q_2Q_1Q_0$=1001。因为译码输入就一个高电平，可以用一个反相器实现。这种方法的好处是进位输出信号不用重新设计，用 160 本身的进位输出信号 C 即可。实际应用中可使用这种方法编写数控分频、电子琴等电路程序。

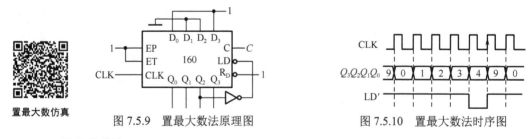

置最大数仿真

图 7.5.9 置最大数法原理图　　　　图 7.5.10 置最大数法时序图

（3）置其他数法

置其他数（任意数）法就是在置数端有效时，将状态置为指定的状态。例如，根据我们的计数习惯从 1 到 6，就用状态 6 译码产生置数信号，数据输入端提前接好 0001。原理图如图 7.5.11 所示，当 $Q_3Q_2Q_1Q_0$= 0110 时，LD′=0，当下一个时钟上升沿到来时，令 $Q_3Q_2Q_1Q_0$=0001。时序图如图 7.5.12 所示。当然可以根据实际需要设计从 2 到 7，从 3 到 8 等。

用中规模芯片设计任意进制计数器，基本思路是在 N 进制计数器的顺序计数过程中，若能设法使之跳过 N-M 个状态，就可实现 M 进制计数。N 进制计数器有 N 个状态，分别用 $S_0,S_1,\cdots,S_{N-1}$ 表示。

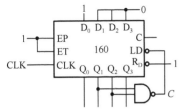

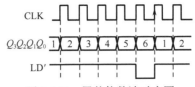

图 7.5.11 置其他数法原理图　　　图 7.5.12 置其他数法时序图　　　置任意数仿真

置零法也叫复位法，适用于有清零端的计数器，需要注意是异步清零还是同步清零。如果是异步清零，设计 M 进制计数器要用状态 S_M 译码产生清零信号，S_M 一出现马上给清零端输入一个有效电平，使其复位为 S_0（即 0000）；有效计数状态为 $S_0 \rightarrow S_{M-1}$，实现了 M 进制计数。但状态 S_M "转瞬即逝"，不算有效状态，如图 7.5.13（a）中虚线所示。如果芯片是同步清零的，则用状态 S_{M-1} 译码产生清零信号，如图 7.5.13（a）中实线所示。置零法答案唯一，每次状态都回到 0。

置数法适用于有置数端的计数器，可以随便在现有计数器状态环中截取需要的环，设法使之跳过 $N\text{-}M$ 个状态。当然也要注意是异步置数还是同步置数。如果是同步置数，则用状态 S_i 产生置数信号，如图 7.5.13（b）中实线所示，数据输入端提前接好状态 S_j。要注意如果置数端是异步置数，则要用状态 S_{i+1} 译码产生置数信号，如图 7.5.13（b）中虚线所示。在选择用哪个状态产生置数信号时，要注意异步置数应比同步置数提前一个状态。

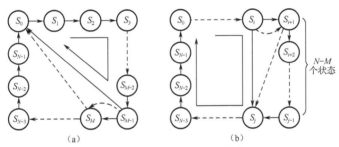

图 7.5.13 任意进制计数器状态环

7.5.2 $M>N$

当 $M>N$ 时，一个 N 进制计数器就不够用了，需用多个计数器级联起来构成模数更大的计数器，然后按单片的置零法、置数法思路进行设计。不同的是，使用置零法、置数法时要对级联在一起的多个芯片同时操作，所以称为整体置数法、整体置零法。以两个 N 进制计数器为例，最好理解的方法就是外部时钟信号 CLK 作为第 1 片的时钟信号 CLK_1，第 1 片的进位输出信号 C_1 作为第 2 片的时钟信号 CLK_2，第 2 片的进位输出信号 C_2 就实现了对时钟信号 CLK 的 $N \times N$ 进制计数。然后再用整体置零法或整体置数法实现 M 进制计数。当然也可以先用两个计数器分别实现 N_1 和 N_2（N_1，$N_2 < N$）进制计数，然后再将其级联起来实现 $N_1 \times N_2$ 进制计数。

芯片的级联有两种方式：串行进位方式和并行进位方式。

1. 串行进位方式

此方式以低位片的进位输出信号作为高位片的时钟信号。如图 7.5.14 所示，以两个 160 接成 100 进制计数器为例。第 1 片的时钟信号 CLK_1 接外部时钟信号 CLK，其进位输出信号 C_1 取反后作为第 2 片的时钟信号。取反是因为 160 在时钟信号上升沿计数，而进位输出信号是以下降沿表示的。每来 10 个 CLK，C_1 输出一个高电平，第 2 片的状态加 1，所以当第 2 片的进位输出信号 C_2 有下降沿时，实际上已来了 100 个 CLK，实现了 100 进制计数，其时序图如图 7.5.15 所示。两个计数器级联时，置数、清零端都无效，计数使能端有效。

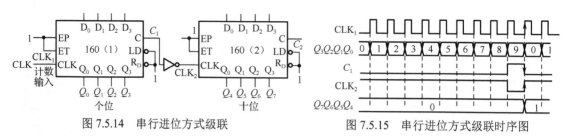

图 7.5.14　串行进位方式级联　　　　　　　　　　图 7.5.15　串行进位方式级联时序图

两个 74LS160 采用串行进位方式级联成 100 进制计数器，仿真原理图如图 7.5.16 所示。

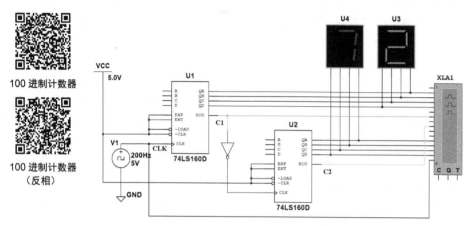

图 7.5.16　串行进位方式级联仿真原理图

图 7.5.17 是串行进位方式级联的仿真波形图，CLK 为计数时钟信号，C_1 为低位片的进位输出信号，$Q_3Q_2Q_1Q_0$ 为低位片的状态，C_2 为高位片的进位输出信号，$Q_7Q_6Q_5Q_4$ 为高位片的状态，可以看出，$Q_3Q_2Q_1Q_0$ 从 0 计到 9，C_1 就有一个时钟周期的高电平输出，相应地，$Q_7Q_6Q_5Q_4$ 就加 1，从 0 计到 9，每当 C_1 有 10 个脉冲后，C_2 就输出一个高电平。此时 C_2 对 CLK 进行了从 00 到 99 的 100 进制计数。两个计数器之间是串行的，缺点是速度慢，有可能会出现错误。

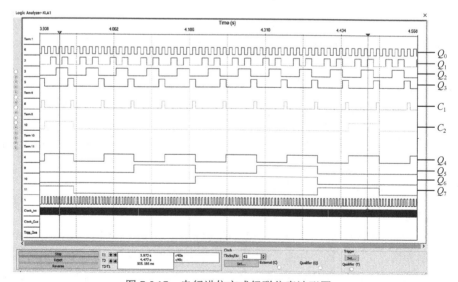

图 7.5.17　串行进位方式级联仿真波形图

2. 并行进位方式

此方式以低位片的进位输出信号作为高位片计数状态的控制信号。如图 7.5.18 所示，两个 160

的时钟信号连在一起接外部时钟信号CLK,第1片的进位输出信号C_1接第2片的计数使能信号EP、ET。只有第1片计够数且在第10个数时,C_1才是高电平,第2片的计数使能信号才有效,此时第2片才能对时钟信号上升沿进行计数,即每来10个CLK,第2片的状态加1,当第2片的进位输出信号C_2有下降沿时,实际上已来了100个CLK,实现了100进制计数,其时序图如图7.5.19所示。并行进位方式级联构成的计数器速度快,且不易出错。

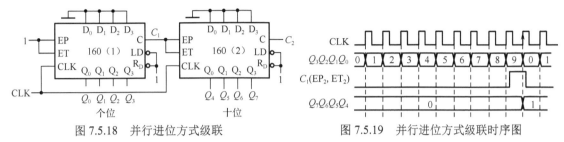

图7.5.18 并行进位方式级联   图7.5.19 并行进位方式级联时序图

图7.5.20和图7.5.21是并行进位方式级联的仿真原理图和仿真波形图,CLK为计数时钟信号,C_1为低位片的进位输出信号,$Q_3Q_2Q_1Q_0$为低位片的状态,C_2为高位片的进位输出信号,$Q_7Q_6Q_5Q_4$为高位片的状态,可以看出,$Q_3Q_2Q_1Q_0$从0计到9,C_1就有一个时钟周期的高电平输出,相应地,$Q_7Q_6Q_5Q_4$就加1,从0计到9,C_2输出1个高电平。此时C_2对CLK进行了从00到99的100进制计数。与串行进位方式级联相比,并行进位方式级联的C_2输出脉冲的时间更短,抗干扰能力更强。

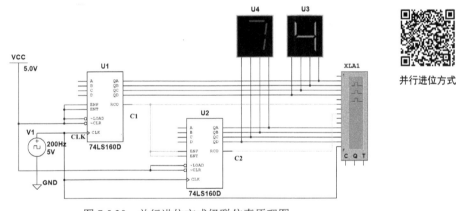

并行进位方式

图7.5.20 并行进位方式级联仿真原理图

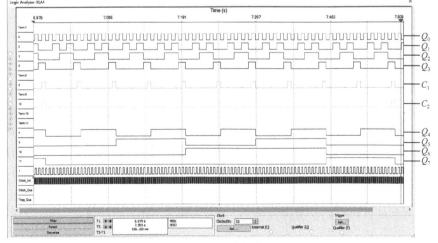

图7.5.21 并行进位方式级联仿真波形图

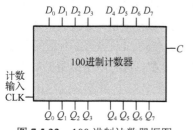

图 7.5.22　100 进制计数器框图

两个 N 进制计数器级联后就得到了 $N×N$ 进制计数器，三个就是 $N×N×N$ 进制计数器，所以实现任意进制计数器还是非常的经济和方便的。如图 7.5.22 所示为两个 160 级联后构成的 100 进制计数器框图，可以用于实现模数小于 100 的任意进制计数器。

例 7.5.1　现有 160 芯片，请用整体置数法设计 67 进制计数器。

解：（1）并行进位方式

首先将两个 160 设置为计数工作状态，然后按并行进位方式级联起来接成一个 100 进制计数器，$D_3D_2D_1D_0$ 接 0000，然后在计到状态 66 时产生置数信号 LD'=0，将两个计数器同时清零，即 $Q_7Q_6Q_5Q_4\ Q_3Q_2Q_1Q_0$=0000 0000。其仿真原理图如图 7.5.23 所示。

67 进制计数器
（并行）

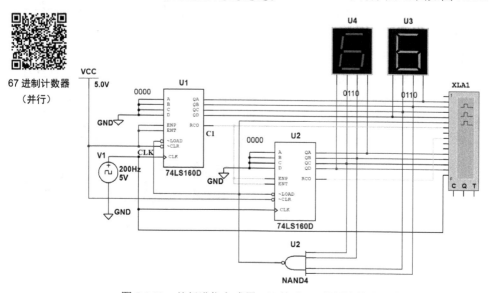

图 7.5.23　并行进位方式用 160 构成 67 进制计数器仿真原理图

其仿真波形图如图 7.5.24 所示。低位片的 $Q_3Q_2Q_1Q_0$ 从 0000 计到 1001 产生一个进位输出信号 C_1，高位片的 $Q_7Q_6Q_5Q_4$ 加 1，从 0000 计到 0110；当 $Q_7Q_6Q_5Q_4$=0110 时，$Q_3Q_2Q_1Q_0$ 从 0000 计到 0110，下一个时钟到来时变为 $Q_7Q_6Q_5Q_4$=0000，$Q_3Q_2Q_1Q_0$=0000，即同步置数为 0000 0000。如此循环，实现了从 00 到 66 的 67 进制计数。

（2）串行进位方式

首先将两个 160 设置为计数工作状态，然后按串行进位方式级联起来接成一个 100 进制计数器，$D_3D_2D_1D_0$ 接 0000，然后在计到状态 66 时产生置数信号 LD'=0，将两个计数器同时置入 0000。其仿真原理图如图 7.5.25 所示。

其仿真波形图如图 7.5.26 所示。低位片的 $Q_3Q_2Q_1Q_0$ 从 0000 计到 1001 产生一个进位输出信号 C_1，高位片的 $Q_7Q_6Q_5Q_4$ 加 1，从 0000 计到 0110；当 $Q_7Q_6Q_5Q_4$=0110 时，$Q_3Q_2Q_1Q_0$ 从 0000 计到 0110，下一个时钟到来时变为 $Q_7Q_6Q_5Q_4$=0000，$Q_3Q_2Q_1Q_0$=0000，即同步置数为 0000 0000。但只有一个循环，后续高位片停在 0110 不变，低位片继续从 0000 计到 1001，不能实现 00～66 的循环计数。这是因为，当高位片计到 0110 时，低位片计到 0110 就产生整体置数信号，会回到 0000，计不到 1001，导致低位片的 C_1 一直为低电平，高位片也就不再有时钟信号，保持为 0110。

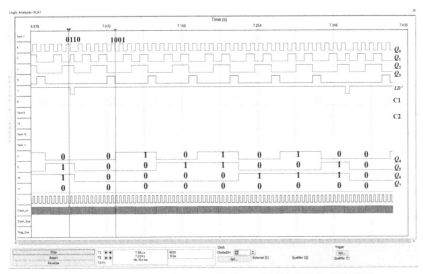

图 7.5.24　并行进位方式用 160 构成 67 进制计数器仿真波形图

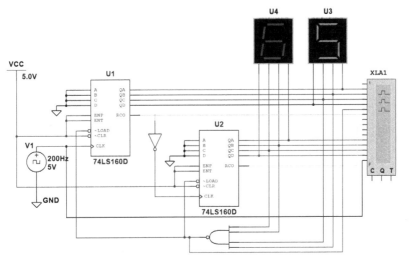

图 7.5.25　串行进位方式用 160 构成 67 进制计数器仿真原理图

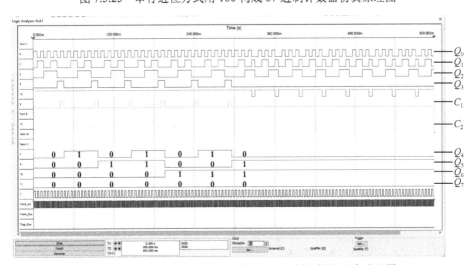

图 7.5.26　串行进位方式用 160 构成 67 进制计数器仿真波形图

例 7.5.2 现有 161 芯片，用整体置数法设计 103 进制计数器。

解：首先将两个 161 设置为计数工作状态，然后按并行进位方式级联起来接成一个 256 进制计数器，两个芯片的 $D_3D_2D_1D_0$ 接 0000。这里需要注意的是，161 是十六进制计数器，$(103)_{10}$ 转换为十六进制数为 $(67)_{16}$，因此在计数器计到状态 $(66)_{16}$ 时产生置数信号 $LD'=0$，将两个计数器同时清零。其仿真原理图如图 7.5.27 所示。

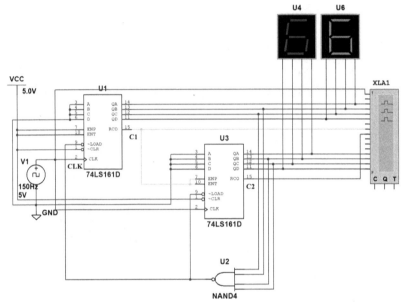

图 7.5.27 用 161 构成 103 进制计数器仿真原理图

其仿真波形图如图 7.5.28 所示。低位片 $Q_3Q_2Q_1Q_0$ 从 0000 计到 1111 产生一个进位输出信号 C_1，高位片的 $Q_7Q_6Q_5Q_4$ 加 1，从 0000 计到 0110；当 $Q_7Q_6Q_5Q_4$=0110 时，$Q_3Q_2Q_1Q_0$ 从 0000 计到 0110，下一个时钟到来时变为 $Q_7Q_6Q_5Q_4$=0000，$Q_3Q_2Q_1Q_0$=0000，即同步置数为 0000 0000。如此循环，实现了从 $(00)_{16}$ 到 $(66)_{16}$ 的 $(67)_{16}$ 进制，即 $(103)_{10}$ 进制计数。

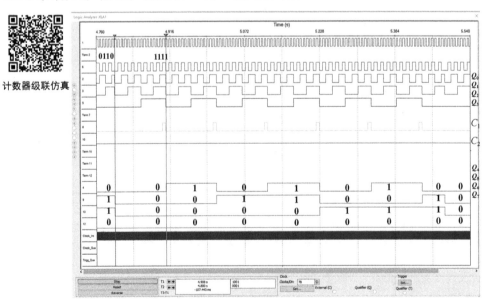

计数器级联仿真

图 7.5.28 用 161 构成 103 进制计数器仿真波形图

7.6　常用时序逻辑电路的 Verilog HDL 程序设计

7.6.1　时序逻辑电路 Verilog HDL 程序设计的特点

与组合逻辑电路不同，时序逻辑电路的状态是需要记忆的，每个状态表示一个关键步骤，一系列状态循环变化一周就完成一次功能。例如，常见的有自动售货机、电梯控制器等。电路的状态记忆是由触发器实现的，在大多数情况下，我们用时钟信号来控制触发器状态的改变，电路就从一种状态转变到了另一种状态。为了确保在一个时钟周期内只发生一次状态变化，触发器必须是边沿触发的。

Verilog HDL 程序为表达时钟信号边沿这个概念，提供了 posedge、negedge 两个关键字来描述。关键字 posedge 表示上升沿，negedge 表示下降沿，它们必须写在 always 语句的敏感信号表达式中，见例 7.6.1 和例 7.6.2。

例 7.6.1　上升沿触发举例。

解：always@ (posedge clk)　　//上升沿触发
　　　　begin
　　　　　　…
　　　　end

例 7.6.2　下降沿触发举例。

解：always@ (negedge clk)　　　//下降沿触发
　　　　begin
　　　　　　…
　　　　end

与组合逻辑电路需要把所有输入信号都列入 always 语句的敏感信号表达式中不同，同步时序逻辑电路只需要把时钟信号列入即可，因为同步时序逻辑电路是在时钟信号的驱动下完成状态转换的，即电路在一系列时钟信号的驱动下工作。

例 7.6.3　设计上升沿触发的 D 触发器。

解：与传统触发器框图不同，Verilog HDL 程序中一般只有输出 q，没有 q′，框图如图 7.6.1 所示。

解：module dff1 (clk,d,q);
　　　　output q;
　　　　input clk, d;
　　　　reg q;
　　　　　always @ (posedge clk)
　　　　　　q <= d;
　　　endmodule

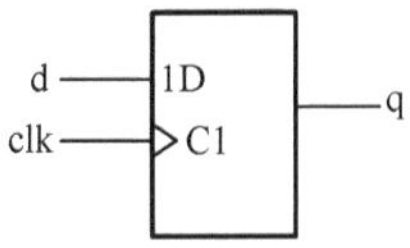

图 7.6.1　D 触发器

例 7.6.4　设计同步置数、同步清零的 8 位二进制加法计数器。

解：module count(out,data,load,reset,clk);　　//out 为输出，data 为输入，load 为置数，reset 为清零
　　　　input load,reset,clk;
　　　　input [7:0] data;
　　　　output reg[7:0] out
　　　　always@ (posedge clk) //clk 上升沿触发
　　　　　　begin
　　　　　　if (!reset)　out<=8'h00; //同步清零，低电平有效
　　　　　　else if(load) out<=data；//同步预置数
　　　　　　else out<=out+1//计数
　　　　　　end
　　　endmodule

在例 7.6.4 中，posedge clk 表示将时钟信号 clk 的上升沿作为触发条件，并且没将 load、reset 列入敏感信号表达式中，因此属于同步置数、同步清零。这两个信号要起作用，必须要有时钟信号上升沿到来。从 if 语句看，清零信号要比置数信号优先级高，只有在清零信号、置数信号都无效的情况下，每来一个时钟上升沿，才进行加 1 计数，从 00000000 计到 11111111，实现 256 进制计数。

同步控制比较简单，要实现异步清零功能，需要敏感信号配合 if 语句。例如，时钟信号为 clk，异步清零信号为 rd，则敏感信号表达式按以下格式来书写：

  always @(posedge clk or posedge rd) //clk 或 rd 信号的上升沿都可以驱动 always 语句
   begin
    if (rd) q<=0;
   …

always 语句的执行可能是由 clk 信号上升沿触发的，也可能是由 rd 信号上升沿触发的，所以需要检测 always 语句中第一个 if 语句的条件是否满足，如果 rd=1，则条件满足，即 rd 信号刚刚用上升沿驱动了 always 语句，之后变为 1 时实现清零，即 rd 为高电平有效。如果检测到 always 语句中第一个 if 语句的条件不满足，即 rd=0，则说明 always 语句的执行是由 clk 信号上升沿驱动的。

同理，如果 rd 信号为低电平有效，则 always 语句的敏感信号表达式及第一个 if 语句的条件都要相应改变，如下：

  always @(posedge clk or negedge rd)//clk 信号的上升沿或 rd 信号的下降沿都让 always 语句执行
   begin
    if (!rd) q<=0;
   …

negedge rd 表示将 rd 信号的下降沿作为触发条件，(!rd)表示 rd=0 时实现清零，即 rd 信号为低电平有效。

例 7.6.5　设计异步清零、低电平有效的 D 触发器，如图 7.6.2 所示。

解：module dff2 (clk, d, q, rd);　//d 为输入，q 为输出，rd 为异步清零，低电平有效
  output q;
  input clk,d, rd;
  reg q;
  always @ (posedge clk or negedge rd)
   begin
    if (!rd)　q<= 0;
    else　q<d;
   end
  endmodule

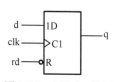

图 7.6.2　例 7.6.5 的图

注意，块内 if 语句的逻辑描述要与敏感信号表达式中信号的有效电平描述一致，例如，下面的描述是错误的：

  always @(posedge clk or negedge rd)
   begin
    if (rd) q<=0;
   …

7.6.2　Verilog HDL 程序举例

1. 寄存器

例 7.6.6　设计异步清零、低电平有效、由时钟信号上升沿触发的 4 位寄存器。

解：module register(clk,rst,d,q);
  input clk,rst;

```verilog
    input [3:0] d;
    output [3:0] q;
    reg [3:0] q;
    always @(posedge clk or negedge rst)
        begin
            if (!rst) q<=4'b0000;
            else q<=d;
        end
endmodule
```

由于通信传输中为节约成本多采用串行通信方式，而实际信号处理电路又是并行的，因此需要进行串行-并行转换、并行-串行转换，常用的中规模芯片是 74LS164 和 74LS165。而由 Verilog-HDL 程序实现可以节约空间，修改方便。

例 7.6.7 设计 4 位并入串出移位寄存器。包括异步清零信号 rst，移位控制信号 shift，并行输入控制信号 load，并行输入数据信号 d，串行输出信号 serial_out。

解：
```verilog
module ps165 (clk,rst,shift,load,d,serial_out);
    input clk,rst,shift,load;
    input [3:0] d;
    output serial_out;
    reg [3:0] d_reg;
    always @(posedge clk or negedge rst)
        begin
            if (!rst) d_reg<=4'b0000;
            else
                begin
                    if (load) d_reg<=d;
                    else if (shift) d_reg<={1'b0, d_reg[3:1]};
                    else d_reg<=d_reg;
                end
        end
    assign serial_out=d_reg[0];
endmodule
```

2. 计数器

计数器不仅能对时钟脉冲计数，还可以用于分频、定时、产生节拍脉冲序列以及进行数字运算等，分为同步计数器和异步计数器。在同步计数器中，当时钟脉冲输入时，触发器的翻转是同时发生的。4 位同步二进制加法计数器 74LS161 的框图及功能表分别如图 7.6.3 和图 7.6.4 所示。因为 Verilog HDL 程序中端口名不能含有非 ($'$)，这里给出端口名对应情况：clk 对应 CLK，rst 对应 R'_D，en 对应 EP 和 ET，load 对应 LD′，d[3:0]对应 $D_3D_2D_1D_0$，q[3:0]对应 $Q_3Q_2Q_1Q_0$，cout 对应 C。程序如下：

```verilog
module cnt16 (clk,rst,en,load,d,q,cout);
    input clk, rst, en, load;
    input [3:0] d;
    output [3:0] q;
    output cout;
    reg [3:0] q1;
    always @ (posedge clk or negedge rst)
        begin
            if (!rst) q1<=4'b0000;//rst 的非为 1，rst 为低电平有效
            else if (!load) q1<=d;//load 的非为 1，load 为低电平有效
```

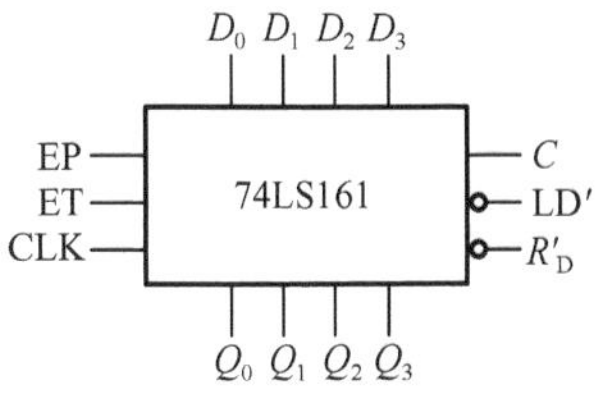

图 7.6.3　74LS161 的框图

```
        else if (en) q1<=q1+4'b1;//当 rst 和 load 都无效时，若 en 有效，则加 1 计数
          else q1<=q1; //当 rst 和 load 都无效时，若 en 也无效，则保持
      end
    assign cout = (q==4'b1111);//进位输出信号
    assign q=q1;
endmodule
```

修改一下可得到 74LS160 的 Verilog HDL 程序：

```
    module cnt10 (clk,rst,en,load,d,q,cout);
    input clk, rst, en, load;
    input [3:0] d;
    output [3:0] q;
    output cout;
    reg [3:0] q1;
    always @ (posedge clk or negedge rst)
      begin
        if (!rst) q1<=4'b0000;
        else if (!load) q1<=d;
        else if (en)
          begin if(q1>= 4'd9) q1 <= 0; //计数值为 9 时，计数回 0，开始下一个计数循环
            else q1<=q1+4'b1;
          end
        else q1<=q1;
      end
    assign cout = (q==4'b1001); //进位输出信号
    assign q=q1;
endmodule
```

CLK	R'_D	LD'	EP	ET	工作状态
×	0	×	×	×	异步清零
↑	1	0	×	×	同步置数
↑	1	1	1	1	加法计算
↑	1	1	0	1	保持（C保持）
↑	1	1	×	0	保持（C=0）

图 7.6.4　74LS161 的功能表

本章小结

本章主要讲述常用时序逻辑电路：寄存器和计数器。寄存器是比较简单的时序逻辑电路，由触发器构成，可以实现数据的寄存及移位。

计数器是非常重要的一种时序逻辑电路，介绍了常用的二进制、十进制中规模集成计数器，以及实现任意进制计数器的方法。

最后介绍了常用时序逻辑电路的 Verilog HDL 程序设计。

习题 7

7-1　说明对寄存器复位和输入全 0 的区别。

7-2　设计一个逻辑电路，用于检测一个 4 位二进制计数器计数到以下数值的时刻。

（1）7；（2）14；（3）15；（4）0。

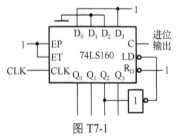

图 T7-1

7-3　分析图 T7-1 所示计数器框图，画出其状态转换图，说明这是几进制计数器。

7-4　试用同步十六进制加法计数器 74LS161 接成十一进制计数器，可以附加必要的门电路。

7-5　试用同步十进制加法计数器 74LS160 接成 321 进制计数器，可以附加必要的门电路。

7-6　用 74LS163 和必要的门接成五进制计数器，要求至少用两种方法来实现。

7-7　写出描述下面锁存器和触发器的 Verilog HDL 程序。

（1）D 锁存器；（2）带异步复位（高电平有效）的 D 触发器；（3）带同步复位（低电平有效）的 D 触发器；（4）带异步复位（高电平有效）的 JK 触发器。

7-8　试分析下面程序的功能，定性画出其波形。

```
module half_clk ( reset, clk_in, clk_out)
    input reset, clk_in;
    output clk_out;
    reg clk_out;
    always @ (posedge clk_in)
    begin
        if ( ! reset )   clk_out=0;
        else clk_out =clk_in
    end
endmodule
```

7-9　试分析比较下面三个程序实现功能的异同，分别画出其框图。

（1）
```
module HC160(clk,Rd_n,LD_n,EP,ET,D,Q,CO);
    input clk;
    input Rd_n,LD_n,EP,ET;
    input [3:0] D;
    output reg [3:0] Q;
    output CO;
    assign CO = ((Q == 4'b1001) &ET);
    always @(posedge clk or negedge Rd_n)
        if (!Rd_n)
            Q <= 4'b0000;
        else if (!LD_n)
            Q <= D;
        else if (EP & ET)
            if (Q==4'b1001)
                Q <= 4'b0000;
            else
                Q <= Q + 1'b1;
endmodule
```

（2）
```
module HC161(clk,Rd_n,LD_n,EP,ET,D,Q,CO);
    input clk;
    input Rd_n,LD_n,EP,ET;
    input [3:0] D;
    output reg [3:0] Q;
    output CO;
    assign CO = ((Q == 4'b1111) & ET);
    always @(posedge clk or negedge Rd_n)
        if (!Rd_n)
            Q <= 4'b0000;
        else if (!LD_n)
            Q <= D;
        else if (EP & ET)
            if (Q==4'b1111)
                Q <= 4'b0000;
            else
                Q <= Q + 1'b1;
```

```
        endmodule
（3）module HC162(clk,Rd_n,LD_n,EP,ET,D,Q,CO);
        input clk;
        input Rd_n,LD_n,EP,ET;
        input [3:0] D;
        output reg [3:0] Q;
        output CO;
        assign CO = ((Q == 4'b1001) & ET);
        always @(posedge clk)
          if (!Rd_n)
            Q <= 4'b0000;
          else if (!LD_n)
            Q <= D;
          else if (EP & ET)
            if (Q==4'b1001)
              Q <= 4'b0000;
            else
              Q <= Q + 1'b1;
        endmodule
```

第8章 时序逻辑电路及数字系统设计

常用时序逻辑电路的分析和设计过程比较巧妙，且都被制成标准的中规模芯片，在使用时，只需要掌握其框图及功能表，可以不必关心其内部电路。本章介绍一般时序逻辑电路的分析与设计方法。一般时序逻辑电路按其内部记忆器件的时钟信号是否一致，分为同步时序逻辑电路与异步时序逻辑电路。同步是指构成时序逻辑电路的所有触发器状态的改变由同一个时钟信号控制，异步时序逻辑电路则不是。同步时序逻辑电路比较容易设计，并且应用在大量的实际电路中。

数字系统一般都是复杂的时序逻辑电路，也可以理解为能够完成一定功能的机器，即在时钟信号的控制下，一系列的状态进行循环变换，新的状态由输入条件及现在的状态决定，且在每个状态下完成规定的操作，所有状态循环一次就完成一次任务。

本章主要介绍同步时序逻辑电路的分析与设计以及简单数字系统设计。

8.1 时序逻辑电路

8.1.1 时序逻辑电路的功能描述

数字电路中两个最基本的要素是触发器和基本门。触发器在时序逻辑电路中必不可少，用于存储记忆电路的状态并将状态反馈到输入端，与外部输入一起决定新的电路状态。时序逻辑电路框图如图 8.1.1 所示，有 i 个外部输入 $x_1 \sim x_i$，j 个输出 $y_1 \sim y_j$，组合逻辑电路的 k 个内部输出 $z_1 \sim z_k$ 为存储记忆电路的输入，存储记忆电路的 l 个输出 $q_1 \sim q_l$ 与外部输入一起决定组合逻辑电路的输出，即时序逻辑电路的状态。逻辑图、逻辑方程组、状态转换表、卡诺图、状态转换图、时序图从不同侧面描述时序逻辑电路的功能特点，它们在本质上是相同的，是可以互相转换的。

（1）逻辑图

与组合逻辑电路一样，逻辑图是最基本的呈现方式，不同的是，时序逻辑电路必须要有存储记忆器件触发器。图 8.1.2 是某同步时序逻辑电路，输入为 A、输出为 Y，包括两个 D 触发器及组合逻辑电路。

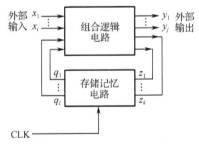

图 8.1.1 时序逻辑电路框图

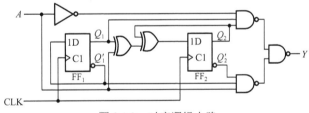

图 8.1.2 时序逻辑电路

（2）逻辑方程组

组合逻辑电路的功能可以用抽象的逻辑方程来描述，描述时序逻辑电路需要更多的方程。

特性方程：描述触发器本身逻辑功能的逻辑式，由触发器的功能类型确定。

驱动方程：又叫激励方程，触发器输入端信号的逻辑式。

时钟方程：控制时钟信号的逻辑式。同步时序逻辑电路使用同一个时钟信号。

输出方程：时序逻辑电路输出的逻辑式。

状态方程：又叫次态方程、转移方程，触发器的输出 $q_1 \sim q_l$ 组合构成时序逻辑电路的状态，每个时钟信号边沿到来前，电路的状态称为现态，用 Q 表示；时钟信号边沿到来后，电路的状态发生了变化，称为次态，按惯例在状态变量名右上角加一个星号表示，如 Q^*。状态方程就是描述电路次态 Q^* 与现态 Q 及输入关系的逻辑式。把触发器的驱动方程代入其特性方程就可得到状态方程。

下面是与图 8.1.2 相关的方程。

特性方程：$\quad Q^*=D$

驱动方程：$\quad D_1=Q_1'$

$\qquad\qquad D_2=A\oplus Q_1\oplus Q_2$

状态方程：$\quad Q_1^*=Q_1'$

$\qquad\qquad Q_2^*=A\oplus Q_1\oplus Q_2$

输出方程：$\quad Y=A'Q_1Q_2+AQ_1'Q_2'$

（3）状态转换表

如果知道电路的现态和外部输入的组合，根据状态方程即可算出电路的次态。图 8.1.2 电路有两个触发器，状态组合 Q_2Q_1 用二进制数表示，共有 4 种组合，再加上一个输入 A，总共有 8 种组合。像组合逻辑电路的真值表一样，先将电路的所有组合一一列出，再将每种组合代入状态方程计算得到电路的次态及输出，这个反映输出 Y、次态 Q^* 与输入 A、现态 Q 之间关系的表称为状态转换表，如表 8.1.1 所示。如果需要的话，也可以给每个状态赋予一个字母与数字混编的状态名称。

表 8.1.1　状态转换表

输入	现态		次态		输出
A	Q_2	Q_1	Q_2^*	Q_1^*	Y
0	0	0	0	1	0
0	0	1	1	0	0
0	1	0	1	1	0
0	1	1	0	0	1
1	0	0	1	1	1
1	1	1	1	0	0
1	1	0	0	1	0
1	0	1	0	0	0

（4）状态转换图

状态转换图是状态转换表的图形表示，可以更形象地描述时序逻辑电路的动作，反映其状态转换规律，以及相应输入、输出取值关系。状态用圆圈表示，圆圈内部写上状态的名字或编码，用箭头指示各个状态的关系，箭尾离开现态，箭头指向次态，中间标有从现态到次态变化的输入条件。图 8.1.2 的状态转换图如图 8.1.3 所示。

（5）卡诺图

如同组合逻辑电路一样，卡诺图是真值表的变形，时序逻辑电路的状态转换表也可表示为卡诺图形式，以便在设计中进行逻辑函数的化简。

（6）时序图

时序图又叫工作波形图，它用脉冲波形形象地表达了输入、输出、状态等的取值在时间上的对应关系。波形可以通过逻辑分析仪观测得到，也可由构造方程分析得到。为了完全地验证时序逻辑电路的动作，必须构造出包含输入所有可能组合的时序图。如图 8.1.4 所示，对 AQ_2Q_1 的 8 种组合 000～111 都要构造出来。

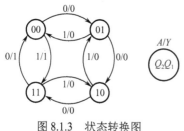

图 8.1.3　状态转换图

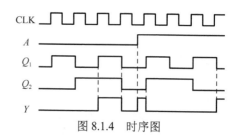

图 8.1.4　时序图

8.1.2　时序逻辑电路的分析

实际中，当某个产品需要增加新的功能来提升产品的功效，或者随着技术的发展在不需要改变产品的功能前提下用新的组件来替代原来的组件，这时就需要分析时序逻辑电路的功能。逻辑图可以清楚地描述时序逻辑电路的结构，但不能一下看出时序逻辑电路的功能。时序逻辑电路的分析就是在给定电路原理图或产品的情况下，得出电路的功能，即输出与输入的关系。有实验法和解析法两种。实验法需要硬件的支持，要在实验室里搭好电路，对给定输入的每种组合用逻辑分析仪观察输出波形，得到时序图。解析法是指根据前面所学知识，写出状态方程，根据状态方程可以画出其随时钟信号变化的波形，最后分析抽象其逻辑功能。在这里主要介绍解析法。

解析法推导时序逻辑电路功能的过程实际就是多种描述方式之间的相互转换。从图 8.1.5 看不出输入、输出之间的具体关系，只知道 CLK 和 EN 是输入，是一个同步时序逻辑电路，触发器的 Q_1Q_0 状态组合没有特定的输出。如果能够知道 4 个状态 00、01、10、11 和输入 EN 在时钟信号 CLK 的控制下如何变化，就可以总结或抽象出电路的功能。

下面通过几个例子说明时序逻辑电路的分析过程。

例 8.1.1　分析并比较图 8.1.5 中三个电路的逻辑功能。

解：三个电路很相似，差别在于输出。图 8.1.5（a）没有输出，图 8.1.5（b）的输出仅与触发器的状态有关，图 8.1.5（c）的输出不仅与状态有关，还与电路的输入有关。也就是说，三个电路的驱动方程、状态方程相同，输出方程不同。

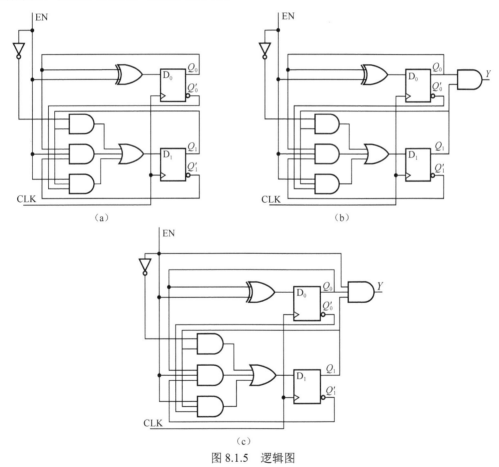

图 8.1.5　逻辑图

（1）图 8.1.5（a）逻辑功能分析

写出驱动方程：

$$D_0 = \mathrm{EN} \oplus Q_0 = \mathrm{EN}'Q_0 + \mathrm{EN}Q_0'$$

$$D_1 = \mathrm{EN}'Q_1 + \mathrm{EN}Q_1'Q_0 + \mathrm{EN}Q_1Q_0'$$

表 8.1.2 图 8.1.5（a）的状态转换表

现态	次态 $Q_1^* Q_0^*$	
$Q_1 Q_0$	EN=0	EN=1
0　0	0　0	0　1
0　1	0　1	1　0
1　0	1　0	1　1
1　1	1　1	0　0

根据 D 触发器特性方程写出状态方程：

$$Q_0^* = \text{EN} \oplus Q_0 = \text{EN}'Q_0 + \text{EN}Q_0'$$

$$Q_1^* = \text{EN}'Q_1 + \text{EN}Q_1'Q_0 + \text{EN}Q_1 Q_0'$$

假设初态 $Q_1 Q_0$ 为 00，分别计算输入 EN=0 和 EN=1 时的次态，得出状态转换表如表 8.1.2 所示。分析该表可知，当输入 EN 为 0 时，触发器的状态保持不变；当 EN 为 1 时，状态按 00→01→10→11→00 的规律循环变化，可以理解为一个带有使能控制端的四进制加法计数器，EN 为使能端，高电平有效。

画出状态转换图如图 8.1.6 所示，EN 为 1 时，状态加 1 计数，实现四进制计数；EN 为 0 时，状态保持不变。其时序图如图 8.1.7 所示，$Q_1 Q_0$ 从 00 开始，每来一个时钟信号边沿加 1，实现了对时钟信号的计数。时序图中表示出了延时。

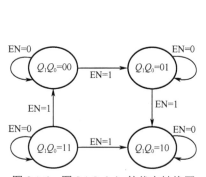

图 8.1.6　图 8.1.5（a）的状态转换图

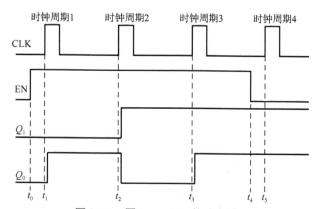

图 8.1.7　图 8.1.5（a）的时序图

t_0 时刻，EN 有效，CLK 无上升沿，$Q_1 Q_0$ 保持初始状态 00 不变。

t_1 时刻，EN 有效，CLK 上升沿到来，$Q_1 Q_0$ 状态变为 01。

t_2 时刻，EN 有效，CLK 上升沿到来，$Q_1 Q_0$ 状态变为 10。

t_3 时刻，EN 有效，CLK 上升沿到来，$Q_1 Q_0$ 状态变为 11。

t_4 时刻，EN 无效，CLK 无上升沿，$Q_1 Q_0$ 保持状态 11 不变。

t_5 时刻，EN 无效，CLK 上升沿到来，$Q_1 Q_0$ 保持状态不变。

（2）图 8.1.5（b）逻辑功能分析

图 8.1.5（b）有一个输出，输出方程为

$$Y = Q_1 Q_0$$

其状态转换表如表 8.1.3 所示，输出 Y 的值仅由触发器的状态确定，与输入没有关系，称为 Moore（摩尔）型时序逻辑电路或基于状态的时序逻辑电路。

表 8.1.3　图 8.1.5（b）的状态转换表

现态	次态 $Q_1^* Q_0^*$		输出
$Q_1 Q_0$	EN=0	EN=1	Y
0　0	0　0	0　1	0
0　1	0　1	1　0	0
1　0	1　0	1　1	0
1　1	1　1	0　0	1

其状态转换图如图 8.1.8 所示。输出 Y 的值仅由触发器的状态确定，所以在表示状态的圆圈里增加了输出 Y 的表示。其他与图 8.1.5（a）的一样，也实现了带有使能端 EN 的四进制加法计数。

其时序图如图 8.1.9 所示，当 $Q_1 Q_0$ 为 11 时，Y 变为 1，即使使能端无效，无时钟信号边沿也是 1。

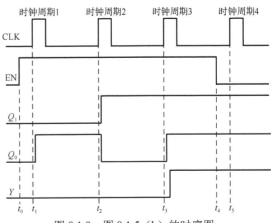

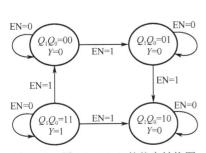

图 8.1.8 图 8.1.5（b）的状态转换图

图 8.1.9 图 8.1.5（b）的时序图

（3）图 8.1.5（c）逻辑功能分析

图 8.1.5（c）有输出，且输出不仅由触发器的状态确定，还与输入有关系，这样的时序逻辑电路称为 Mealy（米里）型时序逻辑电路或基于输入的时序逻辑电路。输出方程为

$$Y=EN \cdot Q_1Q_0$$

所以在状态转换表中，输出没有用单列表示，而是与次态放在一起，中间用"/"分开，如 $Q_1^*Q_0^*/Y$，如表 8.1.4 所示。

在状态转换图中，每个箭头上都标有 X/Y，X 为引起电路状态转换的输入，Y 为与当前状态的输入相对应的输出，表示如果在时钟信号的下一个上升沿，输入为 X，则在下一个时钟周期，电路将转换为箭头所指的状态；同时，只要输入为 X，在当前时钟周期，输出就为 Y。图 8.1.5（c）的状态转换图如图 8.1.10 所示。图中状态 $Q_1Q_0=01$ 和状态 $Q_1Q_0=10$ 之间的箭头上标有 EN=1/Y=0，表示在 $Q_1Q_0=01$ 的时钟周期，如果 EN=1，则在当前时钟周期，输出 $Y=0$，在下一个时钟周期，计数器进入 $Q_1Q_0=10$ 状态。

表 8.1.4 图 8.1.5（c）的状态转换表

现态	次态 $Q_1^*Q_0^*/Y$	
Q_1Q_0	EN=0	EN=1
0　0	0 0/0	0 1/0
0　1	0 1/0	1 0/0
1　0	1 0/0	1 1/0
1　1	1 1/0	0 0/1

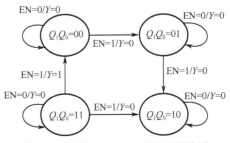

图 8.1.10 图 8.1.5（c）的状态转换图

与基于状态的时序逻辑电路相比，基于输入的时序逻辑电路的时序图也不同，如图 8.1.11 所示，图中表示出了延时。

t_3 时刻，EN 有效，CLK 上升沿到来，Q_1Q_0 状态变为 11，输出信号 $Y=1$。

t_4 时刻，EN 无效，CLK 无上升沿，Q_1Q_0 保持状态 11 不变。但此时 EN=0，所以输出 Y 将变为 0。图 8.1.9 中 t_4 时刻的输出仍为 1，这是因为基于状态的输出只取决于计数器的状态。

t_5 时刻，EN 无效，CLK 上升沿到来，Q_1Q_0 保持状态不变。

同步时序逻辑电路一般分析过程如图 8.1.12 所示。

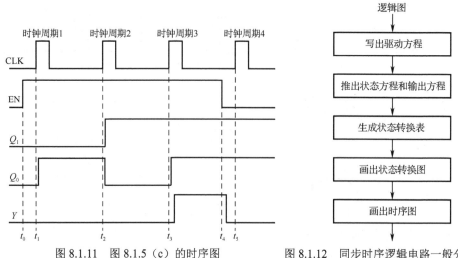

图 8.1.11 图 8.1.5（c）的时序图　　图 8.1.12 同步时序逻辑电路一般分析过程

8.1.3 有限状态机

时序逻辑电路的分析就是对含有时序逻辑的基本构件触发器及其反馈电路的分析。事实上，用状态机的概念进行分析是最好理解的，状态机也是时序逻辑电路的统称。由事件驱动的应用程序需用状态机的概念实现。以手机按键为例，在不同的情况下，按下同样的按键，结果会不一样，例如，在锁屏状态下，可以打开主屏幕；在主屏幕状态下，可以选择并打开不同的程序；在不同程序内，可以回到主屏幕。这些程序流程是根据人的操作而变化的，是由外部发生的事件来驱动的，运行到什么地方，不是顺序的，也不是事先设定好的，完全取决于外部的实时操作。

时序逻辑电路的输出不仅取决于当前的输入，而且还与过去的输入有关，要知道下一步会变成什么状态，首先要知道现在的电路状态。

时序逻辑电路的状态是一些状态变量的集合，这些状态变量在任意时刻的值都包含了为确定电路未来动作而必须考虑的所有历史信息。状态变量有时并不需要有直接的物理意义，描述方法也有很多。在数字逻辑电路中，状态变量的取值都是二进制数，对应着电路中某些具体的逻辑信号。具有 n 位二进制状态变量的电路就有 2^n 个可能的状态，n 取值大时，状态数也很多，但一定是有限的，所以又把时序逻辑电路称为有限状态机（Finite State Machine，FSM）。用 n 个触发器存储当前电路的状态，可以存储 2^n 个状态。对于一个同步时序逻辑电路来说，所有的触发器使用同一个时钟信号，只有在时钟信号的触发边沿出现的时候，才改变状态。

状态机模型不仅是一种电路的描述工具，也是一种思想方法，是世界运行的基础，基于底层逻辑的都是状态机，在电路设计的系统级和寄存器传输级（Register Transfer Level，RTL）有着广泛的应用。如果把其看为有限个状态及在这些状态之间的转移和动作的数学模型，核心要素可归纳为4 个，即现态、条件、动作、次态。现态：当前所处的状态。条件：事件又称为"条件"。当一个条件被满足，将会触发一个动作，或者执行一次状态的迁移。动作：条件满足后执行的动作。动作执行完毕后，可以迁移到新的状态，也可以仍旧保持原状态。动作不是必需的，当条件满足后，也可以不执行任何动作，直接迁移到新状态。次态：条件满足后要迁往的新状态。"次态"是相对于"现态"而言的，"次态"一旦被激活，就转变成新的"现态"了。"现态"和"条件"是因，"动作"和"次态"是果。

理论上将有限状态机定义为 5 部分：$<S, I, O, f, h>$。其中，S、I 和 O 分别代表一组状态、一组输入和一组输出，f 和 h 分别代表次态函数和输出函数。次态函数根据当前时刻的状态和输入，确定下一个时刻的状态。输出函数用于确定当前状态的输出。根据输出将有限状态机也分为 Moore（摩尔）型和 Mealy（米里）型，Moore 型的输出仅与状态有关，Mealy 型的输出与状态和输入都有关，如图 8.1.5（b）和（c）所示。实际上，Moore 型也是 Mealy 型的一种特殊情况，由于输出直接对状态本身编码，输出速度快且能保证在每个时钟周期内保持不变，常用在高速电路的设计中。Mealy 型有限状态机在一个时钟周期的输出取决于前一个时钟周期的状态和输入，其定时特性非常好，也称为流水线输出。

数字系统中只处理二进制数形式的变量和记忆单元，所以 S、I 和 O 必须由二进制信号或记忆单元来实现，由逻辑式定义的逻辑函数 f、h 则用逻辑门实现。

有限状态机可以模拟有 k 个输入信号 $A_1,\cdots,A_k$，m 个触发器 $Q_1,\cdots,Q_m$，以及 n 个输出 $Y_1,\cdots,Y_n$ 的任意时序逻辑电路。有限状态机模型可由触发器和逻辑门实现，触发器用于定义和保存有限状态机的状态，而组合逻辑电路用于实现次态函数和输出函数。有限状态机模型如图 8.1.13 所示。Moore 型有限状态机如图 8.1.14 所示。Mealy 型有限状态机如图 8.1.15 所示。

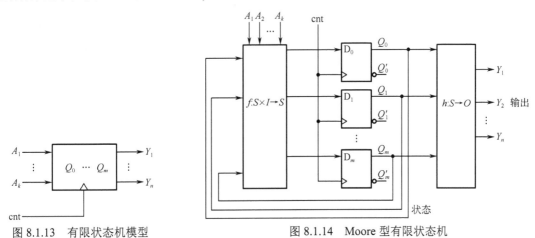

图 8.1.13　有限状态机模型　　　　图 8.1.14　Moore 型有限状态机

图 8.1.15　Mealy 型有限状态机

状态转换图和
ASM 流程图

8.2　时序逻辑电路设计

时序逻辑电路的分析从逻辑图着手，揭示电路的逻辑功能和动作。时序逻辑电路的设计则是分析的反过程，从动作描述开始，得出电路的实现方法。通常从自然语言描述开始进行逻辑抽象，转换为用数字语言进行描述，最终得到逻辑图。

8.2.1 时序逻辑电路设计的一般步骤

（1）逻辑抽象。

时序逻辑电路抽象的过程和组合逻辑电路不同，不仅要定义各个输入、输出，还要确定电路有几个状态。

以简单老式的自动售饮料机为例来理解状态的确定。自动售饮料机只允许投 1 元和 5 角硬币，且一次只能投一个硬币，1 元 5 角能买一瓶饮料。如果投入 2 元硬币，则输出一瓶饮料同时找零 5 角硬币。定义两个输入：投入 5 角硬币用变量 A 表示，投入 1 元硬币用变量 B 表示。定义两个输出：输出一瓶饮料用 Y 表示，找零 5 角硬币用 Z 表示。自动售饮料机大多时候处于准备就绪状态 S_0，等顾客来买饮料，没人买就继续等待。只要有顾客投币，就进入工作状态。第一次投一个 5 角硬币变成状态 S_1，表示输入 5 角；投一个 1 元硬币变成状态 S_2，表示输入 1 元。这是输入的过程。目前因为还不够买一瓶饮料的，所以不能产生输出，需要记下来以便确定后续的输出。继续投硬币，在 S_1 状态下，如果再投一个 1 元硬币，就够买一瓶饮料了，且不需找零，完成一次交易，回到初始状态，即变为状态 S_0；在 S_1 状态下，如果投一个 5 角硬币，则仍不够，变为状态 S_2。在 S_2 状态下，如果投一个 5 角硬币，则输出一瓶饮料，完成一次交易，回到状态 S_0；在 S_2 状态下，如果投入一个 1 元硬币，则输出一瓶饮料，再找零 5 角硬币，完成一次交易，也回到状态 S_0。可以知道，自动售饮料机需要三个状态就够了。

一般自然语言描述电路的设计要求时并没规定一开机会发生什么情况，但为使系统正常运行，必须保证硬件电路在加电时进入一个已知的初始状态。一般来说，初始时所有触发器都应为 0 态，因为开始工作前，电路是没有输入的。还有一个关键的原因是，初始为 0 态可以很方便地通过触发器的异步或同步置零端来实现，然后机器就可以正常运行了。所有电路都必须有一个准备就绪的初始状态，以此为基准，枚举输入的所有可能情况，根据输入研究电路将要跳转到的状态，同时给出相应的输出。确定好电路的状态并画出其转换图，就是自然语言的描述转化为数字语言的描述。逻辑抽象这一步最重要，后续的步骤就是时序逻辑电路的各种表示方式的转换了。

（2）画出状态转换图。

为反映时序逻辑电路设计的要求，一开始的状态转换图可能会比较复杂，含有的原始状态数也较多，也可能包含了一些重复的状态。设计电路的原则是要用最少的逻辑器件达到设计要求，如果状态较多，用到的触发器也就较多，设计的电路就会较复杂。为此，应该对原始状态进行化简，消去多余的状态，从而得到最简化的状态转换图。

状态化简就是进行状态合并。用一个状态代替表示多个相互等价的状态。状态等价的依据如下：

① 在相同的输入条件下，状态 S_i、S_j 对应的输出结果相同；

② 在相同的输入条件下，状态 S_i、S_j 会转移到相同的次态。

满足上述两个条件的状态就是等价状态，可以将这些等价状态合并为一个状态。

（3）给出状态编码，列出状态转换表，画出卡诺图。

经过状态的合并之后得到了最少的状态数 m，则可以得知需要用的触发器数 n，n 的值应该满足 $m < 2^n$。状态编码就是给化简后的各个状态分别分配一组二进制代码，也叫状态赋值。例如，化简后得到的状态有 S_0、S_1、S_2，可知应该用两个触发器来实现，状态编码最简单的方法是用二进制计数顺序编码，用 00 表示 S_0，01 表示 S_1，10 表示 S_2。编码的方式不止一种，可以用循环码来表示编码，00 表示 S_0，01 表示 S_1，11 表示 S_2；也可以用一位热码的形式表示，001 表示 S_0，010 表示 S_1，100 表示 S_2。热码的意思是，有几个状态就用几位二进制码，其中只有一位是高电平或低电平。

可以用和组合逻辑电路几乎一样的思路来得到这些方程，也就是根据状态转换表或卡诺图写出。由于时序逻辑电路往往有很多无关项（那些不可能出现的状态），卡诺图反倒更加常用。

根据状态转换图得到的卡诺图是一个总图，如果要用卡诺图合并化简，就只能一次处理一个变量。因此把总图分拆成多张子图，这样就可得到输出方程和状态方程。

（4）选定触发器类型，写出状态方程、驱动方程、输出方程。

为了画逻辑图需由状态方程确定驱动方程，需要先决定用什么类型的触发器。最常用的是 JK 触发器和 D 触发器。前者功能更加完整，后者则在设计时更简单，但最终的逻辑图很可能会更复杂。

选用 D 触发器，只要把对应的状态方程改写成驱动方程即可。

选用 JK 触发器，需要将特性方程和状态方程进行比较，写出驱动方程。

（5）画出逻辑图。

根据得到的输出方程、驱动方程，画出逻辑图。

（6）自启动和挂起检查。

两个触发器共有 4 个状态，如果电路中 4 个状态全部利用就不需要这一步。像自动售饮料机的例子电路只用了三个状态。在设计过程中，如果为了化简方便把没用到的状态当作了无关项，就会导致存在无效状态。万一电路由于干扰等原因偶然进入无效状态，如果在输入和时钟信号作用下能自动返回有效状态循环，则称为具有自启动功能，否则称为"挂起"。电路如果不能自启动，使用会很不方便，还会在输入和时钟信号作用下产生错误的输出。

进行自启动的检查方法是将无效状态一一代入状态方程中进行逻辑运算，得出次态，检查这些次态是否属于有效状态，能否进入有效循环。计算次态的过程可能需要重复多次，如果无效状态最终能够进入有效循环，则说明所设计的电路可以自启动，否则不可以自启动。也就是说，如果在状态转换图中无关状态编码不是"孤立的"，就可以认为其具有自启动（防挂起）功能。

8.2.2 时序逻辑电路设计举例

下面通过三个例子理解时序逻辑电路的设计过程。

例 8.2.1 试用 D 触发器设计一个可逆的 2 位二进制计数器，当输入 $A=0$ 时，递增计数，规律为 $00 \to 01 \to 10 \to 11$；当 $A=1$ 时，递减计数，规律为 $11 \to 10 \to 01 \to 00$。计数产生进位或借位时，输出 $Y=1$，否则 $Y=0$。

解：（1）逻辑抽象。该例的输入、输出比较明确。由 2 位二进制计数器确定电路状态为 4 个，需要用两个触发器的输出 Q_2Q_1 记忆。

（2）根据题意画出状态转换图如图 8.2.1 所示，$A=0$ 时递增计数，$A=1$ 时递减计数。状态不需要化简。

（3）可以看出，这是一个基于输入的时序逻辑电路。根据状态转换图得出状态转换表，如表 8.2.1 所示。

表 8.2.1　例 8.2.1 状态转换表

现态	次态 $Q_2^*Q_1^*/Y$	
Q_2Q_1	$A=0$	$A=1$
0 0	0 1/0	1 1/1
0 1	1 0/0	0 0/0
1 0	1 1/0	0 1/0
1 1	0 0/1	1 0/0

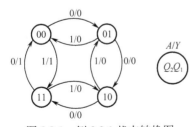

图 8.2.1　例 8.2.1 状态转换图

对于 5 个变量以下的逻辑函数化简，用卡诺图是非常便捷的。画出总卡诺图及子图如图 8.2.2 所示。

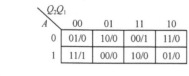

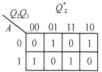
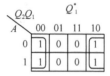
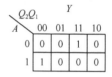

图 8.2.2　例 8.2.1 总卡诺图及子图

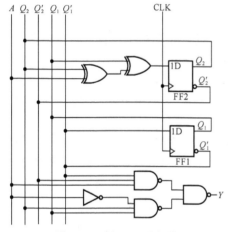

图 8.2.3　例 8.2.1 逻辑图

了题目要求。

例 8.2.2　设计一个数字识别电路，能识别连续串行输入的 4 个或 4 个以上的 1。

解：（1）逻辑抽象。

① 电路有一个串行输入 A，一个输出 Y。

② 确定电路状态数，并定义状态的含义。因为要识别串行输入的且连续的 4 个 1，连续的意思就是要记住现在有几个 1，所以电路有 1 个 1 的状态用 S_1 表示、有连续的 2 个 1 的状态用 S_2 表示、有连续的 3 个 1 的状态用 S_3 表示、有连续的 4 个或 4 个以上的 1 的状态用 S_4 表示。再加上 1 个 1 都没有的状态 S_0，共有 5 个状态 S_0、S_1、S_2、S_3、S_4。输入连续的 4 个或 4 个以上的 1 时输出为 1，其他情况下输出都为 0。

③ 根据题意画出原始状态转换图如图 8.2.5（a）所示。

（2）观察图 8.2.5（a），在状态 S_3、S_4 下，输入为 0 时，输出为 0，次态都为 S_0；输入为 1 时，输出为 1，次态都为 S_4。状态 S_3、S_4 满足状态等价的条件，可以进行状态合并。化简后的状态转换图如图 8.2.5（b）所示。

（3）状态编码。化简后得到的状态有 S_0、S_1、S_2 和 S_3，可知应该用两个触发器来实现，状态编码用二进制编码方式，令 $S_0=00$，$S_1=01$，$S_2=10$，$S_3=11$。编码后列出状态转换表如表 8.2.2 所示。画出总卡诺图及子图如图 8.2.6 所示。

（4）选定触发器类型，写出状态方程、驱动方程、输出方程。

状态方程：
$$\begin{cases} Q_1^* = Q_1' \\ Q_2^* = A \oplus Q_1 \oplus Q_2 \end{cases}$$

输出方程：　　$Y = A'Q_1Q_2 + AQ_1'Q_2'$

根据题目要求，考虑到 D 触发器的特性方程 $Q^*=D$，只要把 Q^* 改写成相应的 D 即可确定驱动方程：
$$\begin{cases} D_1 = Q_1' \\ D_2 = A \oplus Q_1 \oplus Q_2 \end{cases}$$

（5）根据驱动方程画出逻辑图，如图 8.2.3 所示。

（6）4 个状态全部被使用，没有无效状态，不用检查自启动。分析如图 8.2.4 所示的时序图，可以看到，实现

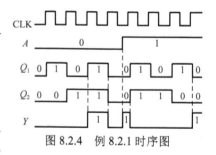

图 8.2.4　例 8.2.1 时序图

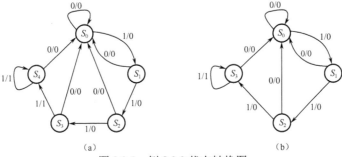

图 8.2.5　例 8.2.2 状态转换图

表 8.2.2　例 8.2.2 状态转换表

现态 Q_2Q_1	次态 $Q_2^*Q_1^*/Y$	
	$A=0$	$A=1$
0 0	0 0/0	0 1/0
0 1	0 0/0	1 0/0
1 0	0 0/0	1 1/0
1 1	0 0/0	1 1/1

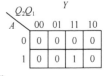

图 8.2.6　例 8.2.2 总卡诺图及子图

（4）选定触发器类型，写出状态方程、驱动方程、输出方程。

状态方程和输出方程：

$$\begin{cases} Q_2^* = AQ_1 + AQ_2 \\ Q_1^* = AQ_2 + AQ_1' \end{cases}$$

$$Y = AQ_2Q_1$$

选择 D 触发器，得出驱动方程：

$$\begin{cases} D_2 = AQ_1 + AQ_2 \\ D_1 = AQ_2 + AQ_1' \end{cases}$$

（5）根据驱动方程画出逻辑图如图 8.2.7 所示。

（6）4 个状态全部使用，没有无效状态，不用检查自启动。

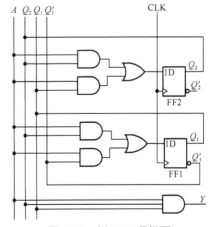

图 8.2.7　例 8.2.2 逻辑图

例 8.2.3　设计 $n=3$ 的最大长度移位寄存型计数器。

解：n 位最大长度移位寄存型计数器是指计数长度 $N=2^n-1$ 的线性移位寄存器，常用于在通信系统中产生伪随机数，又称反馈移位寄存器，其反馈逻辑由异或门组成。

$n=3$ 的最大长度移位寄存型计数器的反馈逻辑有两种：$D_3=Q_2 \oplus Q_1$ 和 $D_3=Q_3 \oplus Q_1$。选用 $D_3=Q_2 \oplus Q_1$ 的状态转换图如图 8.2.8（a）所示，状态 000 为孤立状态，考虑到自启动，直接指定 000 的次态为 100。修改后的状态转换图如图 8.2.8（b）所示。

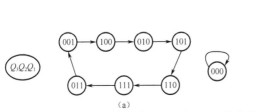
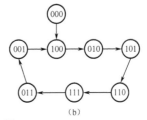

图 8.2.8　例 8.2.3 状态转换图

编码后列出状态转换表如表 8.2.3 所示。画出总卡诺图及子图如图 8.2.9 所示。

表 8.2.3　例 8.2.3 状态转换表

现态 $Q_3Q_2Q_1$	次态 $Q_3^*Q_2^*Q_1^*$
0 0 0	1 0 0
0 0 1	1 0 0
1 0 0	0 1 0
0 1 0	1 0 1
1 0 1	1 1 0
1 1 0	1 1 1
1 1 1	0 1 1
0 1 1	0 0 1

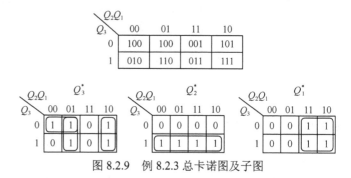

图 8.2.9　例 8.2.3 总卡诺图及子图

得出状态方程：

$$\begin{cases} Q_3^* = Q_3' Q_2' + Q_2' Q_1 + Q_2 Q_1' = Q_3' Q_2' + Q_2 \oplus Q_1 = ((Q_3' Q_2')'(Q_2 \oplus Q_1)')' \\ Q_2^* = Q_3 \\ Q_1^* = Q_2 \end{cases}$$

选择 D 触发器，得出驱动方程，

$$\begin{cases} D_3 = Q_3' Q_2' + Q_2' Q_1 + Q_2 Q_1' = Q_3' Q_2' + Q_2 \oplus Q_1 = ((Q_3' Q_2')'(Q_2 \oplus Q_1)')' \\ D_2 = Q_3 \\ D_1 = Q_2 \end{cases}$$

根据驱动方程画出逻辑图如图 8.2.10 所示。

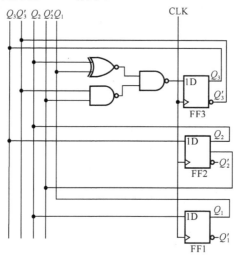

图 8.2.10　例 8.2.3 逻辑图

8.3　数字系统设计

8.3.1　数字系统的组成

数字系统是指由多个基本逻辑功能部件连接起来且能够按照规定的步骤工作，最终完成某种任务的数字电路，其规模有大有小，复杂性有简有繁。数字系统分专用数字系统和通用数字系统，例如，图像处理设备、数字通信设备就是专用的，而数字计算机可以按照使用者的要求执行不同的工作，是通用型的。从理论上讲，任何数字系统都可以看成一个时序逻辑电路，当然就可以用前面讲过的卡诺图、状态转换表、逻辑图等方法进行描述和设计。但对于复杂系统，由于其内部的状态数目很多，同时输入、输出信号也很多，用前面讲过的方法设计就会比较困难甚至难以完成。

对于复杂系统通常采用自顶向下的层次化设计方法，数字系统的分层及描述如表 8.3.1 所示。

表 8.3.1　数字系统的分层及描述

抽象层级	行为描述	结构描述	物理描述
系统级	系统的性能指标	系统输入/输出接口、信息处理单元等各子系统之间的连接	系统的整体结构
算法级（子系统级）	数据结构和算法（算法流程图）	子系统内部各模块之间的连接	子系统内电路结构和印制电路板上的布局和布线
寄存器传输级（模块级）	寄存器之间的数据存储、传输和运算处理	模块内部 ALU、多路选择器、计数器、寄存器等功能模块之间的连接	芯片的版面布置
逻辑级（门级）	功能块的逻辑功能（真值表、逻辑方程组、状态转换图、逻辑图）	功能块内逻辑门和触发器的连接	芯片内标准单元的布局和布线
电路级	逻辑门的工作速度、功耗和带负载能力（电流电压微分方程、逻辑图）	逻辑门内部晶体管、电阻、电容的连接	芯片内晶体管等元器件的布局和布线
版图级	元器件的面积、速度和功耗（物理方程、工艺参数、几何尺寸）	硅片上晶体管、电阻、电容的几何图形	芯片上各层掩模的版图

层次化设计的最顶层就是系统，也叫系统级，此时对系统的描述就是性能指标。因不需要涉及系统的内部电路结构，系统结构用框图描述，如图 8.3.1 所示是典型的数字系统框图。输入、输出接口是本系统与外界联系的子系统，存储器是用来存储数据和控制信息的子系统，中央处理单元是数字系统的核心，是不可缺少的子系统，完成各种运算，产生控制信号。

不管是专用数字系统还是通用数字系统，中央处理单元都遵循如图 8.3.2 所示的通用结构，即至少有一个控制单元，一般称为控制器，还包括数据通路，一般称为处理器。

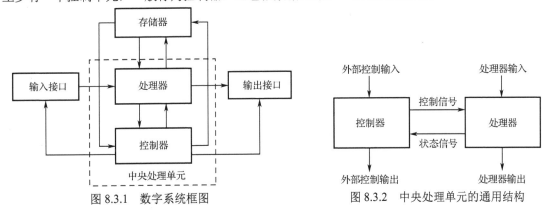

<table>
<tr><td align="center">图 8.3.1　数字系统框图</td><td align="center">图 8.3.2　中央处理单元的通用结构</td></tr>
</table>

控制器是时序逻辑电路，产生系统的控制信号，决定执行哪些操作以及执行的顺序。控制器的输入有外部控制输入和状态信号，外部控制输入表示外界的条件，状态信号表示处理器的状态；输出有外部控制输出和控制信号，外部控制输出用于向外界确定系统到达某个状态或者完成某个特定的运算，控制信号是输出到为处理器中的每个器件选择要执行的操作。

处理器包括存储单元和组合单元。在每个状态下，处理器从存储单元提取操作数，在组合单元中执行运算，最后将结果返回到存储单元。操作数的选择、运算和结果的目标地址都由控制器发出的控制信号去设置处理器。换句话说，控制器是 N 个状态循环的状态机，在每个状态下决定做什么操作，发控制信号给处理器，处理器执行相应操作，反过来再和输入及电路此时的状态一起决定控制器的新状态。如此周而复始，一个循环完成一次任务。

8.3.2 算法状态机

同步系统中，控制器可以用算法状态机（ASM）实现，ASM 本质上也是有限状态机，其表示方法类似于程序流程图，但又和实现它的硬件有对应关系，能把非常复杂的控制器的控制过程表示出来。这体现了软件工程与硬件工程在理论上的相似性和可转换性，即，能够方便地把算法转换为实现它的硬件的一种表示。

算法状态机的基本组成为状态框、分支框、条件输出框。系统中的每个状态都由一个状态框表示，如图 8.3.3（a）所示，是一个带有进口和出口的矩形框，状态名称写在框的左上方，该状态下的操作内容写在框内，状态的编码写在框的右上方。在同步系统中，一个状态所经历的时长至少是一个时钟周期。

分支框又称条件判断框、决策框，描述在某个条件下，算法状态机将要执行处理器中特定的动作，同时选择次态。分支框用单入双出的菱形或单入多出的多边形符号表示，如图 8.3.3（b）和（c）所示，条件写在菱形和多边形内，既可以是外部输入，也可以是状态。分支出口处注明各分支满足的条件，当检测到条件满足时，转到相应的分支上。

条件输出框不是控制器的一个状态，为与状态框区分，由平行四边形表示，入口来自某个分支，当条件满足时，执行指定的输出。如图 8.3.3（d）所示。

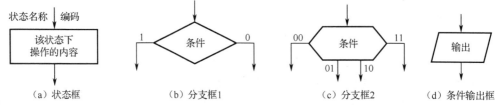

（a）状态框　　　　　　（b）分支框1　　　　　（c）分支框2　　　　（d）条件输出框

图 8.3.3　算法状态机的状态框、分支框、条件输出框

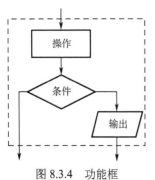

图 8.3.4　功能框

功能框是由一个状态框和若干分支框、条件输出框组成的复杂结构，通常用虚线框起来。入口必须是状态框的入口，出口可以有多个，但必须指向状态框。如图 8.3.4 所示。

用这些基本的图形就可以构成 ASM 图。ASM 图是在算法级设计出的算法流程图的基础上，考虑了处理器硬件实现的可行性之后设计的。可以说，ASM 图是状态转换图的另一种形式，可以由状态转换图得到。ASM 图是按时钟周期的顺序描述系统的，在同一个时钟周期内可以并行地执行多个互不冲突的操作。明确地规定了在每个时钟周期内，处理器应完成哪些工作，以及控制器应该给出哪些控制信号。

在同一个 ASM 单元块中，状态框和条件输出框内定义的处理器操作都是由同一个系统时钟脉冲执行的，一个状态对应一个时钟周期，并且这个时钟脉冲还使控制器进入其下一个状态。处理器和控制器内的各触发器和寄存器都采用边沿触发的触发器。

8.3.3 简单数字系统设计

数字系统的核心是控制器和处理器的设计，下面通过一个简单例子的设计过程理解二者的关系。

例 8.3.1　设计实现 N 个 n 位二进制数累加的过程，体验数字系统核心控制器和处理器的设计过程。

解：

（1）处理器

处理器由两部分组成。① 加法器和寄存器构成的累加器。加法器有两个输入 A 和 B，A 接外

202

部待累加的输入数据 X, B 接寄存器的输出 Q,输出 Y 接寄存器的输入 D。寄存器有异步清零信号,每来一个时钟信号边沿,就把输入的 D 寄存一个时钟周期。在 $N+2$ 个 CLKA 的控制下,实现 N 个数的累加。② 由 N 进制减法计数器和全零检测器构成的电路,实现对累加个数 N 的控制。减法计数器有置数信号 LD、计数使能信号 EC。注意,计数时钟信号 CLK 与控制器时钟信号相同,但与累加寄存器的 CLKA 不同。逻辑图如图 8.3.5 所示。

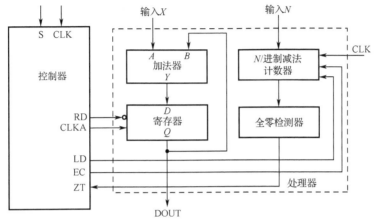

图 8.3.5　累加求和电路的处理器逻辑图

（2）控制器

控制器是由外部启动信号 S、时钟信号 CLK 控制的状态机。通过状态循环,以及在不同状态下发出不同信号给处理器,使之完成 N 个数的累加求和。控制器需要 4 个状态,S_0 状态是初始准备状态;当 S 启动后,进入 S_1 状态,令处理器的寄存器清零,减法计数器置数;下一个时钟信号到来时,进入 S_2 状态,输入 X 与寄存器的输出 Q 累加存入寄存器;减法计数器减 1 计数;在下一个时钟信号到来时,进入 S_3 状态,检查全零检测器 ZT 是否为 1,若是则结束回到 S_0 状态,同时把寄存器输出 Q 送出,否则继续回到 S_2 状态累加下一个数。

全零检测器的作用就是检测减法计数器何时为零,用一个或非门即可,将减法计数器的所有触发器的输出 Q 进行或非逻辑运算,只有所有 Q 均为 0,其非（ZT）才为 1。

控制器的状态转换图如图 8.3.6 所示,得到状态转换表如表 8.3.2 所示。

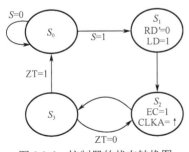

图 8.3.6　控制器的状态转换图

表 8.3.2　状态转换表

现态 Q_1Q_0		次态 $Q_1^*Q_0^*$ 输入 S 和 ZT 的 4 种组合				输出			
		00	01	11	10	RD′	CLKA	LD	EC
S_0	0 0	S_0	S_0	S_1	S_1	1	0	0	0
S_1	0 1	S_2	S_2	S_2	S_2	0	0	1	0
S_2	1 0	S_3	S_3	S_3	S_3	1	CLK	0	1
S_3	1 1	S_2	S_0	S_0	S_2	1	0	0	0

分别画出状态变化的总卡诺图如图 8.3.7 所示。对状态进行编码,S_0=00,S_1=01,S_2=10,S_3=11,写出状态方程、输出方程。

状态方程:

$$Q_1^* = Q_1'Q_0 + Q_1Q_0' + \text{ZT}'Q_1$$
$$Q_0^* = Q_1Q_0' + SQ_0'$$

Q_1Q_0 \ S ZT	00	01	11	10
00	S_0	S_0	S_1	S_1
01	S_2	S_2	S_2	S_2
11	S_2	S_0	S_0	S_2
10	S_3	S_3	S_3	S_3

Q_1Q_0 \ S ZT	00	01	11	10
00	00	00	01	01
01	10	10	10	10
11	10	00	00	10
10	11	11	11	11

Q_1Q_0 \ S ZT	00	01 Q_1^*	11	10
00	0	0	0	0
01	1	1	1	1
11	1	0	0	1
10	1	1	1	1

Q_1Q_0 \ S ZT	00	01 Q_0^*	11	10
00	0	0	1	1
01	0	0	0	0
11	0	0	0	0
10	1	1	1	1

图 8.3.7　总卡诺图及子卡诺图

输出方程：

$$RD'=(Q_1'Q_0)'$$
$$CLKA= Q_1Q_0'\,CLK$$
$$LD= Q_1'Q_0$$
$$EC=Q_1Q_0'$$

画出逻辑图如图 8.3.8 所示。

累加求和的程序非常简单，例如，实现 100 个 8 位二进制无符号数累加的程序如下：

```
sum=0
loop:
for i=1 to 100 sum=sum+xi
end loop
```

在程序中用一个循环语句就完成了。本例的目的是理解数字系统底层的处理器和控制器的实现。当然，也可以由 ASM 图，如图 8.3.9 所示，得出表达式，画出硬件电路。

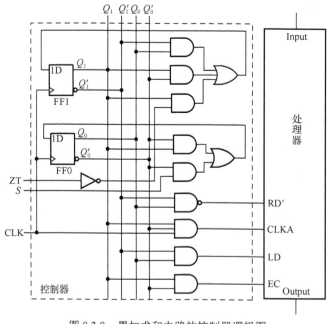

图 8.3.8　累加求和电路的控制器逻辑图

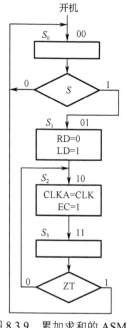

图 8.3.9　累加求和的 ASM 图

例 8.3.2 如图 8.3.10 所示的累加器可以进行多种运算，分析处理器，理解控制字的含义。

例 8.3.2 只是求和运算，本例帮助理解数字系统中央处理单元的设计过程，知道控制器的输出可以理解为控制字，控制字的各位对应处理器中各组合逻辑器件的控制端、使能端，最终控制数据的各种操作。

如图 8.3.10（a）所示，处理器由数据选择器、ALU、累加器构成。数据选择器的两个数据输入端：0 端接数据 0，1 端接外部输入 Input。地址选择 $S=0$ 时把数据 0 送到输出 Y_1，$S=1$ 时把 Input 输入的数据送到 Y_1。ALU 的数据输入 A 接数据选择器的输出 Y_1，数据输入 B 接累加器的输出 Y_3。ALU 相关内容见 4.2.6 节，由操作码 MS_1S_0 控制运算类型的选择，见表 4.2.7。累加器是并行输入并行输出的移位寄存器。所有器件都为 32 位宽。本例中累加器不需要移位，只累加，每个时钟周期都会有一个控制字定义处理器的操作。处理器的各控制信号，如 S、ALU 的 MS_1S_0、累加器的移位值等都由控制器产生，称为控制字。本例中的 8 位控制字如图 8.3.10（b）所示，每个时钟周期发出一个控制字控制处理器工作。

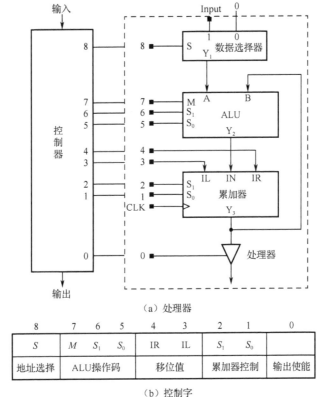

（a）处理器

8	7	6	5	4	3	2	1	0
S	M	S_1	S_0	IR	IL	S_1	S_0	
地址选择	ALU 操作码			移位值		累加器控制		输出使能

（b）控制字

图 8.3.10　例 8.3.2 的图

在时钟信号的控制下，累加求和过程如下：第 1 个时钟周期，必须对累加器清零。第 2 个时钟周期，待累加的第 1 个数据 X_1 通过 Input 输入，令 $S=1$，将 Input 输入的数据送给 ALU 的 A，与 ALU 的 B 进行累加，这时累加器的值为 X_1+0，这个值又反馈到 ALU 的 B。第 3 个时钟周期，待累加的第 2 个数据 X_2 通过 Input 输入，令 $S=1$，输入的数据送给 ALU 的 A，与刚刚得到的累加和 X_1+0 进行累加，这时累加器的值为 X_1+X_2，又连接到 ALU 的 B，等待下一个时钟周期的到来。如此循环，接着的 $n-1$ 周期将剩下的 $n-1$ 个数进行累加。最后一个时钟周期，通过三态缓冲门输出 n 个数的累加和。为了计算 n 个数的和，需要 $n+2$ 个时钟周期，除了第 1 个和最后 1 个，其他的控制字都是相同的。

8.3.4 状态机编程

在组合逻辑电路中只要有了真值表，使用行为描述语句 if 和 case、结构描述语句 always 等，就可以写出对应的 Verilog HDL 程序。同样，只要有状态转换图就可以对时序逻辑电路编程。时序逻辑电路编程可以理解为状态机编程。

状态机编程是软件编程中的一个重要概念。我们要设计的一个设备，或一个功能电路，它们的功能行为可以用状态数量有限的状态转换图来表示，可以说就是一个有限状态机的设计。例如，由 FPGA 控制的常用接口器件，如液晶显示器、串行接口、显示器等，都必须要用状态机的概念才能实现。

状态机可以在任何给定时间根据输入进行操作，使得系统从一个状态转换到另一个状态，或者使一个输出或者一种行为的发生。一个状态机在任何瞬间只能处于一个状态，可以用这样的语句描述：当系统处于某个状态（s1）时，如果发生了某件事情（e），就执行某个功能（f），然后系统变成新状态（s2）。无论多复杂的功能，用状态机的思想去编程就会简单得多。

状态机编程有一段式、二段式、三段式三种。下面以英雄打怪游戏状态机为例进行分析。

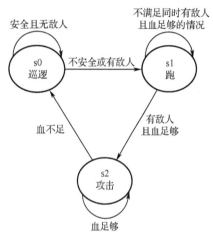

图 8.3.11　英雄打怪游戏的状态转换图

（1）状态机功能描述

英雄打怪游戏的状态转换图如图 8.3.11 所示。

异步复位控制信号 reset 高电平有效，进入 s0（巡逻）状态，标志信号 q_sig4=1 表示状态机处于攻击状态，q_sig4=0 表示处于其他状态。

s0 状态下：如果安全 sig1=0 且无敌人 sig2=0，则继续 s0 状态；如果不安全 sig1=1 或有敌人 sig2=1，则进入 s1（跑）状态。

s1 状态下：如果有敌人 sig2=1 且血足够 sig3=1，则进入 s2（攻击）状态，q_sig4=1。如果不是上述情况（如血不足 sig3=0 或无敌人 sig2=0），则继续 s1 状态。

s2 状态下：如果血不足 sig3=0，则返回 s0 状态；如果血足够 sig3=1，则继续 s2 状态，q_sig4=1。

（2）一段式状态机的 Verilog HDL 描述及仿真

一段式状态机的程序及仿真波形图如图 8.3.12 所示。把时序逻辑和组合逻辑放在一个 always 语句中，特点是输出会晚一个时钟周期发生变化。优点是很好地避免了竞争-冒险。图 8.3.12（b）中，第 4 条游标指示当 sig2 和 sig3 同时有效后需多等一个时钟周期，q_sig4 的输出才变为高电平，与图 8.3.13（b）相比，可以看出这一点。

（3）二段式状态机的 Verilog HDL 描述及仿真

二段式状态机不同于一段式状态机，它需要定义两个状态——现态和次态，然后通过现态和次态的转换来实现时序逻辑电路。需要使用两个 always 语句：一个 always 语句用来实现时序逻辑电路，负责在时钟驱动下状态机状态的转换，只要有时钟信号边沿，状态机的状态就会发生变化，即把次态中的内容送入现态中；而具体次态中的内容是什么则由另外一个 always 语句来实现。特点是：状态机是随外部时钟信号，以同步方式工作的，提高了代码的可读性，易于维护。由于输出在组合逻辑中产生，可能会出现毛刺。二段式状态机的程序及仿真波形图如图 8.3.13 所示。

```verilog
module hero1(clk,reset,sig1,sig2,sig3,q_sig4,q_state);
    input clk,reset,sig1,sig2,sig3;
    output reg q_sig4;
    output reg [1:0] q_state;
    parameter[1:0] s0=2'b00,s1=2'b01,s2=2'b10;
 always @(posedge clk or posedge reset)
 begin
    if(reset)
      begin  q_sig4<=0; q_state<=s0; end
      else    begin
      case(q_state)
                s0: begin
                        if (sig1 || sig2)
                        begin q_state<=s1; q_sig4<=1'b0; end
                        else
                        begin q_state<=s0; q_sig4<=1'b0; end
                        end
                s1: begin
                        if(sig2 && sig3)
                        begin q_state<=s2; q_sig4<=1'b0; end
                        else
                        begin q_state<=s1; q_sig4<=1'b0; end
                        end
                s2:begin
                        if (sig3)
                        begin q_state<=s2; q_sig4<=1'b1; end
                        else
                        begin q_state<=s0; q_sig4<=1'b0; end
                        end
                default: begin
                        q_state<=s0; q_sig4<=0;
                        end
            endcase
        end
        end
    endmodule
```

（a）

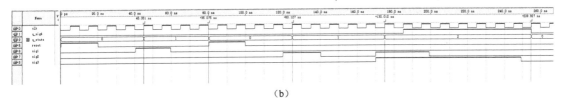

（b）

图 8.3.12　一段式状态机的程序及仿真波形图

```verilog
module hero2(clk,reset,sig1,sig2,sig3,q_sig4);
    input clk,reset,sig1,sig2,sig3;
    output reg q_sig4;
    reg [1:0] current_state, next_state;
    parameter s0=2'b00,s1=2'b01,s2='b10;
 always @(posedge clk or posedge reset) //状态跳转程序设计
    if(reset) current_state <=s0;
    else current_state <= next_state;
 always @(current_state or sig1 or sig2 or sig3) //状态逻辑输出
 begin
    case(current_state)
        s0: begin
            if(sig1 || sig2)
                begin  next_state=s1; q_sig4=1'b0; end
            else  begin next_state=s0; q_sig4=1'b0; end
            end
        s1: begin
            if(sig2 && sig3)
                begin next_state=s2; q_sig4=1'b0; end
            else  begin next_state=s1; q_sig4=1'b0; end
            end
        s2:begin
            if(sig3)
                begin  next_state=s2; q_sig4=1'b1; end
            else  begin  next_state=s0; q_sig4=1'b0; end
            end
         default: begin next_state=s0; q_sig4=0; end
        endcase
    end
 endmodule
```

（a）

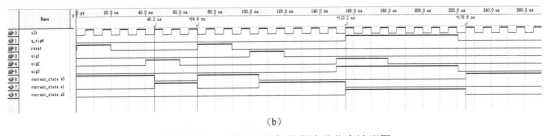

（b）

图 8.3.13　二段式状态机的程序及仿真波形图

（4）三段式状态机的 Verilog HDL 描述及仿真

三段式状态机需要使用三个 always 语句：第一个 always 语句实现同步状态跳转，第二个 always 语句实现组合逻辑，第三个 always 语句实现同步输出。其程序及仿真波形图如图 8.3.14 所示。三段式状态机与二段式状态机的区别：二段式直接采用组合逻辑输出，而三段式则通过在组合逻辑后再增加一级寄存器来实现时序逻辑输出。这样做的好处是可以有效地滤去逻辑输出的毛刺，同时可以有效地进行时序计算与约束。另外，对于总线形式的输出数据，容易使总线数据对齐，从而减小总线数据间的偏移，减小接收端数据采样出错的频率。

```verilog
module hero3(clk,reset,sig1,sig2,sig3,q_sig4);
 input clk,reset,sig1,sig2,sig3;
 output reg q_sig4;
 reg [1:0]    current_state, next_state;
 parameter  s0=2'b00,s1=2'b01,s2=2'b10;
 always @(posedge clk or posedge reset)     //状态跳转程序设计
         if (reset)  current_state <= s0;
         else        current_state <= next_state;
 always @(current_state or sig1 or sig2 or sig3) //状态跳转输出
    begin
       case(current_state)
       s0: begin
               if(sig1 || sig2)
                  begin next_state=s1; end
               else
                  begin next_state=s0; end
           end .
       s1: begin
               if(sig2 && sig3)
                  begin next_state =s2; end
               else
                  begin next_state=s1;  end
           end
       s2: begin
               if(sig3)
                  begin next_state =s2; end
               else
                  begin next_state =s0; end
           end
       default: begin next_state =s0;  end
       endcase
    end
 always @(posedge clk or posedge reset) //逻辑输出
       if(reset) q_sig4 <= 1'b0;
       else
          begin case(next_state)
              s0,s1: q_sig4 <= 1'b0;
              s2: q_sig4 <= 1'b1;
              default: q_sig4 <= 1'b0;
              endcase
          end
 endmodule
```

（a）

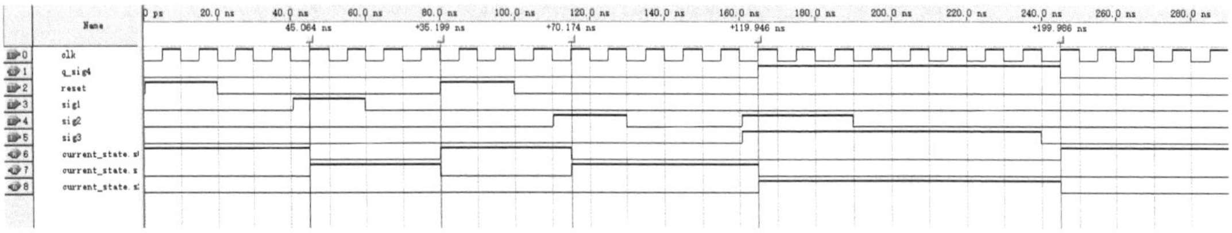

（b）

图 8.3.14　三段式状态机的程序及仿真波形图

8.3.5　Verilog HDL 程序举例

例 8.3.3　用状态机实现例 8.2.2 的数据识别电路。

解：一段式状态机的程序及仿真波形图如图 8.3.15 所示，可以看出，很好地实现了串行数据检测。

例 8.3.4　序列检测器的设计。

解：序列检测器在数据通信、雷达和遥测等领域中用于检测与识别标志。其可用于检测一组或多组由二进制码组成的脉冲序列信号。当序列检测器收到一组连续的串行二进制码后，如果这组码与检测器中预先设置的码相同，则输出 1，否则输出 0。由于这种检测的关键在于收到的码必须是正确且连续的，这就要求检测器必须要记住前一次的正确码或顺序。在检测过程中，任何一位码不相等都将回到初始状态重新开始检测。

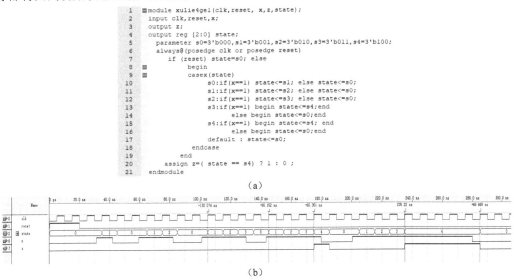

（a）

（b）

图 8.3.15　例 8.3.3 的一段式状态机程序及仿真波形图

下面完成对序列数"11100101"的检测。当这一序列数高位在前（左移）串行进入序列检测器后，若与预置的密码数相同，则输出 1，否则仍然输出 0。

由题目可知，因为序列数是 8 位的，所以需要 8 个状态，用 s0～s7 表示。初始状态为 s0，s0状态下，如果来一个 1 就到 s1 状态，如果来一个 0，则仍保持 s0 状态；s1 状态下，如果来一个 1就到 s2 状态，如果来一个 0，就又回到初始状态 s0……画出序列检测器的状态转换图如图 8.3.16所示。有了状态转换图，就很容易写出程序了。

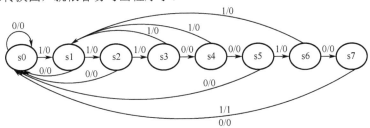

图 8.3.16　序列检测器的状态转换图

```
module seq(in,out,state,clk,reset);
input in,clk,reset; output out;output[2:0]state;
reg[2:0]state;reg out;
parameter s0='d0,s1='d1,s2='d2,s3='d3,s4='d4,s5='d5,s6='d6,s7='d7;
always @(posedge clk)
    begin
      if (reset) begin state<=s0;out<=0;end
      else casex (state)
      s0:begin
         if(in==0) begin state<=s0;out<=0;end
         else      begin state<=s1;out<=0;end
        end
      s1:begin
```

```
          if(in==0) begin state<=s0;out<=0;end
          else       begin state<=s2;out<=0;end
        end
      s2:begin
          if(in==0) begin state<=s0;out<=0;end
          else       begin state<=s3;out<=0;end
        end
      s3:begin
          if(in==0) begin state<=s4;out<=0;end
          else       begin state<=s1;out<=0;end
        end
      s4:begin
          if(in==0) begin state<=s5;out<=0;end
          else       begin state<=s1;out<=0;end
        end
      s5:begin
          if(in==0) begin state<=s0;out<=0;end
          else       begin state<=s6;out<=0;end
        end
      s6:begin
          if(in==0) begin state<=s7;out<=0;end
          else       begin state<=s1;out<=0;end
        end
      s7:begin
          if(in==0) begin state<=s0;out<=0;end
          else       begin state<=s1;out<=1;end
        end
  default:state<=s0;
endcase
end
endmodule
```

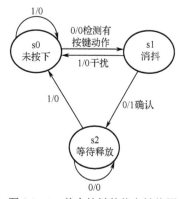

图 8.3.17　单个按键的状态转换图

例 8.3.5　单个按键的识别。

把单个按键作为一个简单的系统，根据状态机的原理对其操作和确认的过程进行分析。按键一般分按下、未按下两种状态，另外按下状态还需要进行消抖处理，避免误操作，因此分解为三个状态。s0 为初始状态，此时按键未按下，s1 为消抖状态，s2 为等待释放状态。消抖用一个 10ms 的延时程序实现。单个按键的状态转换图如图 8.3.17 所示。

s0 状态下：如果按键未按下，则输入为 1，输出为 0，保持 s0 状态，继续等待；如果按键按下，则输入为 0，输出仍为 0（因为没有经过消抖，不能确认按键是否真正按下），进入下一个状态 s1。

s1 状态下：经过 10ms 的延时，如果再次检测到输入为 0，可以确认按键被按下，则输出 1，进入下一个状态 s2；如果再次检测到输入为 1，表示按键可能存在抖动干扰，则输出仍为 0，下一个状态返回 s0。

s2 状态下：等待按键释放，一次完整的按键操作过程才算完成。

在一次按键过程中，按键的状态变化规律为 s0→s1→s2，并且仅在状态 s1 下输出 1，其他状态下均输出 0。用状态机表示的按键系统，不仅克服了按键抖动的问题，同时也确保了在一次按键过程中，只输出一次按键按下信号。程序如下。

```verilog
module anjianshibie(clk,rst_n,key_in,state_out);
    input wire clk; //50MHz
    input rst_n;
    input key_in;
    output reg state_out;
    parameter   Period=32'd500000 ;//10ms 计时
    reg [31:0]   counter;
    reg time_full; //计数满
    reg cnt_en;     //1 开始计数，0 计数清零
    always @(posedge clk or negedge rst_n) //延时计算
    begin
        if(!rst_n)   begin counter<=32'd0;time_full <=0; end
        else if(!cnt_en)   begin   counter<=32'd0; time_full <=0; end
        else if(counter==Period)   begin counter<=32'd0;   time_full <=1;end
        else   counter<=counter+1'b1;
    end
    parameter s0=3'b000,s1=3'b001,s2=3'b010; //状态机编码
    reg [3:0] state;
    reg [3:0] state_next;
    always @(posedge clk or negedge rst_n)
    begin
        if(!rst_n)   state<=s0;
        else   state<=state_next;
    end
    wire state_flag;
    always @(posedge clk or negedge rst_n)
    begin
        case(state)
            s0:begin
                if(!key_in)   begin state_next=s1; cnt_en=1'b1; end   //开始计时
                else   begin cnt_en=0; state_out=1'b0; state_next=s0;end
                end
            s1:begin
                if(time_full) begin
                    if(!key_in)   begin state_out=1'b1; state_next=s2;end
                    else   begin cnt_en=0; state_out=1'b0;state_next=s0;end
                end
                else   begin cnt_en=1'b1;state_out=1'b0; state_next=s1;end
            end
            s2:begin
                    cnt_en=1;
                    if(time_full)   begin
                        if(!key_in)   state_next=s2;
                        else   begin state_out=1'b0; cnt_en=0;state_next=s0; end
                    end
```

```
                       else    state_next=s2;
                 end
              default: begin cnt_en=0;state_next=s0;    end
          endcase
      end
  endmodule
```

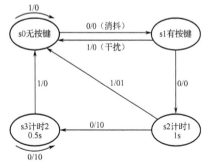

图 8.3.18　短按、长按键的状态转换图

例 8.3.6　区分按键的短按和长按。

例 8.3.5 是按键识别最简单的情况，不管按键按下的时间
多长，在这个按键过程中只给出一次确认的输出。但是有些场
合为了方便使用，要根据按键按下的时间长短执行不同的操
作。图 8.3.18 是区分按键短按和长按的状态转换图。按下按键
后，若在 1s 内释放，则输出为 01；若在 1s 后没有释放，则之
后每隔 0.5s 计时一次，输出为 10，直到释放按键为止。这样
按键就有了长按、短按之分。其程序如下。

```
module keysl(clk,reset,key_in,stop_run,rst,config1);
  input clk;                //50MHz
  input reset;
  input key_in;
  output reg rst;           //复位，高电平有效
  output reg stop_run; //是否按下
  output reg config1;   //1 表示进入键识别状态
  reg[19:0] cnt;           //分频计数器
  reg [9:0] count;
  reg [1:0] current_state,next_state;//现态，次态
  parameter s0=2'b00,s1=2'b01,s2=2'b10,s3=2'b11;//状态机编码
  always@(posedge clk or negedge reset)
    if(!reset) current_state <= s0;
    else current_state <=next_state;
  always@(posedge clk or negedge reset)
    if(!reset) cnt<=20'd0;
    else if(cnt==20'd50_000) cnt<=20'd0;//延时 1ms
    else cnt<=cnt+20'd1;
  always@(posedge clk or negedge reset)
  begin
    if(!reset) begin
      next_state <=s0; stop_run <= 1'b0;//未按下
      rst <= 1'b0; config1 <= 1'b0;
    end
    else if(cnt==20'd49_999)//1ms 扫描一次
    begin
      case(current_state)
        s0: begin
          if(key_in==0)    next_state <=s1;//按下
          else    begin
            next_state <=s0; stop_run <= 1'b0;//未按下
```

```verilog
                        rst <= 1'b0; config1 <= 1'b0;
                    end
                end
            s1: begin
                if(key_in==0)    begin
                    if(count>=10'd200) next_state <=s2; //按下的时间超过 0.2s，转 s2
                    else count <= count + 10'd1;
                end
                else begin
                    if(count>=10'd3)    begin
                        stop_run <= ~ stop_run;
                        count <= 10'd0; next_state <=s0;
                    end
                    else next_state <=s0; //按下的时间太短，不响应，转 s0
                end
            end
            s2: begin
                if(key_in==0)    begin
                    if(count>=10'd1000)    next_state <=s3;//按下的时间超过 1s，转 s3
                    else    count <= count + 10'd1;
                end
                else    begin
                    if(count>=10'd500)
                    begin rst<= ~rst;    count <= 10'd0; next_state <=s0; end
                    else next_state <=s0;//按下的时间不足 0.5s，不响应，转 s0
                end
            end
            s3: begin
                if(key_in==0)    next_state <= s3; //按键一直没有释放，一直处于 s3
                else    next_state <= s0;    //按键释放，转 s0
            end
            default:    next_state <= s0;
        endcase
    end
end
endmodule
```

例 8.3.7　4×4 矩阵键盘的识别。

（1）4×4 矩阵键盘的识别

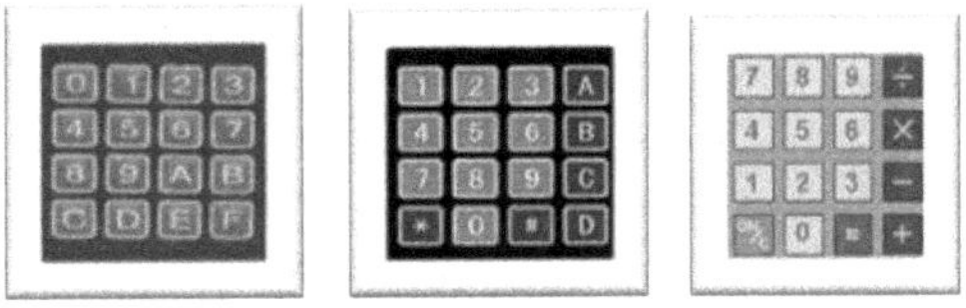

4×4 矩阵键盘是最简单的，也是最常用的人
机接口（参见第 4 章），4×4 矩阵键盘有 16 个键，却只需 8 个 I/O 口。其结构如图 8.3.20

（a）　　　　（b）　　　　（c）

图 8.3.19　4×4 矩阵键盘的外观

所示，A3、A2、A1、A0 为控制器输出给 4×4 矩阵键盘的列扫描信号，C3、C2、C1、C0 为控制器读入的 4×4 矩阵键盘的行状态信号。例如，A3A2A1A0=1110，如果读入的 C3C2C1C0=1011，则可以判断是第 A0 列第 C2 行的 S7 键被按下。图 8.3.19（a）中，这个位置安排的是数字 7，即按下数字 7 键就会产生位置编码 11101011。也可以根据需要安排其他符号，如图 8.3.19（b）、（c）所示。不管安排什么符号，位置编码都是固定的，操作也只有按下或者不按下两种，也就是说，编码的意义是人为赋予的，底层是数字的二值逻辑。

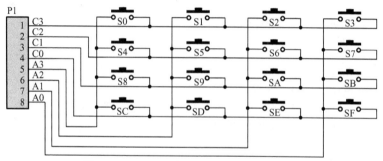

图 8.3.20　4×4 矩阵键盘的行列结构示意图

键盘扫描时序图如图 8.3.21 所示，控制器对键盘的扫描识别过程：首先经 A3~A0 周期性地对键盘进行列扫描，然后读取 C3～C0 各行的码，根据行码中 0 的位置判断哪个按键被按下。图 8.3.19（a）对应的键码如表 8.3.3 所示。

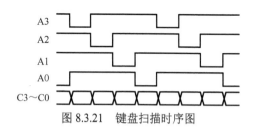

图 8.3.21　键盘扫描时序图

表 8.3.3　图 8.3.19（a）对应的键码

C3C2C1C0	A3A2A1A0			
	0111	1011	1101	1110
0　1　1　1	S0	S1	S2	S3
1　0　1　1	S4	S5	S6	S7
1　1　0　1	S8	S9	SA	SB
1　1　1　0	SC	SD	SE	SF

```
module key44 (clk, read_c,scan_a,key,key0,spk);    //4*4
    input clk;              //扫描时钟信号频率不宜过高，一般在 1kHz 以内
    input [3:0] read_c;     //读入行码
    output scan_a;          //输出列码，扫描信号
    output [3:0] key;
    output key0,spk;        //输出键值
    wire [7:0]scanand;
    reg [3:0] key;
    reg [3:0] lie;          //列扫描信号
    reg [1:0] cntscan;      //用于计数产生扫描信号
    reg [1:0] counter;
    reg key0,spk;           //等于 1 表示无键按下
    always @ (posedge clk)
        if( cntscan>3)   cntscan=0;
        else cntscan=cntscan+1;
    always @ (posedge clk)
        case (cntscan)      //产生列扫描信号
        2'b00 : lie=0111;   //A3A2A1A0=0111
        2'b01 : lie=1011;   //A3A2A1A0=1011
        2'b10 : lie=1101;   //A3A2A1A0=1101
        2'b11 : lie=1110;   //A3A2A1A0=1110
        endcase
    always @( posedge clk)
    begin
        if (read_c==1111)
        begin//上升沿产生列扫描信号，下降沿读入行码
```

```verilog
        if (counter==3)    begin key0<=1;counter<=0;end //多次检测均为 1111，表示无按键被按下
        else    counter<=counter+1;
    end
    else //counter<=0;
        case (scanand)
            8'b01110111: begin key=1; spk=1; end //只要有键按下就发声提示
            8'b10110111: begin key=4; spk=1; end
            8'b11010111: begin key=7; spk=1; end
            8'b11100111: begin key=14; spk=1; end //*/E
            8'b01111011: begin key=2; spk=1; end
            8'b10111011: begin key=5; spk=1; end
            8'b11011011: begin key=8; spk=1; end
            8'b11101011: begin key=0; spk=1; end
            8'b01111101: begin key=3; spk=1; end
            8'b10111101: begin key=6; spk=1; end
            8'b11011101: begin key=9; spk=1; end
            8'b11101101: begin key=15; spk=1; end //#/F
            8'b01111110: begin key=10; spk=1; end // A
            8'b10111110: begin key=11; spk=1; end //B/b
            8'b11011110: begin key=12; spk=1; end //C/c
            8'b11101110: begin key=13; spk=1; end //D/d
            default begin key=0; spk=0; end
        endcase
    end
    assign scanand ={lie,read_c};
    assign scan_a=lie;
endmodule
```

（2）键盘的显示译码

每个键按下都会产生相应的位置编码，用 8 位二进制数表示，即 A3A2A1A0C3C2C1C0。表 8.3.3 中列出的 16 种位置编码表示有按键被按下，其他编码均表示无按键被按下，用 key0=1 表示。可以事先把这 16 种位置编码存入 ROM 中，也可以用语句直接写在程序中。另外，还需要把位置编码显示出来。显示译码程序如下。

```verilog
module led1 ( key,spk,blink,sound,y);
    input spk,blink;
    input [3:0] key;
    output [6:0] y;
    output sound;
    reg sound;
    reg [6:0] y;                        //y[6:0]对应段 g,f,e,d,c,b,a
    always @ (key,spk,blink)    begin
        case (key)
            4'b0000: y=7'b011111; //数字 0
            4'b0001: y=7'b0000110; //数字 1
            4'b0010: y=7'b1011011; //数字 2
            4'b0011: y=7'b1001111; /数字 3
            4'b0100: y=7'b1100110; //数字 4
            4'b0101: y=7'b1101101; //数字 5
```

```
            4'b0110: y=7'b1111101; //数字 6
            4'b0111: y=7'b0000111; //数字 7
            4'b1000: y=7'b1111111; //数字 8
            4'b1001: y=7'b1101111; //数字 9
            4'b1010: y=7'b1110111; //字母 A
            4'b1011: y=7'b1111100; //字母 B
            4'b1100: y=7'b0111001; //字母 C
            4'b1101: y=7'b1011110; //字母 D
            4'b1110: y=7'b1111001; //字母 E
            4'b1111: y=7'b1110001; //字母 F
            default y=7'b0000000;
        endcase
    end
    always @(blink,spk)   begin
        if (spk) sound=blink; else sound=1'b0;
    end
endmodule
```

（3）使用状态机编写 4×4 矩阵键盘的识别程序

画出识别 4×4 矩阵键盘的状态转换图如图 8.3.22 所示。程序如下。

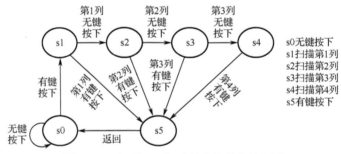

图 8.3.22　识别 4×4 矩阵键盘的状态转换图

```
module key44jianpan(clk,reset,row,col,key_value);//50MHz，row 行，col 列，key_value 键值
    input clk,reset;
    input [3:0] row;
    output [3:0] col;
    output [3:0] key_value;
    reg [3:0] col;
    reg [3:0] key_value;
    reg [5:0] count;        //delay_20ms
    reg [2:0] state;        //状态标志
    reg key_flag;           //按键标志位
    reg clk_500khz;         //500kHz 时钟信号
    reg [3:0] col_reg;      //寄存扫描列值
    reg [3:0] row_reg;      //寄存扫描行值
    always @(posedge clk or negedge reset) //异步清零
    begin
        if(!reset) begin clk_500khz<=0; count<=0; end
        else begin
            if(count>=50) begin clk_500khz<=~clk_500khz;count<=0;end
```

```
        else count<=count+1;
    end
end
always @(posedge clk_500khz or negedge reset)
    if(!reset)   begin col<=4'b0000;state<=0;end
    else   begin
        case (state)
            0: begin
                col[3:0]<=4'b0000;key_flag<=1'b0;
                if(row[3:0]!=4'b1111) begin state<=1;col[3:0]<=4'b1110;end//有键按下，扫描第 1 行
                else state<=0;
            end
            1: begin
                if(row[3:0]!=4'b1111) begin state<=5;end      //判断是否是第 1 行
                else begin state<=2;col[3:0]<=4'b1101;end     //扫描第 2 行
            end
            2: begin
                if(row[3:0]!=4'b1111) begin state<=5;end      //判断是否是第 2 行
                else begin state<=3;col[3:0]<=4'b1011;end     //扫描第 3 行
            end
            3: begin
                if(row[3:0]!=4'b1111) begin state<=5;end      //判断是否是第 3 行
                else begin state<=4;col[3:0]<=4'b0111;end     //扫描第 4 行
            end
            4: begin
                if(row[3:0]!=4'b1111) begin state<=5;end      //判断是否是第 1 行
                else   state<=0;
            end
            5: begin
                if(row[3:0]!=4'b1111)   begin
                    col_reg<=col; row_reg<=row;               //保存扫描列值、行值
                    state<=5;key_flag<=1'b1;                  //有键按下
                end
                else   state<=0;
            end
        endcase
    end
always @(clk_500khz or col_reg or row_reg)
begin
    if(key_flag==1'b1)   begin
        case ({col_reg,row_reg})
            8'b1110_1110:key_value<=0;
            8'b1110_1101:key_value<=1;
            8'b1110_1011:key_value<=2;
            8'b1110_0111:key_value<=3;
            8'b1101_1110:key_value<=4;
            8'b1101_1101:key_value<=5;
            8'b1101_1011:key_value<=6;
```

```
            8'b1101_0111:key_value<=7;
            8'b1011_1110:key_value<=8;
            8'b1011_1101:key_value<=9;
            8'b1011_1011:key_value<=10;
            8'b1011_0111:key_value<=11;
            8'b0111_1110:key_value<=12;
            8'b0111_1101:key_value<=13;
            8'b0111_1011:key_value<=14;
            8'b0111_0111:key_value<=15;
            default:key_value<=0;
        endcase
    end
    else key_value<=0;
end
endmodule
```

本章小结

时序逻辑电路是数字系统中最重要的电路，由记忆器件和组合逻辑电路构成。时序逻辑电路的功能描述方式有状态转换图、逻辑方程组、时序图等。基于触发器的时序逻辑电路的分析与设计就是各种描述方式的转换。本章还介绍了有限状态机的概念，数字系统的构成和设计方法，以及数字系统中控制器与处理器的概念和设计过程。最后介绍了非常重要的状态机编程及举例。

习题 8

8-1 时序逻辑电路和组合逻辑电路的根本区别是什么？同步时序逻辑电路和异步时序逻辑电路有什么不同？

8-2 分析图 T8-1 所示的逻辑图，写出驱动方程、状态方程和输出方程，画出状态转换图和时序图。

表 T8-1 状态转换表

现态	次态		输出	
	$X=0$	$X=1$	$X=0$	$X=1$
S1	S6	S2	0	0
S2	S4	S3	0	0
S3	S6	S5	0	0
S4	S7	S1	1	0
S5	S4	S3	0	0
S6	S6	S2	1	1
S7	S7	S8	0	1
S8	S7	S1	1	0

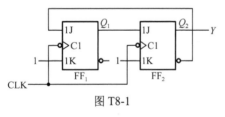

图 T8-1

8-3 设计五进制计数器，要求只能按以下序列递增计数：

（1）偶数（0，2，4，6，8）；

（2）奇数（1，3，5，7，9）。

8-4 化简表 T8-1 所示的状态转换表。

8-5 根据题 8-4 化简后的状态转换表，从状态 S1 开始，求 X 输入序列 01110010011 时产生的输出序列。

8-6　根据题 8-4 化简后的状态转换表,用另一种方法重做题 8-5,证明能得到同样的输出序列。

8-7　分析图 T8-2 所示的逻辑图,写出驱动方程、状态方程和输出方程,画出状态转换图,说明其能否自启动。

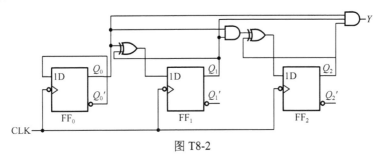

图 T8-2

8-8　分析图 T8-3 所示的逻辑图,图中 A 为输入变量。画出状态转换图,检查能否自启动,说明实现的功能。

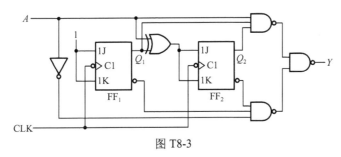

图 T8-3

8-9　设计一个序列信号发生电路,在 CLK 信号作用下,周期性地输出 1101010011 序列。

8-10　使用 JK 触发器和必要的门电路设计一个六进制计数器。

8-11　用 D 触发器和必要的门电路设计一个十三进制计数器,并检查能否自启动。

8-12　设计一个串行数据检测电路,当连续出现三个或三个以上 1 的时候,输出为 1,其余情况输出为 0。

8-13　分别使用上升沿触发的 D 触发器和下降沿触发的 JK 触发器设计一个 4 位二进制异步加法计数器。

8-14　设计一个简易数字钟逻辑电路,要求按 24 小时制显示时间。

8-15　设计一个简单的红绿灯控制器,使其能控制十字路口红绿灯的开关,路口为南北路(NS)和东西路(EW)交叉路口。控制器的输入 WALK 按钮由想要过马路的行人按下,输出两个信号 NS、EW,用于控制两个方向的红绿灯。当 NS 或 EW 为 0 时,红灯亮;当它们都为 1 时,绿灯亮。没有行人时,NS=0,EW=1,保持 1 分钟,接下来,NS=1,EW=0,再保持 1 分钟,如此循环。若 WALK 按钮按下,当前的 1 分钟结束时,NS、EW 都变为 1,并保持 1 分钟。这之后,NS、EW 继续交替变化。

(1)画出状态转换图。

(2)化简状态。

(3)给出状态编码。

(4)画出逻辑图。

8-16　试分析下面状态机程序完成什么功能并画出状态转换图。

```
module segdet (x,z,clk,rst,state);
input x,clk,rst;
```

```verilog
    output z;
    output [2:0] state;
    reg [2:0] state;
    parameter idle='d0,S1='d1, S2='d2, S3='d3, S4='d4, S5='d5, S6='d6, S7='d7;
    always @ (posedge clk)
        if (! rst)    begin    state <=idle;    end
            else    casex (state)
                        idle : if   (x==1) begin state<=S1; end
                        S1 : if   (x==0) begin state<=S2; end
                        S2 : if   (x==0) begin state<=S3; end
                                 else    begin state<=S6; end
                        S3: if   (x==1) begin state<=S4; end
                                 else    begin state<=S7; end
                        S4: if   (x==0) begin state<=S5; end
                                 else    begin state<=S1; end
                        S5 : if   (x==0) begin state<=S3; end
                                 else    begin state<=S1; end
                        S6: if   (x==1) begin state<=S1; end
                                 else    begin state<=S2; end
                        S7 : if   (x==1) begin state<=S6; end
                        default: state<=idle;
                    endcase
    endmodule
```

8-17 编写串行数据检测器的 Verilog HDL 程序，要求：当检测到连续 4 个或 4 个以上的 1 时，输出为 1，其他情况输出为 0。

第9章　脉冲波形的产生和整形

数字系统中大量使用矩形脉冲序列，尤其在同步时序逻辑电路中，作为时钟信号的矩形脉冲控制和协调着整个系统的工作。矩形脉冲的特性将直接影响系统能否正常工作。常见的获取矩形脉冲的途径有两种：一种是利用各种形式的多谐振荡电路直接产生所需的矩形脉冲；另一种是通过整形电路将已有的周期性变化的波形变换为符合要求的矩形脉冲。

本章内容主要介绍 555 定时器、施密特触发电路、单稳态电路、多谐振荡电路。

9.1　555 定时器

1. 555 定时器的电路结构与功能

555 定时器是一种多用途的数字-模拟混合集成电路，利用它能极方便地接成施密特触发电路、单稳态电路和多谐振荡电路。由于使用灵活、方便，555 定时器在波形的产生与变换、测量与控制，以及家用电器、电子玩具等许多领域中都得到了应用。

自从 Signetics 公司于 20 世纪 70 年代初推出 555 定时器产品以后，国际上各主要的电子器件公司也都相继生产了各自的产品。尽管产品型号繁多，但所有产品型号最后的三位数码都是 555。它们的功能和引脚排列完全相同。为了提高集成度，后来又生产了双定时器产品 556。图 9.1.1 是 555 定时器的引脚图。引脚功能说明如下。

1 脚：GND，接地端。

2 脚：TR′，触发信号输入端。

3 脚：OUT，电压输出端。

4 脚：R'_D，异步复位端，只要其为低电平，OUT 就立即置 0；正常工作时，该引脚应为高电平。

5 脚：V_{CO}，控制电压输入端。

6 脚：TH，阈值电压输入端。

7 脚：V_{OD}，放电端。

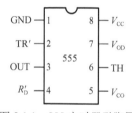

图 9.1.1　555 定时器引脚图

8 脚：V_{CC}，电源输入端。

图 9.1.2 是 555 定时器的电路结构图，是由电压比较器 C_1 和 C_2、SR 锁存器及集电极开路的放电三极管 T_D 三部分组成的混合电路。电压比较器具有两个模拟信号输入端和一个数字信号输出端。

2. 555 定时器的功能

图 9.1.2 中，三个 5kΩ 电阻串联接成分压电路。当控制电压输入端 V_{CO} 悬空时，C_1 的 "+" 端电压 $V_{R1}=2V_{CC}/3$，C_2 的 "−" 端电压 $V_{R2}=V_{CC}/3$。如果 V_{CO} 外接固定电压，则 C_1 的 "+" 端电压 $V_{R1}=V_{CO}$，C_2 的 "−" 端电压 $V_{R2}=V_{CO}/2$。

C_1 的 V_{I1}（TH）与 V_{R1} 比较，C_2 的 V_{I2}（TR′）与 V_{R2} 比较，共有 4 种情况。

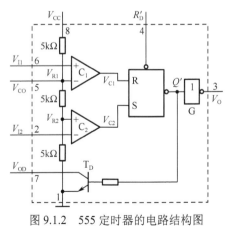

图 9.1.2　555 定时器的电路结构图

① $V_{I1}>V_{R1}$，$V_{I2}>V_{R2}$：C_1 输出 V_{C1} 为 1（高电平），C_2 输出 V_{C2} 为 0（低电平），SR 锁存器置 0，T_D 导通，同时 V_O 为 0。

② $V_{I1}<V_{R1}$，$V_{I2}<V_{R2}$：C_1 输出 V_{C1} 为 0，C_2 输出 V_{C2} 为 1，SR 锁存器置 1，T_D 截止，同时 V_O

为 1。

③ $V_{I1} > V_{R1}$，$V_{I2} < V_{R2}$：C_1 输出 V_{C1} 为 1，C_2 输出 V_{C2} 为 1，SR 锁存器违反约束条件，T_D 截止，同时 V_O 为 1。

④ $V_{I1} < V_{R1}$，$V_{I2} > V_{R2}$：C_1 输出 V_{C1} 为 0，C_2 输出 V_{C2} 为 0，SR 锁存器为保持状态，T_D、V_O 为保持状态。

异步复位端 R'_D 为低电平时有效，基本 SR 锁存器被立即置 0；不用时将其接为高电平。

另外，5 脚 TH 用于控制电压输入，不用时，应串入一只 $0.01\mu F$ 的电容并接地，以防引入干扰。当 V_{CC} 为+5V～+15V 时，3 脚 OUT 可提供 200mA 的电流。当 V_{CC} 为+5V 时，3 脚的电位与 TTL 电平兼容。5 脚悬空时，555 定时器的功能表见表 9.1.1。

3．555 定时器 3 脚和 7 脚的电平一致

在 7 脚 V_{OD} 与电源之间接一个上拉电阻 R_1 后，定时器 3 脚和 7 脚的电平变为一致，如图 9.1.3 所示。3 脚为高电平（1）时，T_D 截止，7 脚经上拉电阻变为高电平（1）；3 脚为低电平（0）时，T_D 导通，7 脚为低电平（0）。

表 9.1.1　555 定时器的功能表

输　　　入			输　　出	
R'_D	V_{I1}(TH)	V_{I2}(TR')	OUT	T_D 状态
0	×	×	0	导通
1	$>2V_{CC}/3$	$>V_{CC}/3$	0	导通
1	$<2V_{CC}/3$	$>V_{CC}/3$	不变	不变
1	$<2V_{CC}/3$	$<V_{CC}/3$	1	截止
1	$>2V_{CC}/3$	$<V_{CC}/3$	1	截止

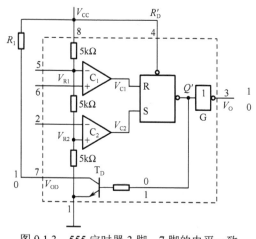

图 9.1.3　555 定时器 3 脚、7 脚的电平一致

555 定时器能在很宽的电源电压范围内工作，并可承受较大的负载电流。双极型 555 定时器的电源电压范围为 4.5～16V，最大的负载电流达 200mA。CMOS 型 555 定时器的电源电压范围为 2～18V，最大负载电流可达 100mA。

9.2　施密特触发电路

施密特触发电路能够把输入电压波形整形成为适合数字电路需要的矩形脉冲，经常用于脉冲波形变换。它有两个特点：第一，输入电压从低电平（V_{OL}）上升的过程中，电路状态转换时对应的是负向阈值电压 V_{T-}，而输入电压从高电平（V_{OH}）下降的过程中，对应的是正向阈值电压 V_{T+}，二者不同，$\Delta V_T = V_{T+} - V_{T-}$ 称为回差电压。电压传输特性具有的滞回性是施密特触发电路固有的特性。第二，在电路状态转换时，通过电路内部的正反馈过程使输出电压波形的边沿变得很陡。

利用这两个特点不仅能将边沿变化缓慢的信号波形整形为边沿陡峭的矩形脉冲，而且可以有效清除叠加在矩形脉冲高、低电平上的噪声。

图 9.2.1 为同相输出的施密特触发电路的符号及传输特性曲线，输入电压为 V_I，输出电压为 V_O，V_I 为 0～V_{T+} 时，V_O 为低电平；当 V_I 增大到 V_{T+} 时，V_O 变为高电平。在 V_I 减小过程中，当 V_I 电压高于 V_{T-} 时，V_O 仍为高电平，只有当 V_I 减小到 V_{T-} 后，V_O 才变为低电平。

图 9.2.2 为反相输出的施密特触发电路的符号及传输特性曲线。

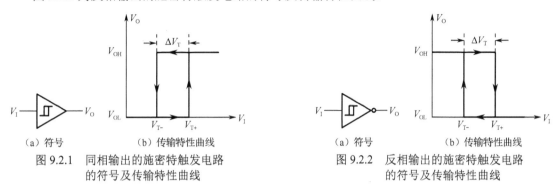

（a）符号　　　　（b）传输特性曲线
图 9.2.1　同相输出的施密特触发电路
的符号及传输特性曲线

（a）符号　　　　（b）传输特性曲线
图 9.2.2　反相输出的施密特触发电路
的符号及传输特性曲线

9.2.1　施密特触发电路的应用

利用施密特触发电路不仅可以实现幅度鉴别、波形转换，还能对传输过程中发生波形畸变的波形进行整形，即不论输入信号的波形如何，通过施密特触发电路后均变为漂亮的矩形脉冲。

1．波形转换

如图 9.2.3 所示是用反相输出的施密特触发电路实现的正弦波到矩形波的转换。在 V_I 增大过程中，当 V_I 低于 V_{T+} 时 V_O 为高电平，高于 V_{T+} 时 V_O 变为低电平。V_I 减小过程中，当 V_I 大于 V_{T-} 时 V_O 为低电平，小于 V_{T-} 时 V_O 变高电平。

2．脉冲波形整形

将图 9.2.3 中输入的正弦波换为三角波、锯齿波，或其他波形不理想的矩形脉冲，分别如图 9.2.4（a）、（b）和（c）所示，它们一样可以被整形为矩形波，如图 9.2.4（d）所示。

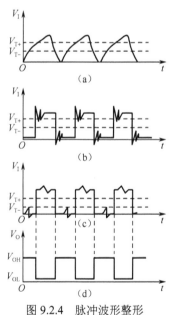

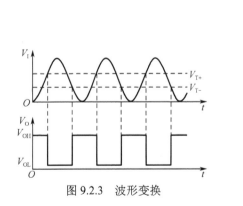

图 9.2.3　波形变换

图 9.2.4　脉冲波形整形

3．脉冲鉴幅

如图 9.2.5 所示，输入信号 V_I 为某产品合格检测电路输出的波形，合格产品的电压幅度应低于 V_{T+}，不合格的会高于 V_{T+}。将 V_I 波形加到施密特触发器的输入端，那些高于 V_{T+} 的脉冲会产生低电平输出 V_O，实现了产品的检测。

4．多谐振荡电路

施密特触发电路最突出的特点是它的电压传输特性曲线中有一个滞回区。若能使它的输入电压 V_I 在 V_{T+} 与 V_{T-} 之间不停地往复变化，那么在输出端就可以得到矩形脉冲信号。将施密特触发电路的反相输出端经 RC 积分电路反馈到输入端可以接成多谐振荡电路，如图 9.2.6（a）所示。

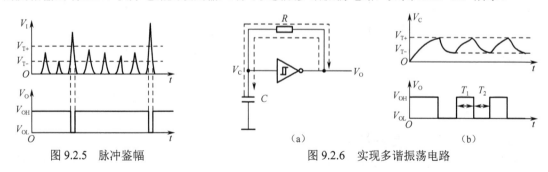

图 9.2.5　脉冲鉴幅　　　　　　　图 9.2.6　实现多谐振荡电路

当接通电源以后，因为电容 C 上的初始电压为零，所以 V_O 为高电平，并开始经电阻 R 向电容充电。当充电到 $V_C=V_{T+}$ 时，V_O 跳变为低电平，电容经电阻开始放电；当放电至 $V_C=V_{T-}$ 时，V_O 又跳变成高电平，电容重新开始充电。如此周而复始，电路不停地振荡，V_O 波形如图 9.2.6（b）所示。

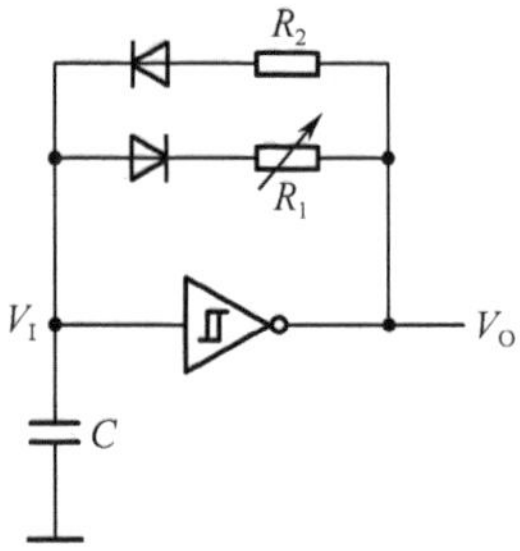

若使用的是 CMOS 型施密特触发电路，$V_{OH} \approx V_{DD}$，$V_{OL} \approx 0$，则依据图 9.2.6（b）的 V_O 波形得到计算振荡周期的公式为

$$T = T_1 + T_2 = RC \ln \frac{V_{DD} - V_{T-}}{V_{DD} - V_{T+}} + RC \ln \frac{V_{T+}}{V_{T-}}$$

通过调节 R 和 C 的大小，即可改变信号的振荡周期。在这个电路的基础上稍加修改就能实现对输出脉冲占空比的调节，电路的接法如图 9.2.7 所示。在这个电路中，因为电容的充电和放电分别经过两个不同的回路，只要改变 R_2 和 R_1 的比值，就能改变占空比。

图 9.2.7　占空比可调节

9.2.2　用 555 定时器实现施密特触发电路

将 555 定时器的 2 脚 TR' 和 6 脚 TH 连接在一起作为信号输入端，即可得到施密特触发电路，图 9.2.8（a）为其内部电路，图 9.2.8（b）为封装后的框图。为了提高电压比较器参考电压的稳定性，通常在 5 脚处接有 0.01μF 左右的滤波电容。

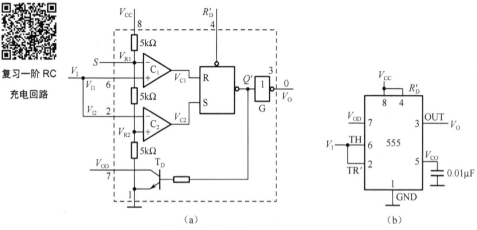

复习一阶 RC 充电回路

（a）　　　　　　　　　　　　　　（b）

图 9.2.8　用 555 定时器接成施密特触发电路

由于电压比较器 C_1 和 C_2 的参考电压 V_{R1} 和 V_{R2} 不同，因而 SR 锁存器的置 0 信号和置 1 信号

必然发生在输入信号的不同电平。因此，输出电压 V_O 由高电平变为低电平和由低电平变为高电平所对应的输入电压 V_I 也不相同，这样就形成了施密特触发电压传输特性。下面分析其工作过程。

（1）V_I 从 0 开始升高的过程。

当 $V_I < V_{CC}/3$ 时，$V_{C1}=0$，$V_{C2}=1$，$Q=1$，$V_O=V_{OH}$。

当 $V_{CC}/3 < V_I < 2V_{CC}/3$ 时，$V_{C1}=0$，$V_{C2}=0$，$Q=1$，$V_O=V_{OH}$ 保持不变。

当 $V_I > 2V_{CC}/3$ 时，$V_{C1}=1$，$V_{C2}=0$，$Q=0$，$V_O=V_{OL}$。

由以上分析可知，施密特触发电路的 $V_{T+}=2V_{CC}/3$，电压传输特性曲线如图 9.2.9（a）所示。

（2）V_I 从高于 $2V_{CC}/3$ 开始下降的过程。

当 $V_{CC}/3 < V_I < 2V_{CC}/3$ 时，$V_{C1}=0$，$V_{C2}=0$，$Q=0$，$V_O=V_{OL}$，保持不变。

当 $V_I < V_{CC}/3$ 时，$V_{C1}=0$，$V_{C2}=1$，$Q=1$，$V_O=V_{OH}$。

由以上分析可知，施密特触发电路的 $V_{T-}=V_{CC}/3$，电压传输特性曲线如图 9.2.9（b）所示。

（3）由此得到电路的回差电压 $\Delta V_T = V_{T+} - V_{T-} = V_{CC}/3$，如果参考电压由外接的电压 V_{CO} 供给，则有：$V_{T+}=V_{CO}$，$V_{T-}=V_{CO}/2$。

把图 9.2.9（a）与图 9.2.9（b）画在一起，得到 555 定时器接成的施密特触发电路的电压传输特性曲线，如图 9.2.9（c）所示。它是一个典型的反相输出的施密特触发电路。

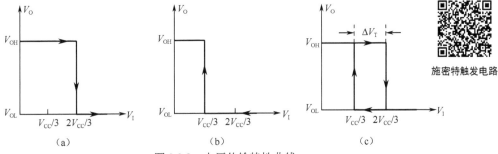

施密特触发电路

图 9.2.9　电压传输特性曲线

9.3　单稳态电路

单稳态电路被广泛应用于脉冲波形整形、定时（产生固定时间宽度的脉冲信号）以及延时（把输入信号延时一定时间后输出）等。单稳态电路具有如下特点。

① 电路有两个不同的工作状态：稳态和暂稳态。

② 在外界触发脉冲作用下，电路由稳态翻转至暂稳态。

③ 在暂稳态维持一段时间以后，再自动返回稳态，暂稳态维持时间 t_w 的长短取决于电路本身的参数，与触发脉冲的宽度和幅度无关。

单稳态电路可以是正脉冲触发，也可以是负脉冲触发，区别是，负脉冲触发会在触发端有一个反相圈。输出端没有反相圈表示稳态为低电平，暂稳态为高电平；有反相圈表示稳态和暂稳态的电平正好反过来。负脉冲触发、稳态为低电平、暂稳态为高电平的单稳态电路的符号及输入、输出关系如图 9.3.1 所示。

单稳态电路有不可重复触发型和可重复触发型两种。不可重复触发的单稳态电路一旦被触发进入暂稳态以后，再加入触发脉冲不会影响电路的工作过程，必须在暂稳态结束后，它才能接收下一个触发脉冲而转入暂稳态，如图 9.3.2（a）所示。而可重复触发的单稳态电路就不同了，在电路被触发而进入暂稳态以后，如果再次加入触发脉冲，电路将重新被触发，使输出脉冲再继续维持一个 t_w 宽度，如图 9.3.2（b）所示。

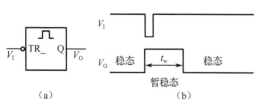

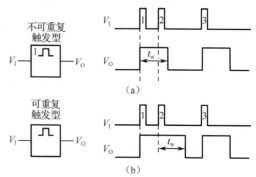

图 9.3.1　单稳态电路符号及输入、输出关系

图 9.3.2　可重复触发及不可重复触发符号及波形

9.3.1　单稳态电路的应用

单稳态电路在日常生活和自动化控制电路中都得到广泛应用，如声光控的楼梯灯、照相机的自拍等。

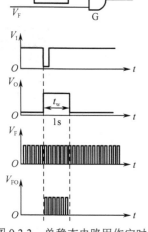

1．定时

单稳态电路可以产生一定宽度的矩形脉冲，利用这个矩形脉冲作为定时信号去控制电路，使之在有效脉冲期间工作，就等于对该电路起到了定时的作用。如图 9.3.3 所示，利用单稳态电路输出的矩形脉冲和与门的门控作用，只有在矩形脉冲维持的 t_w 时间内，信号才能通过与门。选择单稳态电路的参数使 $t_w=1s$，则输出信号 V_{FO} 中脉冲的个数就可以认为是输入信号 V_F 的频率。

2．整形

同施密特触发电路一样，单稳态电路也可用于脉冲波形整形。如图 9.3.4 所示，V_O 幅度由单稳态电路输出的高、低电平决定，脉冲宽度由电路参数决定。在 V_O 为高电平时，V_I 的波动对 V_O 无影响。

图 9.3.3　单稳态电路用作定时

3．延时

数字系统中有时需要将一个脉冲信号延时一段时间后，再向后级电路发出，即发出滞后的脉冲信号。图 9.3.5 中，V_O 相对于 V_I 延时了一段时间，常用于时序控制。

单稳态电路还有其他应用，如消除噪声、实现多谐振荡等，这里不再详细讲解。

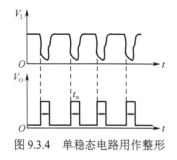

图 9.3.4　单稳态电路用作整形

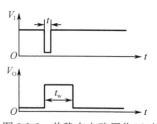

图 9.3.5　单稳态电路用作延时

9.3.2　用 555 定时器实现单稳态电路

若以 555 定时器的 2 脚 TR′外接输入信号 V_I，并将 6 脚、7 脚连接在一起，经电阻 R 上接到电源，经电容 C 下接到地，就接成单稳态电路。555 定时器接成的单稳态电路为负脉冲触发，稳态为低电平，暂稳态为高电平，$t_w=1.1RC$。其内部电路及框图如图 9.3.6 所示。

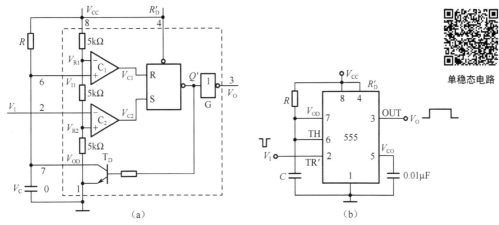

单稳态电路

图 9.3.6　用 555 定时器接成单稳态电路

1．稳态

当没有触发脉冲时，即 V_I 处于高电平，假定接通电源后 SR 锁存器停在 $Q=0$ 的状态，则 T_D 导通，$V_C≈0$，将使 $V_{C1}=0$。此时 $V_{C2}=0$，所以 $Q=0$，$V_O=0$ 的状态稳定地保持不变。

假定接通电源后 SR 锁存器停在 $Q=1$ 的状态，则 T_D 截止，V_{CC} 便经 R 向 C 充电，当 C 充电到 $V_C=2V_{CC}/3$ 时，$V_{C1}=1$，将锁存器置零，即 $Q=0$。同时，T_D 导通，C 经 T_D 迅速放电，使 $V_C≈0$，$V_{C1}=0$。此时 $V_{C2}=0$，锁存器保持 $Q=0$ 状态不变，输出也相应地稳定在 $V_O≈0$ 的状态。

因此，没有触发脉冲时，T_D 为导通状态，$V_{C1}=V_{C2}=0$，通电后电路便自动地停在 $V_O≈0$ 的稳定状态。

2．负脉冲触发

稳态时有触发脉冲，即触发脉冲的下降沿到达，使 V_I 跳变到 $V_{CC}/3$ 以下，$V_{C2}=1$（此时 $V_{C1}=0$），SR 锁存器被置位，$Q=1$，$V_O=1$，电路进入暂稳态。此时 T_D 截止，V_{CC} 经 R 开始向 C 充电。充电回路如图 9.3.7 中实线所示，当 C 充电到 $V_C=2V_{CC}/3$ 时，V_{C1} 变成 1。如果此时输入端的触发脉冲已消失，即 V_I 回到了高电平，则 SR 锁存器被置零，即 $Q=0$，于是输出返回 $V_O≈0$ 的状态。

3．恢复过程

当输入端的触发脉冲消失后，SR 锁存器被置零，于是输出返回 $V_O≈0$ 的状态，使 T_D 又变为导通状态，C 经 T_D 迅速放电，放电回路如图 9.3.7 中虚线所示，直至 $V_C≈0$，电路自动恢复为稳态。图 9.3.8 为在触发脉冲作用下电路中输入电压、电容电压、输出电压的波形图。

4．参数计算

输出脉冲的宽度 t_w 等于暂稳态的持续时间，而暂稳态的持续时间取决于外接电阻 R 和电容 C 的大小，所以 t_w 等于电容电压在充电过程中从 0 上升到 $2V_{CC}/3$ 所需要的时间，即

$$t_w = RC \ln \frac{V_{CC}-0}{V_{CC}-2V_{CC}/3} = RC \ln 3 \approx 1.1RC$$

通常，R 的取值范围为几百欧姆至几兆欧姆，电容的取值范围为几百皮法至几百微法，t_w 的取值范围为几微秒至几分钟。随着 t_w 的增大，它的精度和稳定度会不断地下降。

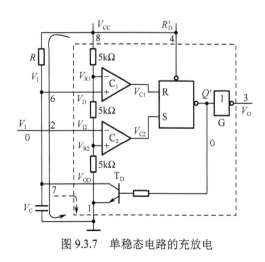

图 9.3.7 单稳态电路的充放电

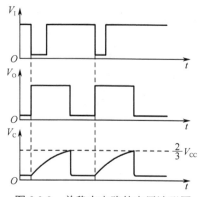

图 9.3.8 单稳态电路的电压波形图

9.4 多谐振荡电路

多谐振荡电路是一种自激振荡电路，在接通电源以后，不需要外加触发信号，便能自动地产生矩形脉冲。根据傅里叶变换知道，矩形脉冲由一个基频正弦波和无数个奇数倍频正弦波叠加而成，其高次谐波分量丰富，所以习惯上将矩形波振荡电路称为多谐振荡电路。其主要用于产生各种方波或时钟脉冲信号。

多谐振荡电路又称无稳电路，因为它没有稳态，只有两个暂稳态，且能够自动地周期性转换。其符号及波形如图 9.4.1 所示。

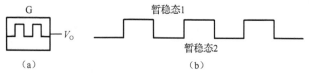

图 9.4.1 多谐振荡电路符号及波形

9.4.1 用 555 定时器实现多谐振荡电路

由图 9.2.6（a）可知，用 555 定时器先接成施密特触发电路，再把施密特触发电路的反相输出端经 RC 积分电路接回到它的输入端，便可以接成多谐振荡电路，框图如图 9.4.2 所示。但实际上常用的接法框图如图 9.4.3（a）所示。

多谐振荡电路

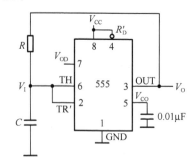

图 9.4.2 用 555 定时器接成多谐振荡电路 1

将 555 定时器的 2 脚、6 脚输入端经电阻 R_2 与 7 脚连接，经一个电容 C 与地连接就接成了多谐振荡电路。其框图如图 9.4.3（a）所示，内部电路如图 9.4.3（b）所示。

由于电路是在施密特触发器的基础上实现的，电容上的电压 V_C 将在 V_{T+} 与 V_{T-} 之间往复振荡，其中 $V_{T+}=2V_{CC}/3$，$V_{T-}=V_{CC}/3$。电路刚刚上电时，$V_C=0$，$V_{C1}=0$，$V_{C2}=1$，$V_O=1$，T_D 截止。C 充电，

V_C 上升，当 $V_C=2V_{CC}/3$ 时，$V_{C1}=1$，$V_{C2}=0$，$V_O=0$，T_D 导通，使 C 放电，V_C 下降，$V_{C1}=0$，当 $V_C=V_{CC}/3$ 时，$V_{C2}=1$，$V_O=1$，T_D 截止，C 充电，V_C 上升，如此循环。V_C 和 V_O 的波形图如图 9.4.4 所示。

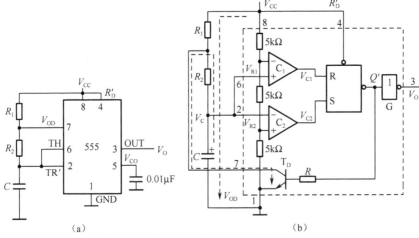

(a)   (b)

图 9.4.3   用 555 定时器接成多谐振荡电路 2

（1）电容的充电时间：$T_1=(R_1+R_2)C\ln\dfrac{V_{CC}-V_{T-}}{V_{CC}-V_{T+}}=(R_1+R_2)C\ln 2$

（2）电容的放电时间：$T_2=R_2C\ln\dfrac{0-V_{T+}}{0-V_{T-}}=R_2C\ln 2$

（3）参数计算：

电路的振荡周期为

$$T=T_1+T_2=(R_1+2R_2)C\ln 2$$

电路的振荡频率为

$$f=\frac{1}{T}=\frac{1}{(R_1+2R_2)C\ln 2}$$

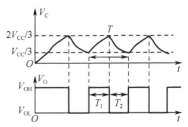

图 9.4.4   多谐振荡电路的电压波形图

输出脉冲的占空比为

$$q=\frac{T_1}{T}=\frac{R_1+R_2}{R_1+2R_2}>50\%$$

占空比小于 50% 的多谐振荡电路

用 CB555 接成的多谐振荡电路最高振荡频率约为 500kHz，用 CB7555 接成的多谐振荡电路最高振荡频率也只有 1MHz，因此用 555 定时器接成的多谐振荡电路在频率范围方面有较大的局限性，高频的多谐振荡电路仍然需要使用高速门电路构成。

9.4.2 多谐振荡电路的应用

用 555 定时器接成的多谐振荡电路简单经济，在日常生活中几乎无处不在，下面列举几个小例子。

（1）简易电子琴。简易电子琴如图 9.4.5 所示，不同按键所接的电阻不同，振荡输出的方波周期也不同，使得外接的扬声器发出不同频率的音调。

（2）简易催眠器。图 9.4.6 中，555 定时器接成一个极低频振荡器，输出一个个短脉冲，使扬声器发出类似雨滴的声音。雨滴声的速度可以通过 100kΩ 电位器来调节。如果在电源端增加一个简单的定时开关，则可以在使用者进入梦乡后及时切断电源。

（3）直流电动机调速控制电路。图 9.4.7 中，用 555 定时器接成一个占空比可调的脉冲振荡电路。调节电位器 R_P 的数值可以控制电动机 M 的速度。多谐振荡电路输出的脉冲用于驱动电动机，脉冲占空比越大，驱动电流越小，转速减慢；脉冲占空比越小，驱动电流越大，转速加快。

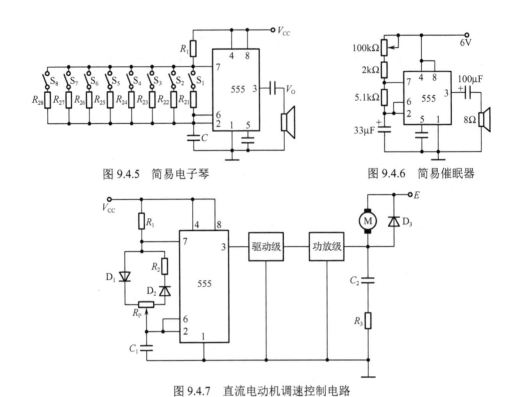

图 9.4.5 简易电子琴   图 9.4.6 简易催眠器

图 9.4.7 直流电动机调速控制电路

当驱动电流不大于 200mA 时，可用 555 定时器直接驱动；当驱动电流大于 200mA 时，应增加驱动级和功放级。

本章小结

本章首先介绍了 555 定时器的功能，以及如何用 555 定时器接成施密特触发电路、单稳态电路和多谐振荡电路以获得矩形脉冲。脉冲波形整形是指将其他非矩形形状的周期性信号转换为所要求的矩形脉冲。施密特触发电路和单稳态电路是最常用的两种整形电路。自激振荡电路不需要外加触发信号，只要接通电源，就会自动产生矩形脉冲，如多谐振荡电路。

习题 9

9-1 反相输出的施密特触发电路输入信号 V_I 的波形如图 T9-1 所示，试画出输出信号 V_O 的波形。

9-2 简述 555 定时器不适用的场合。

9-3 用 555 定时器接成的单稳态电路对输入触发信号有什么要求？如果输入触发信号有效时间太长，会导致什么问题？

9-4 给出一款集成单稳态电路芯片，举例说明其用途。

9-5 用 555 定时器接成的多谐振荡电路，其占空比如何计算？如何实现占空比大范围可调？

9-6 在图 T9-2 电路中，已知施密特触发电路的电源电压 V_{CC}=15V，V_{T+}=9V，V_{T-}=4V，试问：

（1）为了得到占空比为 q=50% 的输出脉冲，R_1 与 R_2 的比值应取多少？

（2）给定 R_1=3kΩ，R_2=8.2kΩ，C=0.05μF，求电路的振荡频率，以及输出脉冲的占空比。

9-7 图 T9-3 所示为用 555 定时器接成的压控振荡电路，试求出输入控制电压 V_I 和振荡频率 f 之间的关系式。当输入控制电压升高时，频率是升高还是降低？

9-8 图 T9-4 所示为防盗报警装置，a、b 两端用一根细铜丝接通，将此铜丝置于欲盗窃者必经之处，当铜丝被碰断后，扬声器即发出报警声，试说明电路的工作原理。

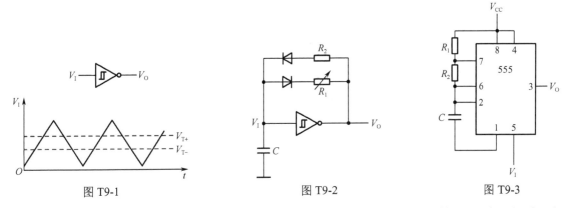

图 T9-1　　　　　　　　　　　图 T9-2　　　　　　　　　　　图 T9-3

9-9　图 T9-5 所示为简易触摸开关电路，当手触摸金属片时，发光二极管 LED 亮，经过一定时间后，发光二极管熄灭。试说明电路的工作原理，计算发光二极管能亮多长时间。

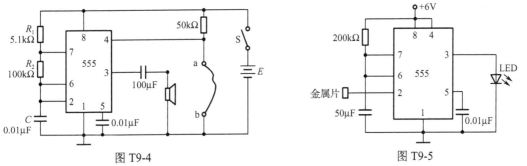

图 T9-4　　　　　　　　　　　　　图 T9-5

9-10　用 555 定时器接成的施密特触发电路如图 T9-6 所示，G 为 74HC 系列与非门，输出电压 V_G 的高电平为 $V_{OH}=5V$，低电平为 $V_{OL}=0V$，输出电阻小于 50Ω，试求出 V_G 分别为高、低电平时 V_{T+} 和 V_{T-} 的值，画出电路的电压传输特性曲线。

9-11　用 555 定时器接成的单稳态电路和输入信号波形如图 T9-7 所示。要求：（1）试画出输出电压 V_O 的波形，计算输出脉冲的宽度。（2）若去掉输入端的微分电容 C_d，对电路的工作有何影响？（3）如果 V_I 的脉冲幅度只有 5V，电路能否正常工作？

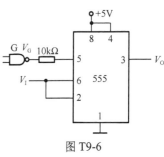

图 T9-6

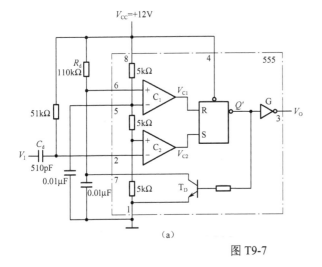

（a）

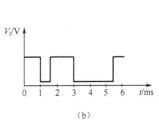

（b）

图 T9-7

第10章 数模转换器和模数转换器

一个自动的、智能的系统一定是用计算机来作为控制核心的。我们知道，计算机只认识数字量。而我们生活中绝大部分物理量都是模拟量，如温度、压力、流量、速率等。模拟量不能直接送入计算机，必须先将它们转换为数字量，这种能够将模拟量转换成数字量的器件称为模数转换器，简称A/D转换器或ADC。同样，计算机输出的是数字量，不能直接用于控制执行部件，必须将这些数字量转换成模拟量，这种能够将数字量转换成模拟量的器件称为数模转换器，简称D/A转换器或DAC。

数模转换器和模数转换器是计算机用于自动控制领域的基础。一个典型的计算机自动控制系统如图10.0.1所示。

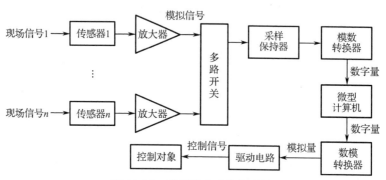

图10.0.1 计算机自动控制系统

传感器的作用是将各种现场的物理量测量出来并转换成电信号。常用的传感器有温度传感器、压力传感器、流量传感器、振动传感器和重量传感器等。

传感器输出的电信号一般很微弱，且混有干扰信号，所以必须要去除干扰，并将微弱信号放大到与模数转换器相匹配的程度。

多路开关的作用是，当多个模拟量公用一个模数转换器时，采用多路开关，由计算机进行控制，将多个模拟量分时接到模数转换器上，达到节省硬件的目的。

采样保持器实现对高速变化信号的瞬时采样，并在其模数转换期间保持不变，以保证转换精度。

10.1 数模转换器

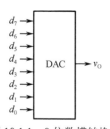

图10.1.1 8位数模转换器

数模转换器就是将数字量转换为模拟量，即接收到一个数字量后，给出一个相应的电压值。8位数模转换器的框图如图10.1.1所示。8位数字量共有256种组合，对应表示256个直流电压值。当对应描述$0 \sim 5\text{V}$范围内的直流电压时，其最小值$(00000000)_2 = 0$对应电压值0V，最大值$(11111111)_2 = 255$对应电压值4.98V，中间值$(01111111)_2 = 127$对应电压值2.54V。如表10.1.1所示，数模转换器接收到输入的二进制数后，输出一个对应的电压值，例如，输入$(00111111)_2$，应给出幅度为1.25V的电压输出。

数字量是用有权代码按数位组合起来表示的，每位代码都有固定的权值。根据二进制数按权展开求和转换为对应的十进制数的方法，数模转换的过程：先同时把每位代码按其权值转换为相应的模拟量，再进行求和，就得到与数字量对应的模拟量。D_n为n位二进制数。按权展开求和如下：

$$D_n = d_{n-1} \times 2^{n-1} + d_{n-2} \times 2^{n-2} + \cdots + d_0 \times 2^0 = \sum_{i=0}^{n-1} d_i \times 2^i$$

则其输出电压与数字量的关系如下：

$$v_O = k \sum_{i=0}^{n-1} d_i 2^i$$

k 为比例系数，是一个常数。数模转换器有权电阻网络、倒 T 型电阻网络、权电流网络等。

10.1.1 权电阻网络数模转换器

进行 4 位数模转换的权电阻网络如图 10.1.2 所示，V_{REF} 为参考电压，S_3、S_2、S_1 和 S_0 是 4 个开关，它们的状态分别受输入代码 d_3、d_2、d_1 和 d_0 的取值控制，代码为 1 时开关接到参考电压 V_{REF} 侧，代码为 0 时开关接地。每条支路中电阻的值与该位的位置有关。与计算权值时不同，电阻值系数是从最高位 2^0 开始依次增大的，4 位二进制数 $d_3 d_2 d_1 d_0$ 各位对应的

支路电阻值分别为 $2^0 R$、$2^1 R$、$2^2 R$、$2^3 R$。当开关打在电源侧时，位置越高的支路，其中的电流就越大，在负载电阻 R_L 上产生的压降也越大，从而实现数模转换。每条支路上的电阻值反映了该位的权值，故称权电阻网络。

用运算放大器 A 搭成的反相比例运算电路代替图 10.1.2 中的负载电阻 R_L，取反馈电阻 $R_F = R/2$，如图 10.1.3 所示。为了简化分析计算，把运算放大器看成理想放大器，即假定它的开环放大倍数为无穷大、输入电流为零（输入电阻为无穷大）、输出电阻为零。当同相输入端 V_+ 的电位高于反相输入端 V_- 的电位时，输出端对地的电压 V_O 为正；当 V_- 高于 V_+ 时，V_O 为负。

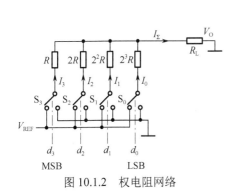

图 10.1.2　权电阻网络　　　　图 10.1.3　权电阻网络数模转换器

当参考电压经权电阻网络加到 V_- 时，只要 V_- 稍高于 V_+，便在 V_O 产生很大的负输出电压。V_O 经 R_F 反馈到 V_- 端，使 V_- 降低，其结果必然使 $V_+ \approx V_- \approx 0$。

假定运算放大器输入电流为零，可以得到

$$V_O = -R_F I_\Sigma = -R_F (I_3 + I_2 + I_1 + I_0) \qquad (10.1.1)$$

由于 $V_- \approx 0$，因此，若 $d_i = 1$，则 $I_i = \dfrac{V_{REF}}{R_i}$；反之，若 $d_i = 0$，则 $I_i = 0$。$i = 0,1,2,3$。

因而各支路电流可表示为

$$I_i = d_i \frac{V_{REF}}{R_i}$$

根据 KCL 定律由电路图得电流的和：

$$I_\Sigma = I_3 + I_2 + I_1 + I_0$$

则
$$I_{\Sigma} = d_3 \frac{V_{\text{REF}}}{2^0 R} + d_2 \frac{V_{\text{REF}}}{2^1 R} + d_1 \frac{V_{\text{REF}}}{2^2 R} + d_0 \frac{V_{\text{REF}}}{2^3 R}$$

$$= \frac{V_{\text{REF}}}{2^3 R}(d_3 \times 2^3 + d_2 \times 2^2 + d_1 \times 2^1 + d_0 \times 2^0)$$

代入式（10.1.1）得

$$V_{\text{O}} = -\frac{V_{\text{REF}}}{2^4}(d_3 \times 2^3 + d_2 \times 2^2 + d_1 \times 2^1 + d_0 \times 2^0) \qquad (10.1.2)$$

式（10.1.2）表明，模拟输出电压 V_{O} 与 4 位二进制数 $d_3 d_2 d_1 d_0$ 输入成正比。要想得到正的输出电压，可以将 V_{REF} 取为负值。注意，该公式中的比例系数是在 $R_{\text{F}} = R/2$ 条件下得出的，改变 R_{F} 可改变比例系数。

上面得出的 4 位模数转换器的结果可以推广到 n 位权电阻网络数模转换器，当反馈电阻 R_{F} 同样取为 $R/2$ 时，输出电压的计算公式可写成：

$$V_{\text{O}} = -\frac{V_{\text{REF}}}{2^n}(d_{n-1} \times 2^{n-1} + d_{n-2} \times 2^{n-2} + \cdots + d_1 \times 2^1 + d_0 \times 2^0) = -\frac{V_{\text{REF}}}{2^n} D_n \qquad (10.1.3)$$

当 $D_n = 0$ 时，$V_{\text{O}} = 0$；当 $D_n = 11 \cdots 11$ 时，$V_{\text{O}} = -\dfrac{2^n - 1}{2^n} V_{\text{REF}}$，故 V_{O} 的最大变化范围为 $0 \sim -\dfrac{2^n - 1}{2^n} V_{\text{REF}}$。

权电阻网络数模转换器的优点是结构简单、直观，所用的电阻数量少。缺点是各电阻值相差较大，尤其当输入的二进制位数很多时，这个问题就会更加突出。例如，当 n 为 11 时，最小电阻与最大电阻相差 $2^{10} = 1024$ 倍。为保证精度，电阻值要准确。此外，低位的开关流过的电流小，高位的开关流过的电流大，各开关的压降不同，也会影响转换精度。

10.1.2 倒 T 型电阻网络数模转换器

1. 结构及工作原理

对权电阻网络数模转换器进行改进，即希望用较少类型的电阻，仍然能得到一系列权电流。可以将电阻放在横向支路上，位数越低，电流经过的电阻越多，电流就越小。4 位倒 T 型电阻网络数模转换器如图 10.1.4 所示。电阻网络中只有 R、$2R$ 两种阻值的电阻，便于集成电路的设计和制作。由于电阻网络支路的样子像一个个倒写的大写字母 T，故名为倒 T 型电阻网络。

当 $d_i = 0$ 时，开关 S_i 接地（接放大器的同相输入端 V_+），而 $d_i = 1$ 时，S_i 接至放大器的反相输入端 V_-。求和放大器同相输入端接地，反相输入端由于负反馈相当于虚地，所以无论开关 S_3、S_2、S_1、S_0 拨到哪一边，都相当于接到了"地"电位上，即流过每个支路的电流也始终不变。倒 T 型电阻网络可以等效为如图 10.1.5 所示的形式。

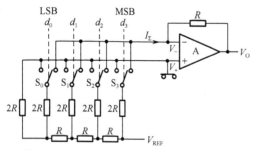

图 10.1.4　4 位倒 T 型电阻网络数模转换器

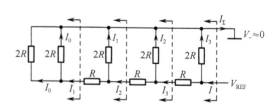

图 10.1.5　倒 T 型等效电阻网络

从图 10.1.5 中的每对节点向左看，等效电阻都是 R，故电流为

$$I = \frac{V_{\text{REF}}}{R}$$

由于倒 T 型电阻网络的分流作用，从最右端的节点开始，每向左移一个节点，电流被分掉一半。各支路电流如下：

$$I_3 = \frac{I}{2}, \quad I_2 = \frac{I}{4}, \quad I_1 = \frac{I}{8}, \quad I_0 = \frac{I}{16}$$

因为
$$I_\Sigma = d_0 I_0 + d_1 I_1 + d_2 I_2 + d_3 I_3 = \frac{I}{2}d_3 + \frac{I}{4}d_2 + \frac{I}{8}d_1 + \frac{I}{16}d_0$$

所以
$$I_\Sigma = \frac{V_{REF}}{2^4 R}(d_3 \times 2^3 + d_2 \times 2^2 + d_1 \times 2^1 + d_0 \times 2^0)$$

在求和放大器的反馈电阻值等于 R 的条件下，输出电压为

$$V_O = -R_F I_\Sigma = -\frac{V_{REF}}{2^4}(d_3 \times 2^3 + d_2 \times 2^2 + d_1 \times 2^1 + d_0 \times 2^0) \tag{10.1.4}$$

同理，可以将该方法推广到 n 位输入的倒 T 型电阻网络数模转换器，在求和放大器的反馈电阻值为 R 的条件下，输出电压为

$$V_O = -\frac{V_{REF}}{2^n}(d_{n-1} \times 2^{n-1} + d_{n-2} \times 2^{n-2} + \cdots + d_1 \times 2^1 + d_0 \times 2^0) = -\frac{V_{REF}}{2^n}D_n \tag{10.1.5}$$

要想得到正的输出电压，可以将 V_{REF} 取为负值。电路中只有 R 和 $2R$ 两种电阻，可达到较高的精度。各支路电流恒定不变，在开关状态变化时，不需要电流建立时间，所以电路转换速率高，使用广泛。改变 R_F 可改变比例系数。

2. AD7520

图 10.1.6 虚线框内为常用的 10 位倒 T 型电阻网络数模转换器 AD7520，模拟开关采用 CMOS 电路构成，需外接运算放大器。反馈电阻可用内部电阻 R 也可外接其他电阻。

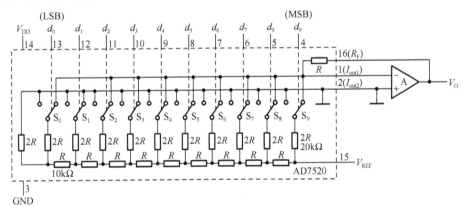

图 10.1.6　AD7520

（1）如果使用内部自带的阻值为 R 的反馈电阻，如图 10.1.6 所示，则输出电压为反相输出：

$$V_O = -\frac{V_{REF}}{2^{10}}(d_9 \times 2^9 + d_8 \times 2^8 + \cdots + d_1 \times 2^1 + d_0 \times 2^0)$$

（2）反相输出也可外接反馈电阻，如图 10.1.7（a）所示，输出电压为

$$V_O = -\frac{R + R_{P1}}{R} \cdot \frac{V_{REF}}{2^{10}}D_{10}$$

式中，$D_{10} = d_9 \times 2^9 + d_8 \times 2^8 + \cdots + d_1 \times 2^1 + d_0 \times 2^0$。

（3）运算放大器可接为同相输出形式，如图 10.1.7（b）所示，输出电压为

$$V_O = \left(1 + \frac{R_{P1}}{R_1}\right)\frac{V_{REF}}{2^{10}}D_{10}$$

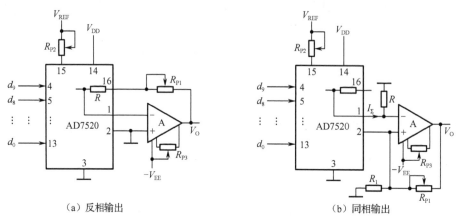

（a）反相输出　　　　　　　　　　（b）同相输出

图 10.1.7　AD7520 外接运算放大器

图 10.1.7 中三个电位器的作用：R_{P1} 可调节反馈电阻的阻值，使得运算放大器的放大比例系数增大，从而达到提高满量程输出电压的目的；R_{P2} 起到减小满量程输出电压的目的，因为它和内部电阻网络的等效电阻串联，从而改变电流；R_{P3} 是运算放大器的调零电阻。

10.1.3　用单极性输出数模转换器实现双极性输出

二进制数算术运算中，负数采用补码表示。当数模转换器输入的数字量有正、负极性时，希望输出的模拟电压也应有正、负两种极性，称为双极性输出。

以 3 位二进制补码为例讨论，表 10.1.2 左边两列为补码输入时对应的双极性输出。中间两列为单极性无符号数输入并进行数模转换后的单极性输出。对比第 1 列补码输入与第 3 列无符号数输入，补码输入的符号位反相后与无符号数输入的二进制数是对应的。最右边一列是将单极性输出偏移 -4V 后得到的与补码输入对应的双极性输出。也就是说，在单极性数模转换器的输入、输出端做以下处理就可以实现双极性数模转换器输出：

输入端，补码输入的符号位经非门反相后再输入。

输出端，在反相端加偏移电压 V_B。电路如图 10.1.8 所示。

当补码输入 $d_2d_1d_0=100$，令输出 $V_O=0$，偏移电压 V_B、电阻 R_B 的值可由下式计算：

$$V_O = (I_\Sigma - I_B)R = -\frac{V_{REF}}{2^3}D_n - \frac{RV_B}{R_B}$$

表 10.1.2　双极性与单极性输出的对应关系

补码 输入	双极性 输出	无符号数 输入	单极性 输出	单极性输出 偏移-4V
0 1 1	+3V	111	+7V	+3V
0 1 0	+2V	110	+6V	+2V
0 0 1	+1V	101	+5V	+1V
0 0 0	0V	100	+4V	0V
1 1 1	-1V	011	+3V	-1V
1 1 0	-2V	010	+2V	-2V
1 0 1	-3V	001	+1V	-3V
1 0 0	-4V	000	0V	-4V

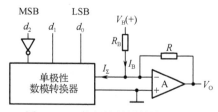

图 10.1.8　单极性数模转换器实现
双极性输出电路图

10.1.4　数模转换器的主要技术指标

1．转换精度

描述转换精度的参数有分辨率和转换误差。分辨率反映了理论上可以达到的精度。转换误差与很多因素有关，反映了实际达到的精度。分辨率的高低取决于位数，误差的高低取决于数模转换器内部各器件的精度和稳定性，分辨率很高的数模转换器不一定有很高的精度。

（1）分辨率

① 用输入数字量的位数 n 表示数模转换器的分辨率。

分辨率用于表示数模转换器对输入的微小量变化的敏感程度，与数模转换器输出电压可能分成的等级数有关。如图 10.1.9 所示为 4 位数模转换器的级差，可以看出，输出电压在幅值上是不连续的，一个级差为 $\left|\dfrac{V_{REF}}{2^4}\right|$；$n$ 越大，级差就越小，意味着分辨率越高，输出越接近于模拟（幅值上连续）信号。可以说数模转换器的分辨率与其位数有关，位数越多，分辨率越高。

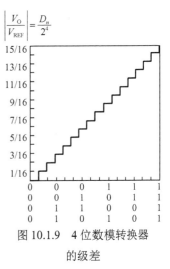

图 10.1.9　4 位数模转换器的级差

② 用数模转换器能够分辨出的最小电压与最大电压之比表示分辨率。

数模转换器能够分辨出的最小电压是当最低位为 1、其他位均为 0 时的输出电压，用 1LSB 表示：

$$1LSB = \left|\frac{V_{REF}}{2^n}\right|$$

数模转换器能够分辨出的最大电压是当输入全为 1 时的输出电压，称为满刻度输出，用 FSR 表示：

$$FSR = \left|\frac{V_{REF}}{2^n}(d_{n-1} \times 2^{n-1} + d_{n-2} \times 2^{n-2} + \cdots + d_1 \times 2^1 + d_0 \times 2^0)\right|$$

$$= \left|\frac{V_{REF}}{2^n}(2^n - 1)\right|$$

最小电压与最大电压之比为

$$\frac{1LSB}{FSR} = \left|\frac{V_{REF}/2^n}{V_{REF}(2^n - 1)/2^n}\right| = \frac{1}{2^n - 1}$$

（2）转换误差

转换误差表示由各种因素引起误差的一个综合性指标,用于衡量数模转换器将数字量转换成模拟量时，所得模拟量的精确程度。它也表明了输出模拟量的实际值与理想值之间的偏差，可分为绝对误差和相对误差。

① 绝对误差：表示数模转换器的实际转换特性和理论转换特性之间的最大偏差，用最低有效位的倍数表示。例如，绝对误差为 1LSB 表示输出的模拟电压（实际值）和理论值之间的绝对误差小于或等于输入为 00…01 时的输出电压值。计算方法为：绝对误差=实际值与理论值的偏差÷1LSB。

② 相对误差：用满量程输出电压的百分数或者最低有效位的分数形式给出，即用绝对误差与满量程输出电压的百分数来表示。计算方法为：相对误差=实际值与理论值的偏差×100%÷FSR。

③ 线性误差：由于种种原因，数模转换器的实际转换特性与理想转换特性之间是有偏差的，这个偏差就是线性误差，如图 10.1.10 所示。

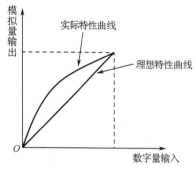

图 10.1.10　线性误差示意图

例如，某 DAC 精度为±0.1%，满量程 V_{FSR}=10V，则该 DAC 的最大线性误差电压为

$$V_{\text{E}}=\pm 0.1\% \times 10\text{V}=\pm 10\text{mV}$$

n 位 DAC 的精度为 $\pm \dfrac{1}{2}$LSB，其最大线性误差电压为

$$V_{\text{E}} = \pm \frac{1}{2} \times \frac{1}{2^n}V_{\text{FSR}} = \pm \frac{1}{2^{n+1}}V_{\text{FSR}}$$

④ 电源灵敏度：又称为电源抑制比，也会影响到转化误差，用于反映数模转换器对电源电压变化的灵敏程度。它是满量程输出电压变化与电源电压变化的百分数之比。

2. 转换速率

通常用建立时间 t_{set} 来定量描述数模转换器的转换速率。建立时间是指从输入数字量发生突变开始，直到输出电压进入与稳态值相差 $\pm \dfrac{1}{2}$LSB 的范围以内的这段时间，如图 10.1.11 所示。因为输入数字量的变化越大，建立时间越长，所以一般产品说明中给出的都是输入数字量从全 0 跳变为全 1（或从全 1 跳变为全 0）时的建立时间。转换速率 SR 则是指输入数字量各位由全 0 变为全 1（全 1 变为全 0）时输出电压的变化率。在外加运算放大器组成完整的数模转换器时，如果采用普通的运算放大器，则运算放大器的建立时间将成为数模转换器

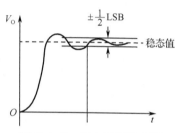

图 10.1.11　建立时间示意图

建立时间的主要成分。为了获得较快的转换速率，应该选用转换速率（即输出电压的变化速率）较快的运算放大器，以缩短数模转换器的建立时间。不包含运算放大器的数模转换器中，建立时间一般为 0.1μs，包含运算放大器的数模转换器中，建立时间可达 1.5μs。

10.1.5　数模转换器应用举例

1. DAC0832 内部结构

DAC0832 是 8 位数模转换器，DAC0832 内部采用倒 T 型电阻网络，由两级缓冲寄存器和数模转换器（DAC）及转换控制电路组成。图 10.1.12 为其内部逻辑图。DAC0832 芯片为 20 脚双列直插式封装，其引脚功能说明如下。

8 位 DAC

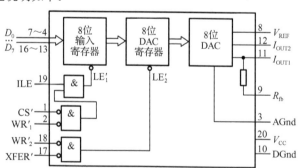

图 10.1.12　DAC0832 内部逻辑图

CS′：片选信号，输入寄存器选择信号，低电平有效。

ILE：输入锁存允许信号，高电平有效。

WR′₁：写信号 1，作为第一级锁存信号将输入数据锁存到输入寄存器中，WR′₁ 必须和 CS′、ILE

同时有效。

WR_2'：写信号 2，将锁存在输入寄存器中的数据送到 DAC 寄存器中进行锁存，此时传输控制信号 XFER′ 必须有效。

XFER′：传输控制信号，用来控制 WR_2'。

$D_0 \sim D_7$：8 位数据输入端。D_7 为最高位 MSB，D_0 为最低位 LSB。

I_{OUT1}：模拟电流输出端，随 DAC 中数据的变化而变化。常接运算放大器反相输入端。

I_{OUT2}：模拟电流输出端。I_{OUT2} 为一个常数和 I_{OUT1} 的差，即 $I_{OUT1}+I_{OUT2}=$ 常数。

R_{fb}：反馈电阻引出端。DAC0832 内部已经有反馈电阻，所以，R_{fb} 端可以直接接到外部运算放大器的输出端。

V_{REF}：参考电压输入端。此端可接正电压，也可接负电压，范围为-10～+10V。

V_{CC}：芯片供电电压。范围为+5～+15V，最佳工作状态是+15V。

AGnd：模拟地，即模拟电路接地端。

DGnd：数字地。

为保证 DAC0832 可靠地工作，要求 WR_2' 和 WR_1' 的宽度不小于 500ns，若 V_{CC}=15V，则宽度可为 100ns。输入数据的保持时间不少于 90ns，这在与计算机连接时容易满足。同时，不用的数据输入端不能悬空，应根据要求接地或接 V_{CC}。

当 ILE 为高电平，CS′ 和 WR_1' 同时为低电平时，输入寄存器中的锁存使能端 LE_1' 为 1，这时，8 位数字量可以通过 $D_0 \sim D_7$ 送到输入寄存器中；当 CS′ 或 WR_1' 由低电平变为高电平时，LE_1' 变为低电平，数据被锁存在输入寄存器的输出端。

当 XFER′ 和 WR_2' 同时为低电平时，DAC 寄存器的锁存使能端 LE_2' 为高电平，DAC 寄存器中的内容与输入寄存器的输出数据一致；当 XFER′ 或 WR_2' 由低电平变为高电平时，LE_2' 变为低电平，输入寄存器送来的数据被锁存在 DAC 寄存器的输出端，即可加到 DAC 去进行转换。

2. DAC0832 的工作方式

DAC0832 有以下三种工作方式。

（1）双缓冲方式：数据经过两个寄存器缓冲后再送入 DAC，执行两次写操作才能完成一次数模转换，这种方式在数模转换的同时进行下一数据的输入，可提高转换速率。更为重要的是，这种方式特别适用于要求同时输出多模拟量的场合。此时，要用多片 DAC0832 组成模拟输出系统，每片对应一个模拟量。

（2）单缓冲方式：不需要多个模拟量同时输出时可采用此种方式。此时两个寄存器之一处于直通状态，输入数据只经过一级缓冲送入数模转换器。这种方式只需执行一次写操作即可完成数模转换。

（3）直通方式：此时两个寄存器均处于直通状态，因此要将 CS′、WR_1'、WR_2' 和 XFER′ 都接数字地，ILE 接高电平，数据直接送入 DAC，这种方式可用于一些不使用计算机的控制系统。

例 10.1.1 已知倒 T 型电阻网络数模转换器 AD7520 和同步十六进制计数器 74LS161 组成的电路如图 10.1.13 所示，AD7520 的参考电压 V_{REF}=-10V，试分别计算并标出当 $Q_3Q_2Q_1Q_0$=0001、0010、0100、1000 时波形图上各点电压的幅度，画出在时钟信号 CLK 作用下输出电压 V_O 的波形（设 $Q_3Q_2Q_1Q_0$ 的初始值为 0000）。

解：74LS161 为十六进制计数器，其作用是对输入脉冲计数，计数范围为 0000～1111；AD7520 的作用是将计数数值转换成模拟电压，其输入 $d_9 \sim d_0$ 的范围为 0000000000～1111000000。

输出电压的计算公式：

$$V_O = -\frac{V_{REF}}{2^{10}}(d_9 \times 2^9 + d_8 \times 2^8 + \cdots + d_1 \times 2^1 + d_0 \times 2^0)$$

$Q_3Q_2Q_1Q_0 = 0001$时，$V_O = \dfrac{10}{2^{10}} \times 1 \times 2^6 = 0.625V$。

$Q_3Q_2Q_1Q_0 = 0010$时，$V_O = \dfrac{10}{2^{10}} \times 1 \times 2^7 = 1.25V$。

$Q_3Q_2Q_1Q_0 = 0100$时，$V_O = \dfrac{10}{2^{10}} \times 1 \times 2^8 = 2.5V$。

$Q_3Q_2Q_1Q_0 = 1000$时，$V_O = \dfrac{10}{2^{10}} \times 1 \times 2^9 = 5V$。

$Q_3Q_2Q_1Q_0 = 1111$时，$V_O = \dfrac{10}{2^{10}} \times 15 \times 2^6 = 9.375V$。

在时钟信号 CLK 作用下，输出电压 V_O 的波形图如图 10.1.14 所示。

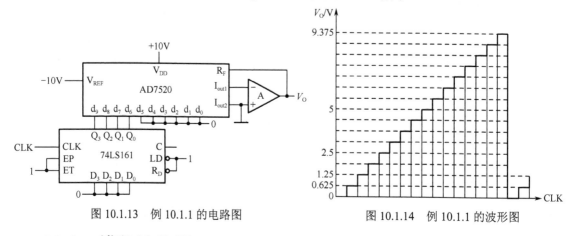

图 10.1.13　例 10.1.1 的电路图　　　　　　图 10.1.14　例 10.1.1 的波形图

10.2　模数转换器

10.2.1　模数转换器的基本原理

在自动控制和测量系统中，被控制和测量的对象一般都是非电的物理量，首先需要用传感器测量这些物理量，并且转换成电信号，再经过模数转换后，变成计算机能处理的数字信号。模数转换过程分 4 步：采样、保持、量化、编码。采样实现信号时间上的离散化。采样点数的多少由采样频率决定。量化、编码实现数值上的离散化，量化是把数轴上的数值变成某一个最小数量单位的整数倍，然后把该倍数转换为用二进制编码表示。

1．采样和保持

由于要转换的模拟信号在时间上是连续的，理论上它有无限多个值。但模数转换不可能将每个瞬时值都转换成数字量，只能转换其中有限个。所以需要按一定的周期对随时间连续变化的模拟信号进行采样，将模拟信号在时间轴上离散化，这个过程称为采样。

采样过程可以通过模拟开关来实现，如图 10.2.1（a）所示，模拟开关 S 每隔一定的时间间隔 T（采样周期）闭合一次，一个连续的模拟信号如图 10.2.1（b）所示，通过这个开关就形成一系列在时间上断续、在幅度上等于采样时间内模拟信号大小的脉冲信号，如图 10.2.1（c）所示。采样周期的长短决定了转换结果的精确度。显然，采样周期太长将导致采样点太少，采样虽然能很快完成，但会失真；采样周期越短，采样脉冲频率越高，采样点越多，模数转换结果越精确，但模数转换需要的时间也越长，所以采样周期也不能无限制地短。如图 10.2.2 所示，浅色的为原始信号，深色的为采样后还原的信号，图（a）采样频率太低恢复后的信号发生了失真，图（b）采样频率合适，可以不失真地恢复原始信号。

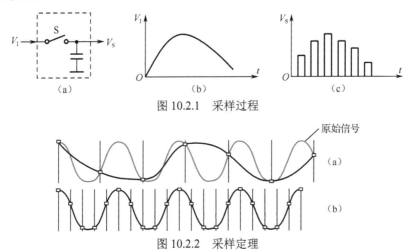

图 10.2.1　采样过程

图 10.2.2　采样定理

采样定理又称香农采样定理、奈奎斯特采样定理，是信息论特别是通信与信号处理学科中的一个重要基本结论。采样定理规定，为了不失真地恢复原始模拟信号，采样频率应该不小于模拟信号频谱中最高频率的 2 倍，即

$$f_S \geq 2 f_{max}$$

在实际应用中常取 f_S =(5-10)f_{max}。在实际电路中，模数转换器的转换速率往往跟不上采样速率，即第一个采样信号模数转换还未完成，第二个、第三个采样已在进行，为了使采样信号不致丢失，在采样信号进入模数转换之前必须经保持电路保持。

通常将采样电路和保持电路统称为采样-保持电路，如图 10.2.3 所示。它由保持电容、输入/输出缓冲放大器、模拟开关和控制电路组成。电路有采样和保持两个工作状态，当 V_L=1 时，开关 S 闭合，给电容 C_H 充电，输出（采样）信号 V_S 随输入信号 V_1 变化而变化，V_S=V_1，为采样状态；当 V_L=0，开关 S 断开，电容 C_H 无放电回路，保持输出信号 V_S 不变，称为保持状态。V_S 与 V_1 的波形如图 10.2.4 所示。

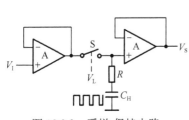

图 10.2.3　采样-保持电路

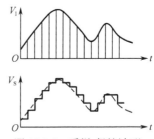

图 10.2.4　采样-保持波形

2. 量化和编码

采样后的信号虽然时间上不连续，但幅度仍然为连续的，必须经过量化、编码，转化为数字信号，才能送入计算机。将采样-保持电路的输出电压按某种近似方式归化到与之相应的离散电平上，这一转化过程称为数值量化，简称量化。具体方法是，先规定一个最小数量单位，称为量化单位，用Δ表示；然后把幅值连续变化的电压转化为量化单位Δ的整数倍。当把连续的模拟量转换为数字量时，由于数字量有一个最小的量化单位，肯定会产生误差，称为量化误差。如果把 0～1V 的模

拟电压转换为 3 位二进制数，则只能表示成 8 个数，最小的量化单位为 1/8V，如果转换为 10 位二进制数，则能表示成 1024 个数，最小的量化单位为 1/1024V。位数越多，误差越小。

量化方法有只舍不入法和有舍有入法两种，表 10.2.1 和表 10.2.2 所示分别给出了用这两种方法将 0～1V 的模拟电压转化为 3 位二进制数的量化和编码过程。可以看出，只舍不入法的最大误差为 $1\Delta=1/8V$，有舍有入法的最大误差为 $\Delta/2=1/15V$。

表 10.2.1　只舍不入法 $\Delta=1/8V$

输入 V_I	量化结果	编码
$0V \leqslant V_I < 1/8V$	0Δ	000
$1/8V \leqslant V_I < 2/8V$	1Δ	001
$2/8V \leqslant V_I < 3/8V$	2Δ	010
$3/8V \leqslant V_I < 4/8V$	3Δ	011
$4/8V \leqslant V_I < 5/8V$	4Δ	100
$5/8V \leqslant V_I < 6/8V$	5Δ	101
$6/8V \leqslant V_I < 7/8V$	6Δ	110
$7/8V \leqslant V_I < 1V$	7Δ	111

表 10.2.2　有舍有入法 $\Delta=2/15V$

输入 V_I	量化结果	编码
$0V \leqslant V_I < 1/15V$	0Δ	000
$1/15V \leqslant V_I < 3/15V$	1Δ	001
$3/15V \leqslant V_I < 5/15V$	2Δ	010
$5/15V \leqslant V_I < 7/15V$	3Δ	011
$7/15V \leqslant V_I < 9/15V$	4Δ	100
$9/15V \leqslant V_I < 11/15V$	5Δ	101
$11/15V \leqslant V_I < 13/15V$	6Δ	110
$13/15V \leqslant V_I < 1V$	7Δ	111

把量化结果，即 Δ 前面的整数用二进制数表示，称为编码。该二进制数就是模数转换的结果。

10.2.2　并联比较型模数转换器

并联比较型模数转换器又称为闪速（Flash）模数转换器。它属于直接模数转换器，可以将输入的模拟电压直接转换为数字量输出而不需要经过中间变量。

并联比较型模数转换器由电阻分压电路、电压比较器、寄存器和编码电路组成。电阻分压电路把参考电压 V_{REF} 分成 2^n-1 个量化电平，分别接到 2^n-1 个电压比较器的反相输入端。待转换的输入电压 V_I 同时送到各个电压比较器的同相输入端，将 V_I 同时与各个量化电平进行比较。2^n-1 个电压比较器同时工作，输出的 1、0 组合指定了输入电压 V_I 对应于哪个量化电平。编码电路把电压比较器的输出编码成对应的 n 位数字量，实现了模数转换。

以 3 位并联比较型模数转换器为例进行分析，原理图如图 10.2.5 所示。输入的模拟电压范围为 $0～V_{REF}$，量化电平依据有舍有入法进行划分，用 8 个电阻对 V_{REF} 分压，自下而上得到 7 个基准电压 $\frac{1}{15}V_{REF}$、$\frac{3}{15}V_{REF}$、$\frac{5}{15}V_{REF}$、$\frac{7}{15}V_{REF}$、$\frac{9}{15}V_{REF}$、$\frac{11}{15}V_{REF}$ 和 $\frac{13}{15}V_{REF}$。将 V_I 同时与 7 个基准电压进行比较，若 V_I 大于基准电压，则电压比较器的输出 $C_i=1$（$i=1,2,\cdots,7$），否则 $C_i=0$。V_I 在从 0V 到 V_{REF} 增大过程中，各电压比较器的输出如表 10.2.3 所示。7 个 D 触发器构成 7 位寄存器，在时钟脉冲 CP 的作用下，将比较结果暂时寄存，以供编码用。

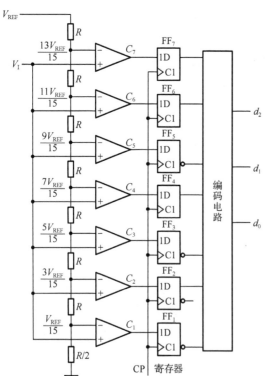

图 10.2.5　并联比较型模数转换器原理图

7 个电压比较器的输出是 1、0 的组合，但不是最终的二进制数。根据 7 个电压比较器的输出组合与最终的 3 位二进制数 $d_2d_1d_0$ 列出代码转换的真值表如表 10.2.4 所示，7 个电压比较器的输出只有 8 种情况，其他都是无关项，直接连接对应寄存器的 Q_i，写出逻辑式如下：

$$d_2=Q_4$$
$$d_1=Q_6+Q'_4Q_2$$
$$d_0=Q_7+Q'_6Q_5+Q'_4Q_3+Q'_2Q_1$$

表 10.2.3　输入电压转换表

输入电压 V_I	C_7	C_6	C_5	C_4	C_3	C_2	C_1
$(0\sim\frac{1}{15})V_{REF}$	0	0	0	0	0	0	0
$(\frac{1}{15}\sim\frac{3}{15})V_{REF}$	0	0	0	0	0	0	1
$(\frac{3}{15}\sim\frac{5}{15})V_{REF}$	0	0	0	0	0	1	1
$(\frac{5}{15}\sim\frac{7}{15})V_{REF}$	0	0	0	0	1	1	1
$(\frac{7}{15}\sim\frac{9}{15})V_{REF}$	0	0	0	1	1	1	1
$(\frac{9}{15}\sim\frac{11}{15})V_{REF}$	0	0	1	1	1	1	1
$(\frac{11}{15}\sim\frac{13}{15})V_{REF}$	0	1	1	1	1	1	1
$(\frac{13}{15}\sim1)V_{REF}$	1	1	1	1	1	1	1

表 10.2.4　代码转换真值表

输入							输出		
Q_7	Q_6	Q_5	Q_4	Q_3	Q_2	Q_1	d_2	d_1	d_0
0	0	0	0	0	0	0	0	0	0
0	0	0	0	0	0	1	0	0	1
0	0	0	0	0	1	1	0	1	0
0	0	0	0	1	1	1	0	1	1
0	0	0	1	1	1	1	1	0	0
0	0	1	1	1	1	1	1	0	1
0	1	1	1	1	1	1	1	1	0
1	1	1	1	1	1	1	1	1	1
×	×	×	×	×	×	×	0	0	0

编码电路原理图如图 10.2.6 所示，实现了编码功能。

并联比较型模数转换器采用直接比较法，速率快。其分辨率一般比较低，因为 n 位需要 2^n 个电阻和 2^n-1 个电压比较器，而且每增加一位，元器件的数目就要增加一倍，它的成本随分辨率的提高迅速增加。一般用于对转换速率要求很高，但不在乎成本的场合中。

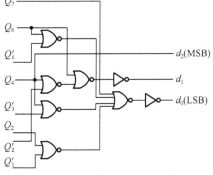

图 10.2.6　编码电路原理图

10.2.3　逐次逼近型模数转换器

1．计数器型模数转换器

计数器型模数转换器的思路是利用 DAC 实现模数转换，如图 10.2.7 所示。计数器对脉冲 T_C 计数，将其输出的数字量送入 DAC，经 DAC 转换为模拟电压 V_O。令 V_O 与 V_I 比较，若 $V_O<V_I$，则计数器继续加 1 计数，使 V_O 增大，直至 $V_O=V_I$，计数停止，此时的计数值就是模数转换结果。由于在转换过程中，计数器输出在不停地变化，所以不能将计数器的输出直接作为最终的输出，为此，在输出端设置了寄存器，在每次转换完成后，用转换信号的下降沿将计数器的输出置入寄存器中，而以寄存器的状态作为最终的输出。

计数器型模数转换器电路简单，所用器件不多，但由于计数器每次都从 0 开始计数，因此转换速率慢，n 位模数转换器最长的转换时间为 $(2^n-1)T_C$。

2．逐次逼近型模数转换器

逐次逼近型模数转换器与计数器型模数转换器类似，只是数字量不是每次从 0 开始计数，而是由逐次逼近寄存器（SAR）产生，如图 10.2.8 所示，从高到低逐位确定数字量。SAR 使用二分法产生数字量。以 8 位数字量为例，SAR 首先产生 8 位数字量的一半：10000000，即将 DAC 输入的最高位 bit7 置 1。若 DAC 的输出 $V_O>V_I$，则把最高位的 1 改为 0；若 $V_O<V_I$，则保留最高位的 1，这样就确定了最高位。

确定最高位后，SAR 又以二分法确定次高位 bit6，将 DAC 输入的次高位置 1，即以低 7 位的一半 $y1000000$（y 为最高位，已确定）与 V_I 进行比较，若 DAC 输出 $V_O>V_I$，则把次高位的 1 改为 0；若 $V_O<V_I$，则保留次高位的 1，这样就确定了次高位。

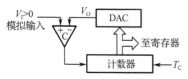

图 10.2.7　计数器型模数转换器

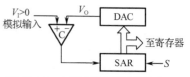

图 10.2.8　逐次逼近型模数转换器

然后 SAR 继续以二分法确定 bit5，即以低 6 位的一半 $yy100000$（y 为已确定位）与模拟量 V_I 进行比较，确定 bit5。重复这一过程，直到确定了最低位 bit0，转换结束。

表 10.2.5　SAR 处理过程

CLK	DAC 输入	DAC 输出 V_O	与 V_I 比较
1	1000	8V	>5.1V
2	0100	4V	<5.1V
3	0110	6V	>5.1V
4	0101	5V	<5.1V

下面以把 5.1V 转换为 4 位二进制数的 SAR 处理过程为例进行分析，假设 4 位二进制数按权展开对应的十进制数就是电压值，见表 10.2.5。首先控制电路发出启动信号 S。

（1）当 S 由高变低时，SAR 清零，DAC 的输出 $V_O=0$，电压比较器输出 1。当 S 变为高电平时，控制电路使 SAR 开始工作。

（2）确定 bit3

使用二分法，SAR 首先产生 4 位数字量的一半，即 1000，送入 DAC，此时 DAC 的输出 $V_O=8V$，大于 V_I，确定 bit3 为 0。

（3）确定 bit2

在 bit3 确定后，SAR 产生低 3 位的一半，即 0100（高位 0 是已确定的），送入 DAC，DAC 的输出 $V_O=4V$，小于 V_I，所以确定 bit2 为 1。

（4）确定 bit1

SAR 再以低 2 位的一半，即 0110（高两位 01 是已确定的）送入 DAC，DAC 的输出 $V_O=6V$，大于 V_I，确定 bit1 为 0。

（5）确定 bit0

SAR 再以最低 1 位的一半，即 0101 送入 DAC，DAC 的输出 $V_O=5V$，小于 V_I，确定 bit0 为 1。

（6）4 位都已确定，转换结束，控制电路发出转换结束信号。

转换结束信号的下降沿把 SAR 的输出锁存在缓冲寄存器里，从而得到数字量输出。n 位模数转换只要比较 n 次，加上开始和结束整个转换时间需要 $n+2$ 个时钟信号，提高了转换速率。

逐次逼近型模数转换器占据着大部分的中等分辨率及高分辨率模数转换器市场，采样速率最高可达 5MS/s，分辨率为 8～18 位。逐次逼近型模数转换器架构允许高性能、低功耗、小尺寸封装，适合对尺寸要求严格的系统，例如，便携/电池供电仪表、笔输入量化器，以及工业控制和数据/信号采集等。

逐次逼近型模数转换器的每位都要进行比较，有几位就比较几次，整个电路的工作速率取决于电压比较器和 DAC 的工作速率，精度也由这两个器件决定。其适用于速率要求不是非常高但精度要求较高的场合。

10.2.4　双积分型模数转换器

并联比较型模数转换器和逐次逼近型模数转换器都是用一个或几个基准电压与输入电压进行比较来确定输入电压对应的数字值。如果有干扰信号叠加在输入电压上，则转换结果会受到影响。

双积分型模数转换器是一种间接模数转换器，利用两次积分可以有效消除干扰。

双积分型模数转换器的基本思路是将待转换的电压 V_I 转换成与之成正比的时间 T，然后在此时间 T 内对固定频率的脉冲进行计数，则计数结果 D（正比于 V_I）即为模数转换的结果，也称为电压-时间（V-T）变换型模数转换器。

双积分型模数转换器原理图如图 10.2.9 所示，它包含积分器、电压比较器、计数器、控制逻辑和时钟信号源几部分。

1. 积分器

由运算放大器构成的反相积分器如图 10.2.10 所示。

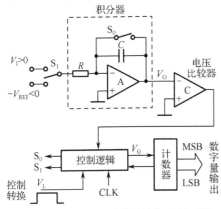

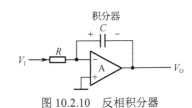

图 10.2.9　双积分型模数转换器原理图　　　　图 10.2.10　反相积分器

输出 V_O 是输入 V_I 的积分：

$$V_O = V_O(t_0) + \int_{t_0}^{t} \left(-\frac{1}{RC} \right) V_I \mathrm{d}t$$

若 V_I 为常数则 V_O 为

$$V_O = V_O(t_0) - \frac{V_I}{RC}(t - t_0)$$

$V_O(t_0) = 0$ 时，波形变成斜率为 $-V_I/RC$ 的直线，如图 10.2.11 所示。

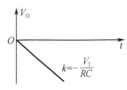

图 10.2.11　波形图

2. 工作过程

转换开始前（$V_L=0$）先将计数器清零，并接通开关 S_0，使积分电容 C 完全放电。$V_L=1$ 时开始转换。转换操作分以下两步进行。

① 逻辑控制开关 S_1 合到输入电压 V_I 一侧，积分器对 V_I 进行固定时间 T_1 的积分。时间到，积分结束，此时积分器的输出电压为

$$V_O = \frac{1}{C}\int_0^{T_1} \frac{V_I}{R}\mathrm{d}t = -\frac{T_1}{RC}V_I$$

上式说明，在 T_1 固定的条件下，积分器的输出电压 V_O 与输入电压 V_I 成正比。T_1 时间到，输入电压反相积分至电压 V_{O1}，波形如图 10.2.12 所示。

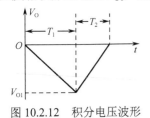

图 10.2.12　积分电压波形

② S_1 合到参考电压 $-V_{REF}$ 一侧，积分器反相积分，积分器的输出电压 V_O 上升到 0 所经过的积分时间为 T_2，则由式

$$V_O = \frac{1}{C}\int_0^{T_2} \frac{V_{REF}}{R}\mathrm{d}t - \frac{T_1}{RC}V_I = 0$$

可以推出

$$\frac{T_2}{RC}V_{REF} = \frac{T_1}{RC}V_I$$

得 $$T_2 = \frac{T_1}{V_{\mathrm{REF}}} V_I$$

可见,反相积分到 $V_O=0$ 的这段时间 T_2 与 V_I 成正比。令计数器在 T_2 时间内对固定频率为 $f_C(f_C=1/T_C)$ 的时钟脉冲 CLK 计数,如图 10.2.13 所示,则计数结果 D 也一定与 V_I 成正比,即

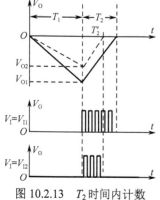

$$D = \frac{T_2}{T_C} = \frac{T_1}{T_C V_{\mathrm{REF}}} V_I$$

若取 T_1 为 T_C 的整数倍,即 $T_1=NT_C$,则上式可化成

$$D = \frac{N}{V_{\mathrm{REF}}} V_I$$

当 V_I 取值不同时,经固定时间 T_1 积分后的 V_O 不同,则令 V_O 反相积分到 0 时所需的时间 T_2 也会不同。如图 10.2.13 所示,若 V_{I1} 大于 V_{I2},则 V_{O1} 大于 V_{O2},反相积分到 0 所需时间 T_2 也就大于 T_2'。这样,在 T_2 和 T_2' 期间,计数器所计的频率为固定频率 f_C 的脉冲个数将与 V_I 的值成正比。

图 10.2.13 T_2 时间内计数

双积分型模数转换器最突出的一个优点是工作性能比较稳定。由于转换过程中先后进行了两次积分,只要在这两次积分期间 R、C 不变,则转换结果与 R、C 无关,我们完全可以用精度比较低的元器件制成精度很高的双积分型模数转换器。

双积分型模数转换器的另一个优点是抗干扰能力比较强。因为转换器的输入端使用了积分器,所以对平均值为 0 的各种噪声有很强的抑制能力。在积分时间等于交流电网电压周期的整数倍时,能有效地抑制来自电网的工频干扰。

双积分型模数转换器的主要缺点是工作速率慢,转换速率一般在每秒几十次以内,广泛用于对转换速率要求不高的场合(如数字式电压表等)。

10.2.5 电压-频率变换型模数转换器

另一种间接模数转换器为电压-频率(V-F)变换型模数转换器,首先将输入的模拟电压转换成与之成比例的频率信号,然后在一个固定的时间间隔里对得到的频率信号计数,所得到的计数结果就是正比于输入电压的数字量。V-F 变换型模数转换器原理图如图 10.2.14 所示,它由 V-F 变换器、计数器及其时钟信号控制闸门 G、寄存器、单稳态电路等组成。

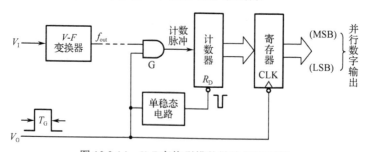

图 10.2.14 V-F 变换型模数转换器原理图

转换过程由闸门信号 V_G 控制。当 V_G 变成高电平后开始转换,V-F 变换器的输出脉冲通过闸门 G 送给计数器作为计数脉冲。由于 V_G 是固定宽度的,而 V-F 变换器输出脉冲的频率 f_{out} 与输入电压 V_I 成正比,所以在每个 T_G 时间内,计数器所记录的脉冲数也与 V_I 成正比。

为了避免在转换过程中出现输出数字的跳动,通常在电路的输出端设有寄存器。每当转换结束时,用 V_G 的下降沿将计数器的状态置入寄存器中。同时,用 V_G 的下降沿触发单稳态电路,单稳态

电路的输出脉冲将计数器清零。

因为 V-F 变换器的输出是一种调频信号，而这种调频信号不仅易于传输和检出，还有很强的抗干扰能力，所以 V-F 变换型模数转换器非常适合用于遥测、遥控系统。在需要远距离传送模拟信号并完成模数转换的情况下，一般将 V-F 变换器设置在信号发送端，而将计数器及其时钟信号控制闸门、寄存器等设置在接收端。

10.2.6 模数转换器的主要技术指标

1．分辨率

分辨率表明模数转换器对模拟量的分辨能力，也就是可转换成数字量的最小模拟电压。一个 n 位的模数转换器，其分辨率等于最大容许模拟输入电压（即满量程）除以 2^n。例如，满量程电压为 5V，8 位模数转换器的分辨率为 $5/2^8$=0.0195V，模拟量低于此值则模数转换器不进行转换。

若满量程电压不变，位数越多，可转换成数字量的最小模拟电压越小，分辨率越高，所以通常也以模数转换器的位数表示分辨率。

2．转换时间

转换时间指模数转换器从接到启动命令到获得稳定的数字量输出所需的时间，它反映了模数转换器的转换速率。不同模数转换器，其转换时间差别很大。

3．量程

量程是指所能转换的输入电压范围。

4．绝对精度

绝对精度是指，要在输出端产生给定的数字量，实际需要的模拟量（输入电压）与理论上要求的模拟量之差。

5．相对精度

相对精度指的是满刻度电压校准以后，任意数字量所对应的模拟量实际值（中间值）与理论值（中间值）之差。对于线性模数转换器，相对精度就是它的非线性。

10.2.7 模数转换器应用举例

ADC0809 为逐次逼近型模数转换器，它有 8 个模拟量输入通道，能与计算机的大部分总线兼容，可在程序的控制下选择 8 个通道之一进行模数转换，然后把得到的 8 位二进制数送到计算机的数据总线，供 CPU 进行处理。

1．芯片结构

ADC0809 内部结构如图 10.2.15 所示，它包括转换器、多路开关、三态输出锁存器等部分。

（1）转换器，它是 ADC0809 的核心部分，它由 DAC、SAR、电压比较器等组成。其中 DAC 采用 256R 的 T 型电阻网络（即 2^n 个电阻分压电路，此处 n=8）。它在 START 的上升沿到来时被复位，在 START 的下降沿到来时启动模数转换。如果在转换过程中接收到新的启动脉冲，则中止转换。

（2）比较器，斩波比较式，把直流信号转换为交流信号，经高增益交流放大器放大后，再恢复为直流电平。这样大大降低了放大器的漂移，提高了整个模数转换器的精度。

（3）多路开关，它包括 8 通道模拟开关和地址锁存器与译码器。3 位地址码经锁存器与译码器后，用来控制选通一个通道。

（4）三态输出锁存缓冲器，由输出允许信号 OE 控制，当 OE=1 时，数据输出线 $D_0 \sim D_7$ 脱离高阻态，模数转换结果被送到计算机总线。

2. 芯片引脚功能

ADC0809 采用 28 脚双列直插式封装，引脚图如图 10.2.16 所示。引脚说明如下。

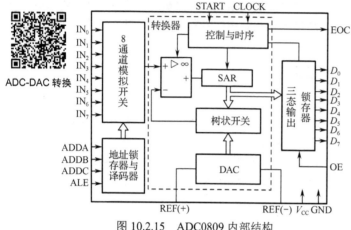

图 10.2.15　ADC0809 内部结构

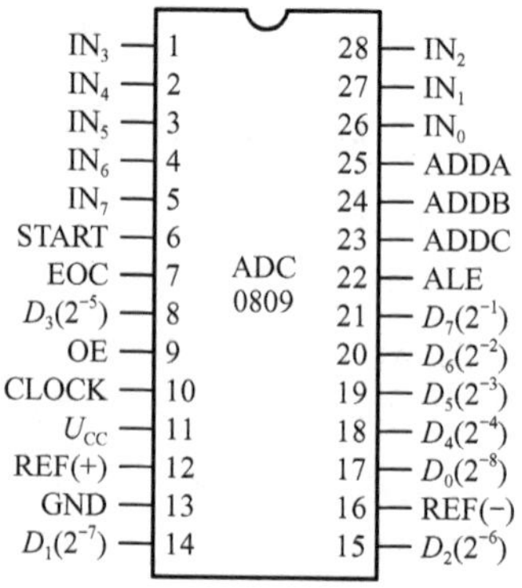

图 10.2.16　ADC0809 引脚图

- $IN_0 \sim IN_7$：模拟电压输入端，可分别接入 8 路单端（单极性）模拟。
- REF（+）、REF（-）：基准电压的正极和负极，由此施加基准电压。
- ADDA、ADDB、ADDC：模拟量输入通道地址选择线，取值组合为 000～111，分别对应 8 个通道 $IN_0 \sim IN_7$。
- ALE：地址锁存允许信号，上升沿有效，此时将锁存上述地址线的状态，从而选通对应的通道，以便进行模数转换。
- START：启动转换信号。为了启动模数转换过程，应在此引脚施加一个正脉冲，脉冲的上升沿将所有内部寄存器清零，在其下降沿到来时，启动模数转换。
- EOC：转换结束信号，高电平有效。在 START 上升沿到来之后的第 0～8 个时钟周期内，EOC 变为低电平。当转换结束，所得到的数字量可以被 CPU 读出时，EOC 变成高电平。当此模数转换器用于与计算机接口时，EOC 可用来申请中断。
- OE：允许输出信号（输入，高电平有效）。OE 有效时，将输出的数字量放到数据总线上，供 CPU 读取。
- CLOCK：时钟信号。时钟信号的频率决定了转换速率，一般不高于 640kHz。
- $D_0 \sim D_7$：输出的数字量。D_7 为最高位，D_0 为最低位。

3. 工作时序

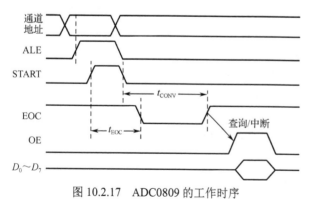

图 10.2.17　ADC0809 的工作时序

图 10.2.17 为 ADC0809 的工作时序。ALE 的上升沿将 ADDA、ADDB 和 ADDC 提供的通道地址锁存起来，以便对选定通道中的模拟量进行模数转换。START 的上升沿和下降沿与 ADC0809 最重要的两个时间有关。

（1）t_{EOC}：从 START 的上升沿到来开始，到 EOC 下降沿到来之间的时间。t_{EOC} 与 CLOCK 有关。

$$t_{EOC} \leqslant 8T_K + 2\mu s$$

当 CLOCK 频率为 500kHz 时，$T_K=2\mu s$，$t_{EOC}\leq18\mu s$。

当 CLOCK 频率为 640kHz 时，$T_K=1.5\mu s$，$t_{EOC}\leq14.5\mu s$。

（2）t_{CONV}：从 START 的下降沿到来开始，到 EOC 上升沿到来之间的时间，是 ADC0809 的转换时间。当 CLOCK 频率为 500kHz 时，t_{CONV} 大约为 128μs；当 CLOCK 频率为 640kHz 时，t_{CONV} 大约为 100μs。

实际应用时，将 ALE 和 START 两个引脚合并，由计算机的写信号和 ADC0809 的端口地址组合后给出，写信号的脉宽完全满足 ADC0809 对 ALE 和 START 脉宽的要求。

t_{CONV} 这段时间之所以重要，是因为它决定 ADC0809 完成模数转换的时间。计算机启动 ADC0809 后，可以通过测试 EOC 是否由低电平变为高电平来查询是否完成模数转换。也可以用反相后的 EOC 由高电平变为低电平的边沿触发，向计算机的外部中断端口发中断请求。在通过查询或中断确认模数转换完成后，就可以用信号 OE 从 ADC0809 读取数字量。

t_{EOC} 这段时间之所以重要，是因为它提醒采用查询方式读取转换结果的用户注意：在启动 ADC0809 之后，必须等 t_{EOC} 时间过后，EOC 才能由高电平变为低电平，此后查询 EOC 由低电平变为高电平才能得到正确的转换结果。

4．操作过程

ADC0809 操作过程如下。

（1）通过 ALE 和 ADDA、ADDB、ADDC 把欲选通的模拟量输入通道地址送入 ADC0809 并锁存。

（2）发送模数转换器启动转换信号 START，在上升沿复位，在下降沿启动转换。

（3）模数转换完成后，EOC=1，可利用这一信号向 CPU 请求中断，或在查询方式下等待 CPU 查询 EOC=1 后进行读服务。CPU 发出信号 OE 读取转换结果。

本章小结

模数转换和数模转换是计算机自动控制系统中不可或缺的环节，模数转换器和数模转换器的种类很多，不可能一一列举，应重点掌握模数转换器和数模转换器的基本思想，以及共性问题。

在数模转换器中，我们分别介绍了权电阻网络和倒 T 型电阻网络数模转换器的转换原理，在 CMOS 型集成数模转换器中倒 T 型电阻网络较为常见。

在模数转换器中，介绍了并联比较型、逐次逼近型、双积分型和 $V\text{-}F$ 变换型模数转换器的转换原理。并联比较型模数转换器是目前所有模数转换器中转换速率最快的一种，由于其所用的电路规模庞大，并联比较型只用在超高速的模数转换器中。逐次逼近型在集成模数转换器中用得最多。

本章还介绍了数模转换器和模数转换器的主要技术指标，并分别介绍了典型 DAC0832 和 ADC0809 的内部结构、外部引脚、工作原理以及使用方法。

习题 10

10-1　数模转换器由哪几部分组成？各部分的作用是什么？

10-2　什么是模数转换器？什么是数模转换器？各应用在什么场合？

10-3　如果逐次逼近型模数转换器的输出扩展到 10 位，时钟信号频率为 1MHz，计算完成一次转换操作所需要的时间。

10-4　说明如何将 DAC0832 接成直通方式和双缓冲方式。

10-5　在图 T10-1 给出的倒 T 型电阻网络数模转换器中，已知 $V_{REF}=-8V$，试计算当 d_3、d_2、d_1 和 d_0 分别为 1 时，在输出端所产生的模拟电压值。

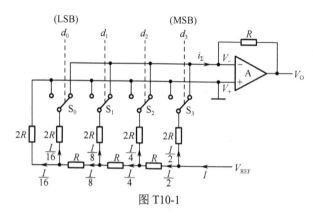

(LSB) d_0　d_1　d_2　(MSB) d_3

图 T10-1

10-6　图 T10-2 所示电路是用 AD7520 和 74LS161 组成的波形发生电路，试画出输出电压 V_O 随 CLK 变化一个周期的波形，并标出波形图上各点电压的幅度。

10-7　在图 T10-3 给出的数模转换器中，若输入数字量以二进制补码给出，则最大的正数和绝对值最大的负数各为多少？它们对应的输出电压各为多少？

10-8　由 AD7520、74LS160 和 RAM 组成的逻辑电路如图 T10-4 所示，分析电路的工作原理，画出输出电压 V_O 的波形图。表 T10-1 给出了 RAM 的 16 个地址单元中存放的数据。

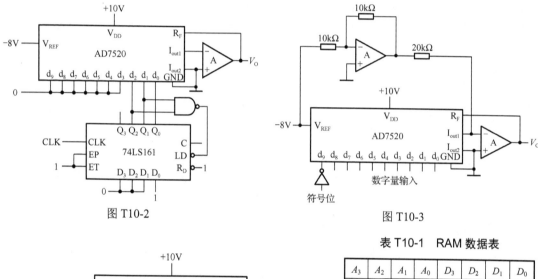

图 T10-2　　　　　　　　　　　　图 T10-3

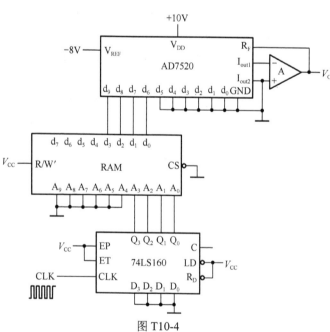

图 T10-4

表 T10-1　RAM 数据表

A_3	A_2	A_1	A_0	D_3	D_2	D_1	D_0
0	0	0	0	0	0	0	0
0	0	0	1	0	0	0	1
0	0	1	0	0	0	1	1
0	0	1	1	0	1	1	1
0	1	0	0	1	1	1	1
0	1	0	1	1	1	1	1
0	1	1	0	0	1	1	1
0	1	1	1	0	0	1	1
1	0	0	0	0	0	0	1
1	0	0	1	0	0	0	0
1	0	1	0	0	0	1	1
1	0	1	1	0	1	0	1
1	1	0	0	1	0	1	1
1	1	0	1	0	1	1	1
1	1	1	0	1	0	0	1
1	1	1	1	1	0	1	1

10-9 试画出图 T10-5 所示波形发生电路的输出波形。AD7520 是 10 位输入的倒 T 型电阻网络数模转换器。74LS194A 是 4 位双向移位寄存器，假定它的初始状态为 $Q_0Q_1Q_2Q_3=0000$，$R_F=1\text{k}\Omega$，$C=0.01\mu\text{F}$，石英晶体的谐振频率为 1MHz。

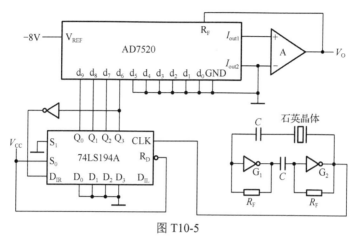

图 T10-5

10-10 由计数器、ROM、DAC 组成的波形发生电路如图 T10-6 所示。74LS160 是同步十进制加法计数器，具有同步置数、异步清零功能；ROM 是 8×4 位存储器，其数据如表 T10-2 所示；DAC 是 4 位数模转换器，参考电压 $V_{REF}=-4\text{V}$。请问 74LS160 接成了多少进制的计数器？画出在 CLK 作用下输出信号 V 的波形，标注各点的电压值（假设 74LS160 的初始状态为 0000）。

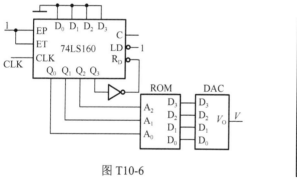

图 T10-6

表 T10-2

$A_2A_1A_0$	$D_3D_2D_1D_0$
0 0 0	0 0 0 0
0 0 1	0 0 1 0
0 1 0	0 1 0 0
0 1 1	0 1 1 0
1 0 0	1 0 0 0
1 0 1	0 1 1 0
1 1 0	0 1 0 0
1 1 1	0 0 1 0

参 考 文 献

[1] 阎石. 数字电子技术基础. 6 版. 北京：高等教育出版社，2016.

[2] 康华光. 电子技术基础：数字部分. 6 版. 北京：高等教育出版社，2014.

[3] FLOYD T. Digital fundamentals. 11th ed. London:Pearson，2014.

[4] WAKERLY J. 数字设计原理与实践（原书第 3 版）. 林生，金京林，葛红，等译. 北京：机械工业出版社，2003.

[5] 乔庐峰. Verilog HDL 数字系统设计与验证. 北京：电子工业出版社，2009.

[6] GAJSKI D. 数字设计原理. 李敏波，译. 北京：清华大学出版社，2005.

[7] 刘宝琴，罗嵘，王德生. 数字电路与系统. 2 版. 北京：清华大学出版社，2007.

[8] 白中英. 数字逻辑与数字系统. 4 版. 北京：科学出版社，2007.

[9] 范秋华. EDA 技术及实验教程. 北京：电子工业出版社，2015.